Food Science & Nutrtion

食物营养学

第二版

主编 沈秀华 主审 蔡 威

内 容 提 要

本书较详细地介绍了各类食物的化学组成、营养特点，每类食物中常见食物的特点（包括营养成分和食物性味等方面），保健食品的定义、功效成分以及保健功能，食物加工、烹调和储藏对食物营养成分的影响等，最后从现代营养学和中医营养学的角度阐述了平衡膳食的概念和基本条件，介绍了最新版的《中国居民膳食指南》《中国居民平衡膳食宝塔》《中国居民膳食营养素参考摄入量》这三个实现平衡膳食的理论和技术工具，指导如何做到合理营养。

本书可作为营养专业学生的学习教材，亦可作为营养专业人员的业务指导书，同时也适用于广大人民群众学习食物营养知识，以正确选择食物，促进健康、预防疾病。

图书在版编目（CIP）数据

食用营养学 / 沈秀华主编 . — 2 版 . — 上海 : 上海交通大学出版社，2020（2022重印）

ISBN 978-7-313-23261-8

Ⅰ . ① 食… Ⅱ . ① 沈… Ⅲ . ① 食品营养 – 营养学

Ⅳ . ① TS201. 4

中国版本图书馆 CIP 数据核字（2020）第 082123 号

食物营养学（第二版）

SHIWU YINGYANG XUE（DI–ER BAN）

主　　编：沈秀华

出版发行：上海交通大学出版社　　地　　址：上海市番禺路 951 号

邮政编码：200030　　电　　话：021-64071208

印　　制：上海新艺印刷有限公司　　经　　销：全国新华书店

开　　本：787mm × 1092mm　1/16　　印　　张：16.25

字　　数：343 千字

版　　次：2006 年 8 月第 1 版　2020 年 6 月第 2 版　　印　　次：2022 年 10 月第 8 次印刷

书　　号：ISBN 978-7-313-23261-8

定　　价：58.00 元

编委会名单

主　审　蔡　威

主　编　沈秀华

编　委（按姓氏笔画排序）

毛绚霞（上海交通大学医学院营养系）

冯　一（上海交通大学医学院附属上海儿童医学中心临床营养科）

沈秀华（上海交通大学医学院营养系）

宋立华（上海交通大学农业与生物学院食品科学与工程系）

杨科峰（上海交通大学医学院营养系）

陶晔璇（上海交通大学医学院附属新华医院临床营养科）

前　言

本教材于2006年出版第一版，十多年来如期在营养专业的教学和实践中发挥了重要作用。近年来，我国营养事业有了很大的发展，中国营养学会更新了中国居民膳食营养素参考摄入量和中国居民膳食指南，对各类食物的摄入有新的推荐指南，本次再版根据新的推荐意见、新的相关研究成果对原教材进行了修订和完善；第一版所涉及的食物主要是传统的天然食物及其加工品和调味品，第二版增加了“保健食品”的内容，介绍了保健食品的定义、功效成分以及保健功能。此外，对原版教材过去几年中陆续收到的教师和学生的使用意见及其他营养专业人士提出的宝贵建议，也在本版中做了修改。

本版教材基本保留了第一版原有的写作框架，并根据最新版（2016版）中国居民膳食指南的食物分类进行了微调。以食物的化学成分、营养价值为核心，全面、深入地介绍了谷类、薯类、大豆类及其制品，杂豆类及其制品，乳类及其制品，蛋类、畜禽肉类、水产品类、蔬菜和水果类等几大类食物的总体特点，并分别介绍了日常所食用的各类具体食物的营养特点，除了从营养、化学成分分析的角度进行介绍外，还按中医理论分别介绍了各类食物的性味特点，力图在目前的认知水平上对常见食物的营养价值做相对全面的介绍，使读者对不同条件下各种食物的理化性质、营养成分、营养价值有全面而系统的了解，学会正确选择和搭配食物，做到平衡膳食、保持建康、预防疾病。

食物营养学是营养学领域的一门基础课程。虽然严格地讲，食物营养在目前还不能算是一门学科，但为表达方便起见，姑且如此命名。本书的编写主要由上海交通大学医学院营养系完成，并有上海交通大学农业与生物学院教师的参与。鉴于编者水平有限，我们虽然殚精竭虑，但本书仍可能存在许多不足，真诚地希望营养学界的各位同行和广大读者批评指正。

编　者

上海交通大学医学院营养系

2020年2月20日

目　录

绪　论

学习要求

- 了解：食品定义和分类，熟悉食品的营养学分类。
- 熟悉：营养价值的含义、食物营养价值的评定及意义。

食物是人类获得能量和各种营养素的基本来源，是人类赖以生存、繁衍的物质基础。食物中的蛋白质、脂肪、碳水化合物、维生素、矿物质和水六大营养素构成人体成分，提供人体各种代谢和生理活动所需的能量和各种活性物质。食物的色素以及呈香和呈味物质构成了食物特有的风味，以满足人们的食欲。此外，还含有一些生物活性物质参与人体代谢，有促进健康、预防疾病的功能。“食物营养”是营养学的重要组成部分，是营养学和食品学的基础。

一、食品的定义和分类

一般而言，人类为维持正常生理功能而食用的含有各种营养素的物质统称为食品。但人类绝大多数食品都是由相应的原料加工形成的，所以严格地讲有原料、食品和食物之分。其中原料是指未经过加工或只经过粗加工的物质，食品是对原料进行科学的再加工后的成品，而食物包括原料和食品。

食物的分类原则多采用基于农业作物的分类方法、基于食品工业生产的分类方法或基于营养学特性的分类方法，各国并不统一。一般食物按其来源和性质可分为3类：①动物性食物，如畜禽肉类、脏腑类、奶类、蛋类和水产品等；②植物性食物，如粮谷类、豆类、薯类、硬果类和蔬菜水果等；③各类食物的制品，以动物性、植物性天然食品为原料，通过加工制作的食品，如糖、油、酒、罐头、糕点等食品。国际粮农组织1982年提出了一个用于食物成分研究／数据库研究的食物分类方法，将食物分为以下14类：谷类及制品，含淀粉多的块茎，干豆类及制品，坚果、种子类，蔬菜及制品，水果，糖及糖浆，肉、禽及野味，蛋类，鱼贝类，乳及乳制品，油脂类，饮料类，杂类。

各国和地区的食物成分表一般按照本国和地区的有关标准和膳食习惯对食物进行分类和命名。如美国将食物分为23类，并侧重于直接入口食品；英国则更重视食物原料，将食物分为14类。我国新版的食物成分表《中国食物成分表2002》中将食物分成21类：谷类及制品，薯类、淀粉及其制品，干豆类及制品，菜类及制品，菌藻类，水果类及制品，坚果、种子类，畜肉类及制品，禽肉类及制品，乳类及制品，蛋类及制品，鱼虾蟹贝类，婴幼儿食品，小吃、甜饼，速食食品，饮料类，含酒精饮料，糖、蜜饯类，油脂类，调味品，药食两用食物及其他。

人类在种属发育和饮食营养发展的历史长河中，逐渐由依靠少数天然动植物到不断开发利用各种食物资源，由茹毛饮血到利用各种烹调工艺对天然食品进行深加工；由依靠一成不变的天然动植物中固有能量与营养素组成，到按自己的营养需要，用物理化学、遗传工程和食品强化等各种手段，生产符合自己需要的多种食品，使人类饮食生活日益丰富多彩。

营养学最常用的食物分类方法是将其分为五大类：第一类是谷类及薯类。谷类包括米、面、杂粮；薯类包括马铃薯、甘薯、木薯等，主要提供碳水化合物、蛋白质、膳食纤维及B族维生素。我们的主食基本以面为主，虽然蛋白质的质量比较差，含量也比较低，但是这些食物消费的量比较大，所以人体中有的蛋白质是从这些食物中摄取的，但是它主要提供的营养素就是碳水化合物。第二类是动物性食物，包括鸡、鸭、鱼、肉、禽蛋、奶等。动物性食物提供优质蛋白质、脂肪和矿物质。第三类是豆类及其制品，包括黄豆、青豆、大豆等。大豆的蛋白质含量非常高，面粉中蛋白质含量是10%左右，大豆是30%~40%。另外，大豆含钙量比较高，且不用担心油脂摄取过多。第四类是蔬菜和水果类，含有矿物质、维生素C和胡萝卜素。蔬菜和水果类提供人体维生素、矿物质和膳食纤维。第五类是纯能量食物，包括白糖、白砂糖、白酒、动物的油脂等。它除了提供能量之外，不包含其他的营养素。

二、食物营养价值的评定及意义

各类不同的食物其营养价值高低不同。所谓营养价值（nutritional value），通常指食品中所含营养素和能量能满足人体营养需要的程度。食物营养价值的高低，取决于食物中所含营养素的种类是否齐全、数量的多少以及其相互比例是否适宜。食物的营养学评价是对食物营养价值的一个综合分析，不但包括了食物中营养素的“量”，而且包括食物中所存在营养素是否齐全，消化、吸收和转化结果，以及相互间的协同和阻抗作用如何等。在自然界，可供人类食用的食品种类繁多，但是除母乳能满足4~6个月以内婴儿的全部营养需要外，没有哪一种含有人体所需要的全部营养素。食品的营养价值都是相对的。例如，米、面类及油脂食品，对能量、碳水化合物和脂肪而言，其营养价值是较高的，但对蛋白质而言，其营养价值却是很低的；奶、蛋类对蛋白质是营养价值较多的，但对铁却是营养价值很低的。各种营养素不仅在不同种类的食品中，而且对同一种食品的不同品系、部位、产地、成熟程度之间也各有不同。某些食品内天然存在一些抗营养因素或毒性物质，如生大豆中的抗胰蛋白酶因素、菠菜等含大量草酸、高粱含有较多的单宁等，适当加工烹调可使之破坏或消除。

对某食物进行营养价值评定时，应对其所含营养素的种类进行分析，并确定其含量。一般来说，食物中所提供营养素的种类和营养素的含量越接近人体需要，该食物的营养价值就越高。在实际工作中，除用化学分析法、仪器分析法、微生物法、酶分析法等来测定食物中营养素种类和含量外，还可通过查阅食物成分表来初步评定食物的营养价值。在评价某食品或某营养素价值时，营养素的质与量是同等重要的，其中质的优劣体现在营养素可被消化利用的程度上。评定营养素质量的营养价值，主要依靠动物喂养试验及人体试食临床观察结果，根据生长、代谢、生化等指标，与对照组进行比较分析后才能得出结论。

由于食物原料在收获后其代谢并未停止，并且易受微生物等侵害。因此，食物必须经过加工处理，才能便于保藏和运输；同时，食物原料相对单调，而人们对食品风味有多样性的要求。因此，食物也必须经过加工制成各种各样的食品，以满足人们的需要。食品的营养价值在很大程度上受储存、加工和烹调的影响。如米、面加工过精将损失大量B族维生素，精制食盐将失去丰富的碘，水果罐头生产中破坏大量维生素C等。使用科学合理的加工方法常可改善和保持原来的营养价值。如，大豆制成各种制品可明显提高蛋白质的消化率，面粉经过发酵减少植酸对钙、铁和锌等无机元素吸收的不利影响。

近几十年来，在一些经济比较发达的国家，由于高能量食品低廉易得，能量过剩的问题很常见，因而形成一种新的评价食品营养价值的观念，即以食品中营养素能满足人体营养需要的程度（称营养素密度）对同一食品中能量能满足人体营养需要的程度（称能量密度）之比值来评定食品的营养价值。20世纪80年代，美国营养机构提出了食物的“营养质量指数”（index of nutritional quality，INQ）的概念，从INQ值的大小可判断该食物营养质量的高低。INQ的计算方法如下：

能量密度＝一定量食物提供的能量 / 能量推荐摄入量标准

营养素密度＝一定量食物中某种营养素含量 / 相应营养素的推荐摄入量标准

食物的营养质量指数（INQ）为以上两个密度之比：

INQ＝营养素密度 / 能量密度

评价标准如下：

INQ＝1，表示食物提供营养素的能力与提供能量的能力相当，两者满足人体需要的程度相等，为“营养质量合格食物”；

INQ＜1，表示该食物提供营养素的能力小于提供能量的能力，长期食用此食物，会发生该营养素不足或能量过剩的危险，为“营养质量不合格食物”；

INQ ＞ 1，表示该食物提供营养素的能力大于提供能量的能力，也为“营养质量合格食物”，并且特别适合超重和肥胖者选择。

INQ 最大的特点就是根据不同人群的营养需求来分别计算。同一个食物，对成人可能是合格的，而对儿童可能是不合格的，可以做到因人而异。

评定食物营养价值的意义，一是全面了解各种食物的天然组成成分，包括营养素、非营养素类物质、抗营养因素等；提出现有主要食品的营养缺陷，并指出改造或创制新食品的方向、解决抗营养因素问题，充分利用食物资源。二是了解在加工烹调过程中食品营养素的变化和损失，采取相应的有效措施，最大限度保存食品中的营养素含量，提高食品营养价值。三是指导人们科学地选购食品和合理配制营养平衡膳食，以达到增进健康、增强体质及预防疾病的目的。为了满足机体需要，最好的方法是将多种食品搭配食用。如果利用得当、搭配得合理，就能使膳食中含的营养素得到互补，从而保证人体正常的生长发育与健康；反之，就可能造成某些营养素不足或缺乏而引起营养缺乏病。

三、正确选择食物，促进健康、预防疾病

本书较详细地介绍各类食物的化学成分、营养特点、对健康的有利和不利之处，同时也介绍了中医学对各种食物的营养评价。我国医家把食物的多种多样的特性和作用加以概括，建立了食物的性能概念，并在此基础上建立了中医食疗学理论。食物的性能包括气（性）味归经、升浮沉降、补泻等内容。食物的作用是由它自身的“性”“味”“归经”“升浮沉降”及“补泻”等特性决定的，从而具有滋养、抗衰、防病、治病等功效。本书将较详细地介绍常见食物的性味特点。除了中医食疗学外，本书还将从现代营养学观点阐述食物防病、治病的原理。

本书在最后介绍了平衡膳食的原则和具体方法。在当今世界，经济的发展使食物供应空前丰富，在琳琅满目的食物前，不了解各类食物的特点和利弊、不懂得合理营养，必将带来一系列的健康问题。最近的全国营养与健康状况调查表明，我国城乡居民的膳食状况明显改善，营养不良患病率下降，但同时，我国居民膳食结构及生活方式也发生了重要变化，与之相关的慢性非传染性疾病，如肥胖、高血压、糖尿病、血脂异常等患病率增加，已成为威胁国民健康的突出问题。针对现状，人们应该学习和掌握营养和食品的基本知识，按平衡膳食的原则正确选择食物，科学加工、烹调和进食，通过合理饮食促进健康。

（沈秀华）

第一章

食物中的化学成分

食品是指各种供人食用或饮用的成品和原料，以及按照传统既是食品，又是药品的物品，但是不包括以治疗为目的的物品。因此，凡是可以供人类食用的，能被人类吸收的并含有能维持人体各种正常生命活动的营养成分的，对人体无毒无害的动物、植物及其加工品，都属于食品。食品为人类提供能量和各种人体所必需的营养素，也提供一些风味物质满足食欲和感官的需求。本章重点介绍存在于食品中的必需营养素的化学特点和性质，主要侧重它们加工性质的变化，其消化吸收过程、生理功能、食物来源及参考摄入量等内容因在教材《营养学基础》中已有详细介绍，这里不再赘述。

第一节　食物中的水

学习要求

- 掌握：水的定义和在食物中的存在状态，水分活度的定义及其对食品稳定性的影响。
- 熟悉：水在食品中的作用。
- 了解：水的生理功能，水在不同食物中的含量。

水（water）是许多食物的主要组成成分，各种食品都有其特定的水分含量和分布，因此显示出各自的色、香、味、形等特征。由于水分含量、分布和状态对食品的新鲜度、硬度、风味、色泽、流动性和保藏性等都有很大影响，因此食品中的水对食品的品质特性产生极大的影响。

水是人类机体赖以维持最基本生命活动的物质，所以是一种重要的营养素。由于水相对容易取得，人们往往忽视了它的重要性。水是人体的重要组成部分，水分在血液中约占 80%，肌肉里约占 70%，骨髓约占 30%。总之，人体的各脏器及组织细胞内外，到处都有水的存在。水还具有促进食物消化、运输、调节体温、润滑、体内许多重要物质的溶剂等功能。

一、食品中水的存在状态

水是典型的极性分子。纯水中不仅含有普通的水分子，而且含其他微量成分。例如，水分子靠自身极性可以发生微弱电离，所以，水中含有微量的氢离子和羟基离子。水分子具有强烈的缔合作用，这种强缔合作用的原因在于-OH 的强极性。在液态水中，水分子通过氢键而缔合，在温度恒定的条件下，整个体系的氢键和结构形式保持不变。在实际情况中，一个水分子可以和几个水分子相互靠近形成各种不同结构和大小的“水分子团”，在水中有其他物质存在时可受其影响，从而影响水的口感和作用。

食品中含有大量水分，水与食品中的各种成分以不同的方式结合，根据结合力的强弱程度不同，可把食品中存在的水分为两种：一种是具有自然界普遍水性能的自由水，另一种是与食品中一些化合物的活性基以氢键等形式结合而不能自由运动的水，这种水称结合水。自由水或游离水存在于细胞间隙或细胞液以及制成食品的结构组织中。自由水能流动，具有溶解溶质的作用，与自然水无本质的区别，在食品中会因蒸发而散失，也会因吸潮而增加，它可以被微生物利用，与食品的腐败变质有着重要关系。结合水主要与食品中蛋白质的活性基（-OH，= NH，$-NH_2$，-COOH）和糖类的活性基（-OH）以氢键等方式结合着，因而失去自由水的功能。食品中各种有机物的极性基不同，与水形成氢键的牢固程度也不同。结合水不易结冰（冰点约为-40℃），也不能作为溶质的溶剂和被微生物利用。结合水较难分离，而一旦被分离后，食品的风味也会改变。

二、在食品中的含量

不同种类的食品含水量是不同的。表 1-1 列出了某些常见食物的含水量。

水在生物体中的分布是不均匀的。对动物来说，肌肉、肝、肾、脑等含水量为 72%~75%，血液含水 80%；对植物来说，不同品种之间，同种植物的不同部位之间，不同的成熟度之间，水分含量均有所不同。一般说来，根、茎、叶等营养器官含水量较高，约占鲜重的 70%~90%，甚至更高。例如，果蔬中的番茄、黄瓜、苹果、梨、葡萄、西瓜、白菜叶、莴苣叶、萝卜等，其含水量是鲜重的 90%~95%，某些藻类含水量可达鲜重的 98%。但植物的繁殖器官如种子含水量较低（12%~15%）。

表 1-1　某些常见食物的含水量

食物种类	食物名称	含水量/%
乳制品	液体乳制品（全脂乳、脱脂乳等）	88~90
	乳酪	40~75
	乳粉	4
	冰激凌	75

（续表）

食物种类	食物名称	含水量/%
水果	西瓜、甜瓜	90~95
	草莓、番茄	90~95
	苹果、桃子、橘子、葡萄柚	85~90
	樱桃、梨	80~85
蔬菜	黄瓜	96
	芦笋、菜豆（绿）卷心菜、花菜、莴苣	90~95
	甜菜、花椰菜、胡萝卜、马铃薯	80~90
	豌豆（绿）	74~80
粮谷类	面粉	10~13
	粳米	13~14
	面包	35~45
	饼干	5~8
肉、水产和家禽	动物肉和水产	50~85
	鲜蛋	74
	鹅肉	50
	肌肉	75

三、水分活度

（一）定义

水的活性用水分活度（water activity）度量，它反映的是水与非水成分缔合的强度。水分活度的定义是食品中水的蒸气压和该温度下纯水的饱和蒸气压的比值。可用公式表示：

$$Aw = P / P_0$$

式中：Aw 是水分活度；P 是某种食品在密闭容器中达到平衡状态时的水蒸气分压；P_0 是相同温度下的纯水的蒸汽压。对于纯水来说，因 $P = P_0$，故 $Aw = 1$。由于食品中还溶有小分子盐类和有机物，因此其饱和蒸汽压要下降，所以 Aw 总是小于 1。

食品的水分活度与其组成有关。食品中的含水量越大，自由水越多，水分活度越大；反之，非水物质（亲水物质）越多，结合水越多，其水分活度越小。应该注意到，有时虽然水分含量相同，但如果自由水与结合水所占比例不同，那么与各种非水组分的缔合程度也不同，从而导致 Aw 不同。鱼和水果等含水量高的食品的 Aw 值为 0.98~0.99；谷类、豆类含水量少的食品 Aw 值较小，为 0.60~0.64。

（二）水分活度与食品的稳定性

1. 微生物的生长繁殖

食品中各种微生物的生长发育，是由其水分活度而不是由其含水量所决定。不同的微生物在食品中繁殖时对水分活度的要求不同，表 1–2 为各类微生物生长所要求的最低水分活度。当水分活度低于某种微生物生长所需的最低水分活度时，这种微生物就不能生长。所以，Aw 值偏高的食品易受到微生物的污染而腐败变质。水分活度在 0.91 以上时，微生物变质以细菌为主。水分活度降至 0.91 以下时，就可以抑制一般细菌的生长。水分活度在 0.90 以下时，食品的腐败主要是由酵母菌和真菌所引起的，其中水分活度 0.80 以下的糖浆、蜂蜜和浓缩果汁的败坏主要是由酵母菌引起的。水分与微生物活动有重要关系，所以有的食品采用脱水干燥方法保藏。

表 1–2　各种微生物生长所需的最低水分活度

微生物	水分活度
多数细菌	0.91
多数酵母菌	0.88
多数真菌	0.80
多数嗜盐细菌	0.75

2. 水分活度与酶作用的关系

当水分活度小于 0.85 时，导致食品原料腐败的大部分酶失活。

3. 水分活度与化学反应的关系

在 0.7~0.9 这个水分活度范围内，食品的一些重要化学反应，如脂类的氧化、羰氨反应、维生素的分解等反应速率都达到最大，这时，食品变质受化学变化的影响增大。当食品的含水量进一步增大到 Aw 大于 0.9 时，食品中的各种化学反应速率大多呈下降趋势。

4. 水分活度与食品的质构的关系

食品的品质除了与它本身的组织结构和成分有关外，水是影响其品质的最主要因素之一。食品中水的含量、分布和状态对食品的结构、外观、质地、风味、新鲜程度产生极大的影响。一般的蔬菜、水果，如果组织结构松脆、含水量多，就显得鲜嫩多汁，一旦失去一部分水分，组织细胞内的压力降低，蔬菜就会枯蔫、皱缩和失重，水果表面干瘪，其食用价值就会大大下降。水分活度对干燥和半干燥食品的质构有较大的影响。水分活度为 0.4~0.5 时，肉干的硬度及耐嚼性最大，增加水分含量，肉干的硬度及耐嚼性都会降低。要想保持脆饼干、爆玉米花及油炸土豆片的脆性，避免糖粉、奶粉以及速溶咖啡结块、变硬发黏，都需要使产品具有相当低的水分活度。要保持干燥食品的理想性质，水分活度不能超过0.3~0.5。对含水量较高的食品（蛋糕、面包等），为避免失水变硬，需要保持有相当高的水分活度。

（沈秀华）

第二节　食物中的碳水化合物

学习要求

- 掌握：焦糖化反应和美拉德反应的定义及其在食品加工过程中的意义，单糖的氧化还原反应。
- 熟悉：碳水化合物的分类、低聚糖的种类与结构。
- 了解：碳水化合物的生理功能，淀粉的老化和糊化反应。

碳水化合物（carbohydrate）又称糖类，是多羟基醛或多羟基酮及其衍生物的总称。碳水化合物是自然界分布最广、数量最多的一类有机化合物，为人类提供了主要的膳食能量。此外，碳水化合物还具有节约蛋白质和抗生酮的作用。碳水化合物在食物中的重要性表现在以下几个方面：①是重要的能量来源；②单糖和低聚糖是重要的甜味剂；③与食品中其他成分反应产生色泽和香味；④具有高黏度、凝胶能力与稳定作用。

一、碳水化合物的种类及化学性质

根据碳水化合物能否水解和水解后生成的物质，可将它们分为单糖、双糖、寡糖和多糖四大类。

（一）单糖

单糖是指不能再被水解的糖单位，单糖是构成各种寡糖和多糖的基本构成单位，每分子可含有3~9个碳原子。在食品中常见的如葡萄糖（glucose）和果糖（fructose）。葡萄糖有D型和L型，人体只能代谢D型葡萄糖而不能利用L型，所以有人用L型葡萄糖做甜味剂，可达到增加食品的甜味而又不增加热能摄入的目的。果糖主要存在于水果和蜂蜜中，人工制作的玉米糖浆中含果糖可达40%~90%，是饮料、糖果生产的重要原料。

糖醇是单糖的重要衍生物，常见有山梨醇、甘露醇和木糖醇等。由于这些糖醇类物质在体内消化、吸收的速度慢，提供能量较葡萄糖少，已被广泛用于食品加工中。

（二）双糖

双糖是由两分子单糖缩合而成。天然存在于食品中的双糖，常见的有蔗糖（sucrose）、乳糖（lactose）和麦芽糖（maltose）。蔗糖在甘蔗、甜菜和蜂蜜中含量较多，日常食用的白糖就是蔗糖，是从甘蔗或甜菜中提取的。麦芽糖是由两分子葡萄糖连接而成，淀粉在酶的作用下可降解生成麦芽糖。乳糖主要存在于奶和奶制品中。

（三）低聚糖

又叫寡糖，是由3~10个单糖分子失水缩合而成的。目前已知的几种重要寡糖有棉籽糖、水苏糖、异麦芽低聚糖、低聚果糖、大豆低聚糖等。大豆低聚糖（soybean oligosaccharide）是存在于大豆中的可溶性糖的总称，主要成分是水苏糖、棉籽糖和蔗糖。除大豆以外，在扁豆、豌豆、绿豆中均有存在。其甜味特性接近于蔗糖，但能量仅为蔗糖的50%左右。此外，大豆低聚糖还是肠道双歧杆菌的增殖因子，可部分代替蔗糖应用于饮料、酸奶等食品中。

（四）多糖

多糖是由多个单糖单位通过糖苷键连接起来的高分子化合物。其聚合度（组成多糖的单糖个数，DP）多在200~3 000，有的甚至更高，例如纤维素的聚合度可达5 000~15 000。多糖广泛分布于自然界，食品中多糖有淀粉、糖原、纤维素、半纤维素、果胶和改性多糖等。植物的种子、根部和块茎中含有丰富的淀粉。由于淀粉是在植物细胞中被生物合成的，因此淀粉粒的大小和形状是由植物的生物合成体系所决定的。例如，如果淀粉颗粒处在谷物种子中心的胚乳中是圆形的，如果处在外层的富含蛋白质的角状胚乳中，淀粉颗粒则是多角形的。因此，淀粉颗粒的大小与形状随植物的品种而改变，在显微镜下观察时，能根据这些特征识别不同植物品种的淀粉。不同来源的淀粉粒中所含的直链和支链淀粉比例不同。直链淀粉是D–吡喃葡萄糖通过1,4糖苷键连接起来的链状分子，但是从立体构象来看，它并非线性，而是由分子内的氢键使链卷曲盘旋成螺旋状。支链淀粉是D–吡喃葡萄糖通过1,4和1,6两种糖苷键连接起来的带分枝的大分子。支链淀粉整体的结构不同于直链淀粉，它呈树枝状，支链虽也可呈螺旋，但螺旋很短。

碳水化合物的结构、性质是食品花色、质地、风味和加工特性多样化的重要物质基础。小分子的糖类有多种食用功能性，如甜味、吸湿、易溶于水、可发酵等。多糖也是这样。例如具有增稠、稳定、凝胶化、持水和保护风味成分的功能等。在食品的加工和储藏中，碳水化合物会发生很大变化。一些变化是有利的，例如淀粉糊化、纤维素水解和果胶在水果后熟中的适当降解。另一些变化则不利，如淀粉老化、马铃薯甜化和甜玉米中蔗糖向淀粉转化。还有一些变化是否有利的判断要依据食品的种类和变化的程度，例如美拉德反应、焦糖化反应、多糖的交联等。

近年来，食用植物原料的深加工和综合利用及许多食品新技术的发展需要碳水化合物的理论向深度和广度发展。例如：挤压膨化、淀粉和纤维素的改性、异构化糖类和新型低聚糖的生产、植物食品的超微粉末化及低热量油脂模拟品的研制等都需要更加深入的研究碳水化合物的物理化学性质。

二、碳水化合物的物理化学特性

（一）单糖的异构化、复合和氧化还原反应

单糖的醛基或酮基是非常活泼的，很多反应都发生在这些基团上。许多具有此类官能团的低聚糖也会发生相同的反应，只是不如单糖活性高而已。

1. 异构化

环式单糖在水溶液中可发生异头物间的相互转化，这就是端基异构化现象。这种变化常伴随变旋现象。例如 α-D-葡萄糖的晶体熔点为 146℃，纯溶液的比旋光为 +112.2；β-D-葡萄糖的晶体熔点为 148~150℃，比旋光为 +18.7。将两者之一加入水中，经过端基异构化，都会产生 α-D-葡萄糖和 β-D 葡萄糖的平衡水溶液。平衡液的比旋光为 +52.7，两者在平衡液中的比例为 36∶54。

2. 氧化反应

单糖在合适的条件下能发生氧化反应，氧化产物与试剂的种类及溶液的酸碱度有关。在酸性溶液中，醛糖比酮糖易于氧化。例如，醛糖能被弱氧化剂溴水氧化，而酮糖则不能。在某些酶的作用下，有些醛糖如葡萄糖、半乳糖等还可以发生伯醇基氧化，生成糖醛酸。糖醛酸是组成果胶、半纤维素、黏多糖的重要成分。

3. 还原反应

在催化剂或酶的作用下，单糖的羰基被还原成羟基就形成了相应的糖醇。例如，D-葡萄糖的羰基在催化剂镍存在的情况下可被还原成羟基，生成 D-葡萄糖醇。同样，D-甘露糖或 D-果糖经氢化生成甘露醇，它的甜度是蔗糖的 65%，被广泛应用于糖果和巧克力中。木糖醇是由木糖氢化而成的一种糖醇，它的甜度是蔗糖的 70%，可在糖果生产中替代蔗糖以减少牙病的发生。

（二）非酶褐变

食品的褐变分为氧化褐变和非氧化褐变两种。氧化褐变或酶促褐变是氧与酚类物质在多酚氧化酶催化下发生的一系列反应，如香蕉、苹果、梨等在切开时发生的褐变现象。非氧化褐变或非酶褐变反应是食品中常见的重要反应，它包括焦糖化和美拉德（Maillard）反应。

1. 焦糖化反应

将糖和糖浆直接加热，在温度超过 100℃时，随着糖的分解变化，可产生焦糖化的复杂反应，少量酸和盐可以催化此反应加速进行，大多数焦糖化反应引起糖分子脱水，生成脱水糖或者在糖环中形成双键，产生不饱和的环状中间体如呋喃环，不饱和环常发生聚合，使食品产生色泽和风味，使反应产物具有不同类型的焦糖色素。蔗糖通常被用于

制造焦糖色素与风味物质。

2. 美拉德反应

在食品的储藏或加工过程中，还原糖（主要是葡萄糖）与同游离氨基酸或蛋白质分子中的游离氨基等含氨基化合物发生羰氨反应，生成类黑精色素和褐变风味物质，这种反应即美拉德反应，通过美拉德反应可产生很多风味物质和具有颜色的物质。美拉德褐变产物包括可溶性与不可溶性的聚合物，如还原糖与牛奶蛋白质反应时，可产生乳脂糖、太妃糖及奶糖的风味。美拉德反应不利的一面是还原糖同氨基酸或蛋白质的部分链段相互作用会导致部分氨基酸的损失，尤其是必需氨基酸。其中L-赖氨酸所受的影响最大，赖氨酸的 ε-氨基即使存在于蛋白质分子中也能参与美拉德反应。在精氨酸和组氨酸分子的侧链中也都含有参与美拉德反应的含氮基团。因此，从营养的角度来看，美拉德褐变会造成氨基酸的损失。

（三）多糖的物理化学特性

1. 水解反应

在加热和酸的作用下，淀粉容易发生水解反应，根据不同的水解程度可以得到不同的产品，如玉米糖浆、麦芽糖浆、葡萄糖、糊精等。工业上常用葡萄糖值（dextrose equivalent，DE 值）表示淀粉水解的程度，它的定义是还原糖（按葡萄糖计）在糖浆中所占的百分数（按干物质计）。

2. 淀粉的糊化

淀粉在植物中是以淀粉粒的形式存在，支链淀粉之间通过氢键缔合形成结晶区，直链淀粉与支链淀粉呈有序排列。结晶区与非结晶区交替排列形成层状胶束结构。因此，在水中不溶解，这种具有胶束结构的生淀粉称为 β-淀粉，β-淀粉在水中加热后，破坏了结晶胶束区的弱的氢键，水分子开始进入淀粉粒内部，淀粉粒开始水合和溶胀，结晶胶束结构逐渐消失，淀粉粒破裂，偏光十字和双折射现象消失，大部分直链淀粉溶解到溶液中，溶液黏度增加，这种现象称为糊化。处于这种状态的淀粉称为 α-淀粉。各种淀粉糊化的温度不同，即使同一种淀粉由于颗粒大小不一，糊化温度也不一致，通常糊化温度可在偏光显微镜下测定，偏光十字和双折射现象开始消失的温度为糊化开始温度，偏光十字和双折射完全消失的温度为完全糊化温度。淀粉糊化以后形成的淀粉糊随着温度的升高其黏度不断增大，在 95℃附近达到最高黏度后恒定一段时间，其黏度就逐步下降。除温度影响到淀粉的糊化、淀粉溶液的黏度和胶凝特性外，食品中其他成分，如脂肪、蛋白质、糖和水分含量对其也有影响。在食品加工中，淀粉的糊化程度影响到一些淀粉类食品的消化率和储藏性，如桃酥由于脂肪含量高、水分含量少，使 90% 的淀粉粒未糊化而不易消化，而面包则由于含水量高，96% 以上的淀粉粒均已糊化，所以易消化。

3. 淀粉的老化

经过糊化后的 α-淀粉在室温或低于室温下放置后，会变得不透明甚至凝结而沉淀，这种现象称为老化。这是由于糊化后的淀粉分子在低温下又自动排列成序，相邻分子间的氢键又逐步恢复形成致密、高度晶化的淀粉分子微束的缘故。老化过程可看作是糊化的逆过程，但是老化不能使淀粉彻底复原到生淀粉（β-淀粉）的结构状态，它比生淀粉的晶化程度低。不同来源的淀粉，老化难易程度不相同。这是由于淀粉的老化与所含直链淀粉及支链淀粉的比例有关，一般直链淀粉较支链淀粉更易于老化。直链淀粉越多，老化越快。支链淀粉老化则需要较长的时间，其原因是它的结构呈三维网状空间分布，妨碍微晶束氢键的形成。老化后的淀粉与水失去亲和力，并且难以被淀粉酶水解，因而也不易被人体所消化吸收。淀粉老化作用的控制在食品工业中有重要意义。以面包为例，在其焙烤结束后，糊化的淀粉就开始老化，导致面包变硬，新鲜程度下降，若将表面活性物质，如甘油单酯或其衍生物，如硬酯酰乳酸钠（SSL）添加到面包中，即可延缓面包变硬。这是因为直链淀粉具有疏水性的螺旋结构，能与乳化剂的疏水性基团相互作用形成络合物，抑制了淀粉的再结晶，最终延迟了淀粉的老化。

（杨科峰）

第三节　食物中的蛋白质

学习要求

- 掌握：蛋白质在加工过程中的变化。
- 熟悉：蛋白质的凝胶和膨润，蛋白质的变性及其影响因素。
- 了解：主要食物蛋白质的分类及其特性。

蛋白质（protein）是构成人体组织、调节各种生理功能不可缺少的物质，可促进机体生长发育，参与许多重要物质的转运，并供给热能。缺乏时可致生长发育迟缓、易疲劳、贫血、易感染、病后恢复缓慢等；严重缺乏可致营养不良性水肿。蛋白质过多则可增加肾脏负担。从食品科学的角度看，蛋白质除营养上的重要作用外，还在决定食品的结构、形态及色、香、味等方面也起到了重要作用。

一、蛋白质的种类

蛋白质是结构非常复杂、相对分子质量很大的亲水高分子化合物。其组成元素有碳、氢、氧、氮、硫、磷、碘及某些金属元素如铁、锌等。蛋白质是由不同氨基酸通过肽键相互连接而成的。

根据蛋白质化学组成的复杂程度，可将蛋白质分为单纯蛋白质和结合蛋白质。单纯蛋白质是一类仅含有氨基酸的蛋白质，如清蛋白、球蛋白、谷蛋白、醇溶谷蛋白等；另一类称为结合蛋白质，是由单纯蛋白质和非蛋白质成分复合而成，如核蛋白、糖蛋白、脂蛋白等。又因蛋白质具有各种不同的特殊功能，可按其功能分成三大类，即结构蛋白质、有生物活性的蛋白质和食品蛋白质。结构蛋白质如角蛋白、胶原和弹性蛋白，它们的功能主要是和它们的纤维状结构有关。具有生活物学活性的蛋白质在体内起着一种活性的作用。在这类蛋白质中，酶是最重要的，它们是具有高度专一性的催化剂。其他生物学活性蛋白质包括能调节代谢反应的激素（胰岛素和生长激素）、收缩蛋白质（肌球蛋白、肌动蛋白）和免疫球蛋白等。食品蛋白质并不完全代表单独的一类，因为许多结构蛋白和生物活性蛋白质也是食品蛋白质，因此凡可供食用、易消化、无毒的蛋白质统称为食品蛋白质。

二、蛋白质的理化特性

（一）蛋白质的两性电离和等电点（下文中没有讲到）

蛋白质分子中有自由氨基和自由羧基，故具有酸、碱两性性质。蛋白质的两性解离性质使其成为人体中重要的缓冲溶液。当蛋白质处于某一特定 pH 溶液时，蛋白质解离成正、负离子的趋势相等，成为兼性离子，净电荷为零，此时溶液的 pH 称为蛋白质的等电电，并可利用此性质在适当的 pH 条件下，对不同蛋白质进行电泳分离纯化。

（二）凝胶与膨润

蛋白质的表面存在很多的亲水基团，溶于水可形成较稳定的亲水胶体。大多数蛋白质的凝胶，首先是蛋白分子变性，然后变性蛋白分子互相作用，形成蛋白质的凝固态。生鸡蛋蛋白溶液受热凝固和牛奶变酸形成奶块都是典型的蛋白质凝胶。由于凝胶中蛋白质分子间的作用力不一样，凝胶有可逆和不可逆之分。以氢键作用为主的凝胶（如鱼冻）是可逆的，温度下降，氢键作用力加强，凝胶形成，温度上升，凝胶变成溶胶；以双硫键作用为主的凝胶（如蛋清蛋白），温度升高后一旦形成凝胶就很稳定。

凝胶中的水分蒸发干燥后即可得到具有多孔结构的干凝胶，吸水后又变为柔软而富有弹性的凝胶。干凝胶的吸水称为膨润。膨润在食品加工中是常见的过程，如谷类和豆类的浸泡，泡发鱿鱼等。在干制时蛋白质变性程度越小，则膨润后复原性越好。如低温干燥脱水蔬菜、喷雾干燥的奶粉，加水后能接近新鲜品的状态。

（三）沉淀作用

蛋白质具有胶体性质。其胶体性质稳定的原因主要是蛋白质分子有水合膜和带有电荷，但由于某些因素破坏了水合膜，除去了胶粒的电荷时，蛋白质则会沉淀，可使蛋白质沉淀的物质主要有酸、醇、中性盐及重金属盐。如在蛋白质胶体溶液中加入高浓度的中性盐（如 NaCl）时，由于其对水分子的争夺使蛋白质胶粒外的水合膜破坏，而致蛋白质沉淀。豆浆点卤形成豆腐的过程就是盐析作用。

（四）变性作用

天然蛋白质因受物理或化学因素的影响，其分子原有的特殊结构发生变化，致使其生理活性部分或全部丧失，这种作用称为蛋白质的变性。变化所得到的蛋白质称为变性蛋白质。在变性过程中蛋白质并未分解，其一级结构不变，但二级和三级结构发生了变化。使蛋白质变性的因素很多，包括：热（60~70℃）、冻结、干燥、酸、碱、有机溶剂（如乙醇、丙酮）、光（X线、紫外线等）、尿素浓溶液、水杨酸、表面活性剂、高压、剧烈振荡和超声波等。

三、蛋白质在加工储藏中的变化

从原料加工、储运到消费者食用的整个过程中，食品中的蛋白质会经过各种处理，如加热、冷冻、干燥及酸碱处理等，蛋白质会发生程度不同的变化，了解这些变化有助于我们选择更好的手段和条件来加工和储藏蛋白质食品。

（一）热加工

热处理对蛋白质的影响程度决定于加热的温度、水分和有无其他物质参与。

1. 温和的加热

绝大多数蛋白质变性后营养价值得到提高，这是因为蛋白质变性后易被消化酶作用，提高了消化吸收率，其所含的各种氨基酸并没有明显变化。但是具有各种生物活性的蛋白质（如各种酶、某些激素等）将失活，蛋白质具有的物理化学特性也会发生变化，如纤维性蛋白质失去弹性和柔软性，而球状蛋白质的黏性、渗透压、电泳、溶解性等发生变化，各种活性基团会暴露于分子表面，从而易遭受化学攻击。

2. 比较剧烈的加热和过度加热

在无还原性物质存在下，蛋白质被较剧烈加热时，几乎所有氨基酸都会发生不同程度的外消旋化，L－氨基酸转化为D－氨基酸，导致蛋白质生物有效性降低。含硫氨基酸脱硫而被破坏，如，胱氨酸在50~60℃被破坏，生成硫化氢、甲基硫化物、磺基丙氨酸等；碱性氨基酸如赖氨酸、精氨酸等则易于脱去一个氨基而改变蛋白质的功能特性。色氨酸在过度加热时，还会分解产生致癌物质。

高温处理蛋白质时，其侧链上游离的氨基与游离的羧基会相互作用，脱水形成类似肽键的结构（异肽键），使蛋白质分子间产生交联，降低了蛋白质的利用率。

（二）碱处理

对食品进行碱处理，主要目的是植物蛋白的助溶、油料种子去黄曲霉毒素等。但该过程对蛋白质影响较大，尤其是伴随有加热，蛋白质会发生多种反应。其中交联反应是导致蛋白质劣化的主要反应，交联反应会导致必需氨基酸损失及蛋白质消化吸收率降低，有些交联产物还有一定的毒性。

轻度碱变性不一定造成劣化，但长时间、较强碱性加热则会使蛋白质营养价值降低。所以在食品加工中应尽量控制反应在 pH 11 以下进行，或短时间低温处理。

（三）冷冻

采用冷冻储存、加工食品时会造成蛋白质变性，从而改变食物原有的各种性状。如把豆腐冻结、冷藏时，则会得到具有多孔结构的具有一定黏弹性的冻豆腐。此时大豆球蛋白发生了部分变性。而把牛乳冻结、解冻时会发生乳质分离，不可能恢复到原先的均一状态。鱼肉蛋白也会在冻结的条件下发生不同程度的变性。如肌蛋白质的球状蛋白（肌球蛋白、肌动球蛋白、肌动蛋白等）成为纤维状，白蛋白类的肌浆蛋白成为球状，变得不溶于水，使肉组织变得粗、硬，肌肉的持水力降低。

冷冻加工造成变性的原因，主要是由于蛋白质质点分散密度的变化所引起的。冰的形成使蛋白质结合水逐渐减少，而冰晶体积的膨胀，会挤压蛋白质质点靠拢，致使蛋白质质点凝集，发生变性和沉淀。所以冰结晶的速度和蛋白质变性程度有很大关系。若慢慢降温，会形成较大的冰晶，对食品组织破坏较大；若快速冷冻则多形成细小结晶，对食品质量影响较小。

（四）干燥

食品脱水干燥后，有利于储存和运输。如，脱脂乳粉在含水量 4.7% 下储藏 128d，其蛋白质的生物价和消化率均未变化，在含水量 7.3% 下保存 60d，则生物价从 0.84 降为 0.69。为了防止奶粉由于风味和溶解度的变化导致品质劣化，常常在含水量 5 % 以下储藏。但这类食品在干燥过程中，特别是过度脱水时蛋白质的结合水膜被破坏，蛋白质受到热、光和空气中氧的影响，会发生变性和氧化等作用。因此，冷冻真空干燥并真空或充氮包装储存可使蛋白质的变化最小。

（五）氧化

在食品加工时为了各种目的（杀菌、漂白、除去残留农药等），常常使用一定量的氧化剂，各种氧化剂会导致蛋白质中的氨基酸残基发生氧化反应。最易被氧化的是蛋氨酸、半胱氨酸、胱氨酸和色氨酸等。为防止这类反应的发生，可采取加抗氧剂、除氧等措施防止蛋白质被氧化。

四、食物蛋白质及其特性

（一）肉类蛋白质

一般畜禽肉的蛋白质可分为三部分：肌浆中的蛋白质、肌原纤维中的蛋白质和基质蛋白质。

1. 肌浆蛋白质

通常把肌肉绞碎便可挤出肌浆，肌浆蛋白质约占肌肉总蛋白质含量的20%~30%，黏度低，常称为肌肉的可溶性蛋白。主要参与肌肉纤维中的物质代谢。肌浆蛋白质大约有50多种成分组成，大多是酶和肌红蛋白。肌浆酶与糖酵解与磷酸戊糖途径有关。肌红蛋白（myoglobin）是肌肉所特有的一种色素蛋白质，红色，约占肌肉固形物的1%，含量多少直接影响肉红色的深浅。肌红蛋白属于含铁蛋白质，基本组成是一条多肽链构成的珠蛋白，其组氨酸残基上结合有一个血红素，而血红素由一个铁离子和卟啉环构成。因此，肉制品是重要的铁来源。此外，红肉与白肉肌红蛋白含量差别很大，红肉含铁量高于白肉。

2. 肌原纤维中的蛋白质

肌原纤维蛋白中含有多种成分，包括肌球蛋白、肌动蛋白及肌动球蛋白。它们与肉及肉制品的物性密切相关。肌球蛋白和肌动蛋白之和占所有肌原蛋白的65%~70%，其中50%~60%为肌球蛋白，是粗丝的主要成分，另外15%~30%为肌动蛋白，是构成细丝的主要成分。

3. 基质蛋白质

主要成分是硬蛋白类的胶原蛋白、弹性蛋白、网状蛋白等，不溶于水和盐溶液，为不完全蛋白质。基质蛋白质是构成肌内膜、肌束膜、肌外膜和腱的主要成分。胶原蛋白是结缔组织中的主要成分，由原胶原聚合而成。原胶原为纤维状蛋白，长度大约为280nm，由3条螺旋状肽链组成。原胶原性质稳定，不溶于水及稀盐溶液，在酸或碱溶液中可以膨胀，不易被一般蛋白酶水解，但可被胶原酶水解。胶原蛋白甘氨酸和脯氨酸含量高，且含有羟脯氨酸和羟赖氨酸，其中羟赖氨酸为胶原蛋白特有。但胶原蛋白中酪氨酸、组氨酸、色氨酸含量极低，因此胶原蛋白的氨基酸组成不全面，不能作为动物蛋白质的主要来源。弹性蛋白是构成弹力纤维的主要成分。弹性蛋白属于硬蛋白，对酸、碱、盐都稳定，煮沸不能分解，且不被胃蛋白酶、胰蛋白酶水解，但可被胰液中的弹性蛋白酶水解。弹性蛋白中所含的羟脯氨酸比胶原蛋白少，弹性蛋白同样仅含有极少量的色氨酸、酪氨酸等芳香族氨基酸和含硫氨基酸。网状蛋白是构成肌内膜的主要蛋白，含有约4%的结合糖类和10%的结合脂。

（二）乳蛋白质

1. 酪蛋白

占乳蛋白质的80%~82%。乳的蛋白质组成由于动物种类的差异，可分为酪蛋白型和白蛋白型，牛乳、羊乳属酪蛋白型，人乳、马乳、狗乳属白蛋白型。

2. 乳清蛋白

牛乳中酪蛋白酸沉淀后，上层的清液称为乳清，乳清中含有多种蛋白质。

3. 脂肪球膜蛋白质

在乳脂肪的外膜中吸附有少量蛋白质，对脂肪球分散体系的稳定性有影响，多为磷酸脂蛋白、糖蛋白等。

（三）小麦蛋白质

小麦约含有13%的蛋白质，一般磨粉后加工各种食品。由于制粉方法的不同，小麦粉的成分也有所不同。我国小麦粉中蛋白质的含量在9.9%~12.2%（标准粉）。面粉中的蛋白质主要有麦清蛋白、麦球蛋白、麦胶蛋白和麦谷蛋白等。麦清蛋白含色氨酸较多，对焙烤面制品色泽的形成有一定贡献。小麦粉形成面筋的优良功能特性，主要是麦胶蛋白和麦谷蛋白的作用。

（四）大豆蛋白质

大豆蛋白主要是球蛋白类，主要成分是大豆球蛋白和β-伴大豆球蛋白，两者比率根据品种不同而有所不同。大豆蛋白具有亲水溶解、保水吸水能力、乳化能力以及黏着性和起泡性。

（杨科峰）

第四节 食物中的脂肪

学习要求

- 掌握：脂肪的分类，食品中脂类氧化的过程及影响其速率的因素。
- 熟悉：油脂熔点、沸点和发烟点，油脂的水解和异构化。
- 了解：油脂的加工过程，油脂的氢化。

脂类（lipids）包括中性脂肪（fat）和类脂（lipoid），前者主要是脂肪和油；后者种类很多，包括磷脂、糖脂、固醇类、酯类、脂蛋白等。脂肪由甘油与脂肪酸组成，脂肪酸可分为饱和脂肪酸（saturated fatty acid，SFA）、单不饱和脂肪酸（monounsaturated fatty acid, MUFA）和多不饱和脂肪酸（polyunsaturated fatty acid, PUFA）3种。脂肪的主要生理功能是供能与储能，1g脂肪在体内彻底氧化可产生大约37.7kJ（9kcal）热能。成年人脂肪占体重的20%~27%，肥胖者可达30%~60%。静息状态下空腹的成年人，维持其需要的能量大约25%来自游离脂肪酸，15%来自葡萄糖的代谢，而其余则由内源性脂肪提供。

油脂是人类不可缺少的食物成分之一，具有重要营养意义。包括：①供能：每克脂肪供能达37.7KJ（9kcal）；②提供必需脂肪酸：α-亚麻酸和它的长碳链衍生物[ω-3系列的脂肪酸如二碳五烯酸（EPA）和二十二碳六烯酸（DHA）等]对促进大脑发育和心血管疾病预防具有一定作用；③提供并帮助脂溶性维生素的吸收：油脂是各种脂溶性维生素的载体，并有助于这些维生素的充分吸收；④构成体脂：饮食中的油脂经过消化吸收后部分转化为体脂，适量体脂起到支撑和保护器官、减缓冲击和震动、调节体温、保持水分等作用；⑤构成细胞生物膜结构，有助于其他脂质在细胞内外运输，磷脂还是细胞膜结构的重要组成部分。

膳食脂肪能增加食物美味，促进食欲，增强饱腹感，延缓胃排空，以及帮助脂溶性维生素的吸收。油脂具有特殊的风味功能，食品工业中使用的乳化剂、润滑剂、润湿剂、起泡剂都是以油脂为原料生产的。

一、脂肪的种类

脂类按其结构和组成可分为简单脂类、复合脂类和衍生脂类。甘油三酯即通常所指的油脂，在数量上占天然脂质的95%左右，而蜡、复合脂类、衍生脂类的总数仅占5%左右。按其来源和脂肪酸组成可分为乳脂类、植物脂类、动物脂类和海产动物油类等。

二、油脂的物理性质

油脂的脂肪酸组成和结构决定了油脂的物理性质。油脂的物理性质包括晶体、热、流变、表面、光学、电学特性等。

1. 油脂的晶体特性

同一种物质可具有不同的晶体形态称为同质多晶现象，这些晶体称为同质多晶体。固态的油脂就属于同质多晶体。油脂在固态时分子排列整齐形成晶体结构，在熔融液态时分子处于无序的状态，介于两种状态之间形成液晶结构，同时具有固态和液态的物理性质。在油脂与水混合存在的体系中，油脂液晶结构有水参与，油脂的极性和非极性部分按层状、六方和立方液晶结构有序排列，水存在于脂类双分子层之间，或者六方柱胶束的外部或内部，或者立方三维晶格胶束之间。

2. 油脂熔点、沸点和发烟点

油脂的熔点、沸点和发烟点与油脂的加工、储运、利用、营养都有着直接的关系。油脂的熔点与其脂肪酸的组成有关，组成脂肪酸的饱和度高，碳原子数目多，熔点就高。在室温下为固体。反之，脂肪酸不饱和度高，碳原子数目少，熔点就低，在室温下为液体。经过氢化、反化或非共轭双键异构化成共轭双键等都会提高熔点。植物油的不饱和脂肪酸含量高，在室温下呈液态，但椰子油和可可脂为固态。陆地动物油脂含较多的C16和C18饱和脂肪酸，在室温下呈固态。海产动物富含C20以上的不饱和脂肪酸、在室温下多呈液态。油脂的沸点按下列顺序排列：三酰甘油＞二酰甘油＞一酰甘油＞脂肪酸。油脂的发烟点是油脂在接触空气加热时的稳定性指标，油脂加热时，刚起薄烟的温度称为发烟点，油脂加热至发烟点时品质即开始劣化，因此发烟点通常作为油脂精制度和新鲜度的指标。油脂反复使用、未精炼油脂和游离脂肪酸含量高时发烟点会下降。另外，在烹饪过程中一些外来物质的混入，如淀粉、糖、面粉、肉屑等，也会导致油脂的发烟点有所降低。为使油脂在烹饪过程中生成油烟较少，应选择发烟点较高的油脂并将油温控制在200℃以下。

3. 油脂的溶解度

油脂与己烷、乙醚等溶剂能以任何比例混溶，这是油脂加工中溶剂浸出法的理论依据。油脂在溶剂中的溶解度首先取决于溶质的熔点，其次取决于溶质和溶剂分子之间的亲和力。

4. 折光指数

折光指数是指在20℃下，光线由空气进入油脂时，光线入射角正弦与其折射角正弦值之比，大小与脂肪酸碳链长短和饱和度有关。

5. 碘值和皂化值

碘值是油脂中脂肪酸不饱和度的主要标志，以每100g油脂吸收的碘克数表示，碘值越高，不饱和程度越大。皂化值可以推测油脂内脂肪酸碳链的平均长度，用以鉴定油脂的种类和品质。

三、油脂的水解和异构化

天然油脂和脂肪酸具有很多官能团，如羧基、酯键、双键等，因而具有这些官能团的主要反应特性。

1. 水解

在适当条件下，油脂与水反应生成甘油和脂肪酸的反应叫水解反应。这个反应是分步可逆进行的，先水解生成甘油二酯，再水解生成甘油一酯，最后水解生成甘油。甘油三酯不溶于水，所以其水解速度很慢，但甘油二酯和甘油一酯的亲水性依次增强，因而其水解速度依次加快，有时甚至检测不到甘油一酯的存在。高温高压和大量水存在下可加速反应进行，无机酸（浓H_2SO_4）、碱（NaOH）、酶、金属氧化物（ZnO、MgO）等作催化剂也可加速水解反应的进行。

2. 酯化

脂肪酸能与一元醇（如甲醇）、二元醇（如乙二醇、丙二醇）以及多元醇（如糖类）发生酯化反应。酯化反应是可逆反应，速度很慢。工业上利用脂肪酸与多元醇酯化生产不同用途的各种酯类。甘油和硬脂酸适当酯化后经分子蒸馏可制备纯度95%的甘油单硬脂酸酯，它是应用广泛的食品乳化剂。山梨醇、甘露醇的脂肪酸酯也是应用广泛的非离子型表面活化剂。季戊四醇的不饱和脂肪酸酯是性能优良的防护涂料。

3. 皂化

油脂在碱的作用下完全水解生成甘油和脂肪酸盐的反应称为皂化反应，这是煮沸法制皂的基础，皂化反应以水作介质时，反应速度较慢，常需几十个小时才能皂化完全。

4. 环化和异构化

含3个以上双键的多不饱和脂肪酸在加热和有碱时会发生自环化。

天然油脂所含的不饱和脂肪酸的双键大多数是顺式结构，在光、热、酸、碱或催化剂作用下双键的位置及构型均会发生变化，称为反化反应，双键位置多是逐步向羧基端移动直至产生 α-烯酸。反化反应是可逆的，反应最终形成平行混合物，顺反之比一般为 1∶30。

四、油脂的氧化

油脂中的不饱和双键与空气中的氧气发生的系列反应，包括自动氧化（auto-oxidation）、酶促氧化和光氧化，生成过氧化物。油脂空气氧化过程是一个动态平衡过程：油脂氧化首先产生氢过氧化物；氢过氧化物可以继续氧化（其他双键）生成二级氧化产物；聚合形成聚合物，脱水形成酮基酸酯；分解产生醛、酮、酸等一系列小分子等。反应底物和条件不同时，上述动态平衡有很大不同。油脂中过氧化物增多是脂肪开始变质的信号，会形成具有哈喇味的小分子化合物。

1. 油脂的自动氧化

将鱼油薄层放置在空气中，测其质量的变化，可以发现油脂质量的变化可分为 3 个阶段。第一个阶段吸氧很少，质量改变很小，称为诱导期；第二个阶段吸收大量的氧，质量显著变劣，称为增殖期：第三个阶段吸氧趋于缓慢以至停止，称为中止期。

2. 油脂的光氧化

油脂中含有叶绿素、核黄素等光敏化合物，在照光时可从基态跃迁到单线激发态，单线激发态存活期很短，因而迅速放出能量回到基态或变成较低能量的三线激发态。三线激发态的光敏化合物与基态氧反应并将能量转移到基态氧，从而产生单线激发态氧。

3 氢过氧化物的分解和聚合

氢过氧化物极不稳定，当此化合物在体系中达到一定浓度时，开始分解或聚合。氢过氧化物的分解首先发生于氢过氧基的过氧键，该键裂解形成烷氧游离基，烷氧基再生成烃、醛、酮、醇、酸。氢过氧化物除了分解以外，初步裂分产生的游离基又可与游离基、不饱和脂肪或脂肪酸发生聚合反应，生成二聚体或三聚体，使油脂的黏度增加。

4. 影响脂类氧化速度的因素

（1）油脂的脂肪酸组成。虽然油脂中的饱和脂肪酸和不饱和脂肪酸都能发生氧化反应，但饱和脂肪酸的氧化必须在特殊的条件下才能发生，即有真菌增殖或有酶存在下才能使饱和脂肪酸发生氧化，且其氧化速率往往只有不饱和脂肪酸的 1/10。不饱和脂肪酸的氧化速率的大小，与本身的双键数量、位置及几何构型有关。花生四烯酸、亚麻酸、亚油酸与油酸氧化的相对速度约为 40∶20∶10∶1。

（2）温度。油脂的氧化速度随温度升高而加快，在 21~63℃范围内，温度每上升 16℃，氧化速率增加 1 倍。温度进一步提高，既促进自由基的形成，又促进自由基的消失，实际的影响则是两者作用的综合。温度还影响到反应的机制，在常温下氧化大多发生在 α-亚甲基上，当温度超过 50℃时，氧化可发生在不饱和脂肪酸的双键上，形成的初级氧化物是环氧化合物。

（3）氧。油脂氧化的速度随大气中氧分压增加而增大，但当氧分压达到一定值后，其氧化速度便保持不变。然而，氧分压对氧化速度的影响还受其他因素的影响。例如，当温度上升时，氧化速度随氧分压增加而增加就不太明显，这是因为随温度上升，氧的溶解度降低之故。又如比表面积很大的含油脂食品，如脱水油炸食品的氧化速度很快，并且几乎与氧分压无关。为防止含油脂食品氧化变质，最常用的方法是排除氧气，采用真空或充氮包装和使用透气性低的包装材料就很有效。

（4）水分活度。水分活度对油脂氧化作用的影响很复杂，水分活度很高或很低时氧化速度都很高。水分活度控制在0.3~0.4，食品中油脂氧化速度最低。当水分活度接近零时，由于油脂丧失隔绝空气抑制油脂氧化的水膜，氧化速度便很快。当水分活度上升时，水分能与油脂氧化生成氢过氧物结合阻止其分解，还能与催化油脂氧化的金属离子发生水合作用，钝化其催化活性，因而抑制了油脂氧化。当水分活度继续上升时，所增加的水分能增加氧的溶解度和提高金属催化剂的流动性，所以氧化速率进一步增加。当水分活度大于0.8时，由于所增加的水分使催化剂的稀释，降低了其催化活性，因此减缓了氧化速度。

（5）抗氧化剂。抗氧化剂是防止或延缓食品氧化，提高食品稳定性和延长储存期的物质。抗氧化剂的作用在于通过自身氧化消耗食品内部和环境的氧，通过提供电子或氢原子阻断油脂自动氧化的链式反应，通过抑制氧化酶活性，防止油脂的酶促氧化。常用的抗氧化剂分为两类，天然抗氧化剂和合成抗氧化剂。最常见的天然抗氧化剂有维生素E、胡萝卜素等，大多天然存在于油脂中，尤以植物油含量较高，有时也可人工添加。没食子酸丙酯（PG）、丁基羟基茴香醚（BHA）、二丁基羟基甲苯（BHT）是最常用的合成抗氧化剂。两种或两种以上抗氧化剂同时使用还能产生协同作用。

5. 热聚合和热氧化聚合

在高温条件下，油脂的聚合和分解反应十分突出和复杂。在不同的条件下会产生聚合、缩合、氧化和分解反应，使其黏度增加、碘值下降、酸价增高、折光率改变，还会产生刺激性气味，同时营养价值也有下降。

五、油脂加工

1. 油脂的制取

油脂的制取有溶剂浸出法、压榨法、熬炼法和机械分离法等，目前最常用的是压榨法和溶剂浸出法。压榨是油料破碎后用榨油机压榨。溶剂浸出法一般先预榨，再用有机溶剂浸出残油。用上述方法制取的油称为粗油或毛油。毛油中常含有各种杂质，如蛋白质、磷脂、色素等。油脂中的杂质可使油脂产生不良的风味、颜色、降低烟点等，需要除去。

2. 油脂的精炼

油脂的精炼就是进一步采取理化措施以除去油中杂质。精炼的流程如下：毛油→脱胶→静置分层→脱酸→水洗→干燥→脱色→过滤→脱臭→冷却→精制油。以上流程中脱胶、脱酸、脱色、脱臭是油脂精炼的核心工序。

（1）脱胶。是指脱掉磷脂。油脂中磷脂含量高，加热时易起泡沫，油烟多有臭味，同时磷脂氧化而使油脂呈焦褐色，影响煎炸食品的风味。脱胶时常向油脂中加入2%~3%水，在50℃左右搅拌，或通入水蒸气，由于磷脂有亲水性，吸水后相对密度增大，然后可通过沉降或离心分离除去磷脂。

（2）脱酸。主要目的是除去油中的游离脂肪酸。将苛性钠与加热的脂肪混合，苛性钠可使游离脂肪酸皂化，变为水溶性，此后静置一段时间后析出水相，此水相含有被皂化的脂肪酸，被称为油脚或皂脚，同时这个过程也使磷脂和有色物质显著地减少。

（3）脱色。将油脂加热到85℃左右，并用吸附剂，如酸性土、活性炭等处理，可将有色物质几乎完全地除去，其他物质如磷脂、皂化物和一些氧化产物与色素一起被吸附，然后通过过滤除去吸附剂。

（4）脱臭。各种植物油大部分都有其特殊的气味，在一定真空度、油温220~240℃下，通入一定压力的水蒸气，几十分钟左右即可将这些有气味的物质除去。

六、油脂的氢化

油脂中不饱和脂肪酸在催化剂的作用下，在不饱和链上加氢，使碳原子达到饱和或比较饱和。从而把在室温下呈液态的油变成固态的脂，这种过程称为油脂的氢化。氢化能够提高油脂的熔点，改变塑性。人造奶油就是用植物油经氢化饱和后制成，其结构可由顺式变为反式。

反式脂肪酸对人体健康有不利的影响，它会干扰机体多不饱和脂肪酸的代谢，引起血小板聚集，易形成血栓，升高血清总胆固醇，具有潜在致动脉粥样硬化的作用。反式脂肪酸还会干扰必需脂肪酸的代谢，影响中枢神经系统的发育，抑制儿童的生长发育。因此应减少反式脂肪酸摄入量，特别是孕妇和乳母应尽量减少富含人造黄油食品的摄入量，建议反式脂肪酸摄入量＜2g/d。

（杨科峰）

第五节　食品中的矿物质和维生素

学习要求

- 掌握：维生素和矿物质在加工过程中的变化及作用。
- 熟悉：维生素和矿物质的分类。
- 了解：维生素和矿物质的生理作用。

一、维生素（vitamin）

与蛋白质、碳水化合物和脂类不同，维生素类对食品的质地影响不大，但与食品的营养质量密切相关。由于维生素类物质的化学稳定性较低，食品的加工和储藏处理可能对维生素保存率造成重要影响，因而一些容易受破坏的维生素在食品中的保存率是食品加工质量的重要衡量指标。随着加工食品在膳食中的比例不断增大，维生素在食品加工储藏中的损失问题越来越受到重视。

（一）维生素的分类和生理作用

维生素是人体必需的一类复杂的有机化合物，其结构和生化特性不同，以本体或可被人体利用的前体形式存在于天然食品中。在体内维生素既不供给热能，也不构成人体组织。人体每日需要量很少，但体内不能合成或合成数量不能满足生理需要，必须由食物供给。

根据溶解性将维生素分为脂溶性维生素与水溶性维生素两大类。前者排泄率不高，摄入过多可在体内蓄积而产生有害影响；后者排泄率高，一般不在体内蓄积，需每日补充。维生素参与机体重要的生理过程，是生命活动不可缺少的物质，许多维生素是辅酶的组成成分或是酶的前身物。膳食长期缺乏某种维生素时，会首先消耗组织储备，进而出现生化或生理功能改变，最后出现营养缺乏病的症状和体征。

（二）维生素在食物加工中的作用

维生素的绝对含量很低，一般情况下不考虑其加工功能。但有时维生素也发挥重要的作用。例如，维生素 C 和维生素 E 的抗氧化功能、维生素 C 改良面粉品质的功能、维生素 B_1 转变为风味物的功能、维生素 B_2 的色素功能和维生素 C 的酸味剂功能。

在肉类腌制中，亚硝胺合成是通过自由基机制进行的，维生素 E 有助于终止自由基，因而可用来防止亚硝胺的合成。维生素 E 还是良好的食品抗氧化剂，通过猝灭单线态氧而保护食品中其他成分。在发挥这种作用时，一部分生育酚随之降解。

抗坏血酸的还原性和抗氧化性使它在食品中应用广泛。它可以保护其他成分免受氧化，可以还原邻位醌类而有效地抑制酶促褐变，可在封闭体系中作为除氧剂，在烘焙工业中用作面团改良剂，或可在腌肉制品中促进发色并防止亚硝胺的形成。抗坏血酸与生育酚或其他酚类抗氧化剂具有良好的增效作用。抗坏血酸能够捕获单线态氧和自由基，从而有助于抑制脂肪氧化，也能使已被氧化的物质得到再生。在水溶性食品体系中可以使用抗坏血酸或其中性钠盐，在脂溶性食品中可使用抗坏血酸棕榈酸酯或抗坏血酸酯乙缩醛等脂溶性衍生物。

二、矿物质（mineral）

矿物质即无机盐，是食物中除去碳、氢、氧、氮四种元素以外的其他元素的统称。由于食品经过灼烧后，有机物常成为气体逸去，而无机物大部分为不挥发性的残渣，故矿物质又称灰分。

（一）矿物质的分类和生理作用

占人体重量 0.01% 以上、每人每日需要量在 100mg 以上的矿物质称为常量元素。常量元素是构成人体组织的重要成分，如骨骼和牙齿等硬组织，在细胞内外液中与蛋白质一起调节细胞膜的通透性、控制水分、维持正常的渗透压和酸碱平衡，维持神经肌肉兴奋性。

人体中含量占体重万分之一以下的元素称微量元素。微量元素含量虽微，但与生长、发育、营养、健康、疾病、衰老等生理过程关系密切，是重要的营养素。很多微量元素是酶和维生素必需的活性因子，也参与构成某些激素或参与激素的作用。

（二）矿物质在食物中的作用

矿物质在食品中主要以无机盐形式存在，如碘以碘化物（I^-）或碘酸盐（IO_3^-）的形式存在，磷则以磷酸盐的形式存在。矿物质在食物中的功能也很广泛。可用它们调节水分活度、pH、离子平衡和离子强度。可溶性盐可降低溶解氧的浓度，水果加工中有时利用这种方法护色。钙离子可使果胶酸交联，可用于防止植物组织过度软化。

（杨科峰）

第六节　食品的风味

学习要求

- 掌握食品的风味物质的定义和分类。
- 熟悉食品中主要的几类天然色素的理化性质。
- 掌握食品中的呈味物质种类、理化性质和特点。熟悉影响味觉的主要因素。
- 了解食品中的香气物质种类、理化性质。

食品能刺激人的多种感觉系统而产生各种感官反应，如嗅觉、视觉、触觉、味觉等，这些感觉的综合即为食物的风味。引起这些感官反应的物质为风味物质。狭义的观点认为：风味主要是指食物刺激人类感官而引起的化学感觉。

本节将讨论产生食品风味的物质基础：食品中的色素，呈香和呈味物质。风味物质的特点有：①种类繁多；②含量极微，效果显著；③稳定性差，易被破坏，尤其是嗅感物质容易挥发，在空气中很快会自动氧化或分解，热稳定性也差；④风味与风味物质的分子结构缺乏普遍规律性，相互之间容易影响。另外，风味物质还具有易受浓度、介质等外界条件影响等特点。风味物质大多为非营养性物质，它们虽不参与体内代谢，但能促进食欲，所以风味也是构成食品质量的重要标志。

一、食品中的色素

（一）概述

色泽是对食品感官最有影响的因素之一。食品的色泽是决定食品品质和可接受性的重要因素。不良色泽的食品，不论其营养价值如何好，也很难被消费者所接受。食品颜色既要符合人们心理要求，又是优质食品的一个重要特征，不正常、不自然、不均匀的食品颜色常被认为是劣质、变质或工艺不良的直接标志。

食品的色泽主要由其所含的色素决定。食品中能够吸收和反射可见光波进而使食品呈现各种颜色的物质统称为食品色素，包括食品原料中固有的天然色素、食品加工中由原料成分转化产生的有色物质和外加的食品着色剂。主要的食品色素都是有机物。

在食品储藏加工中，常常遇到食品色泽变化的情况。有时向好的方向变化，如水果成熟时变得更加艳丽，面包烤好后变为人们喜爱的褐黄色；但更多的时候是向不好的方向变化，如苹果切开后褐变，绿色蔬菜经烹调后变为褐绿色，生肉在储放中失去新鲜的红色而变色。食品色变现象大多数为食品色素的化学变化所致。

食品加工中的食品色泽控制常包括护色和染色。从控制影响色素稳定性的内外因素的原则出发，护色就是选择具有适当成熟度的原料，力求有效、温和、快速地加工食品，尽量在加工和储藏中保证色素减少经水流失、少接触氧气、避光、避免过强的酸性或碱性条件、避免过度加热、避免与金属设备直接接触和利用适当的护色剂处理等。染色是获得和保持食品理想色彩的另一种常用方法。由于食品着色剂可通过组合调色而产生各种美丽的颜色，同时一部分食品着色剂的稳定性比食品固有色素的稳定性更高，因此，在食品加工中应用起来十分便利。然而，从营养和安全性的角度考虑，食品染色并无必要，过量使用还会产生毒副作用。因此，运用这种工艺时，必须遵照食品卫生法规和食品添加剂使用标准，严防滥用着色剂。

（二）食品中天然色素的分类

食品中的天然色素是指在新鲜原料中眼睛看到的有色物质，或者是本来无色但在加工过程中由于化学反应而呈现颜色的物质。

食品中的天然色素按来源不同可分为以下。

（1）植物色素。如蔬菜的绿色（叶绿素）、胡萝卜的橙红色（胡萝卜素）、草莓及苹果的红色（花青素）等。

（2）动物色素。如牛肉、猪肉的红色色素（血红素），卵黄和虾壳中的类胡萝卜素。

（3）微生物色素。如红曲色素。

食品色素按化学结构的不同可分为以下。

（1）四吡咯衍生物（或卟啉衍生物）。如叶绿素和血红素。

（2）异戊二烯衍生物。如类胡萝卜素。

（3）多酚类衍生物。如花青素、花黄素等。

（4）酮类衍生物。如红曲色素、姜黄素等。

（5）醌类衍生物。如虫胶色素、胭脂虫红素等。

此外，按溶解性质的不同食品中天然色素还可分为水溶性色素和脂溶性色素。

（三）几种重要的天然色素

1. 叶绿素

叶绿素属于四吡咯衍生物。吡咯是含有一个氮原子的五元杂环化合物，它本身在自然界中并不存在，但其衍生物却普遍存在，尤其是 4 个吡咯环连接起来的卟啉类化合物，重要的四吡咯衍生物除叶绿素外还有血红素、细胞色素、维生素 B_{12}。

叶绿素是高等植物和其他所有能进行光合作用的生物体所含有的一类绿色色素，它使蔬菜和未成熟果实呈现绿色。叶绿素的生物作用就是作为光合作用的催化剂。生物通过叶绿素吸收太阳能，固定二氧化碳，使其与水作用转变为有机化合物。

叶绿素是由甘氨酸与琥珀酸辅酶 A 经过一系列变化而形成的，其中间物质的形成是需光反应，无光时甘氨酸积累，不形成叶绿素，这是蔬菜避光软化栽培中韭黄、蒜黄、芹黄不形成绿色而增加甜味、鲜味，提高了风味的主要原因。

叶绿素在活细胞中与蛋白质结合成叶绿体，细胞死亡后叶绿素即游离出来。游离叶绿素极不稳定，对光和热均极敏感。叶绿素用稀酸处理（草酸或盐酸），分子中的镁原子可被氢原子所取代，生成暗橄榄褐色的脱镁叶绿素，从而使原来的绿色消失，加热可加快脱镁反应的进行。在室温下，叶绿素在弱碱中尚稳定，如果加热则使脂的部分水解成叶绿醇、甲醇及水溶性的叶绿酸。该酸呈鲜红色，而且比较稳定。碱浓度高时，则生成叶绿酸的钠盐或钾盐，也是绿色。如果叶绿素中的镁被铜或铁所替代，生成的绿色盐则更为稳定。叶绿体中含叶绿素分解酶，绿色蔬菜在加工前，如用60~75℃的热水进行漂烫，使叶绿素分解酶失去活性，则可保持其绿色。在加热达到叶绿素的沸点时，叶绿素容易氧化。经60~75℃热水漂烫后，可排除蔬菜组织中的氧气，即使用高温处理，由于氧化的机会减少，所以仍可保持其鲜绿色（见表1-3）。

表1-3 烹调时间对叶绿素保持率的影响

烹调时间/min	叶绿素保持百分率	外观
0	100	绿
5	74	绿
10	62	绿
20	36	棕绿
60	0	黄

2. 血红素

血红素是动物血液和肌肉中的色素。它和叶绿素一样也是吡咯衍生物，是由一个铁原子卟啉环构成的卟啉化合物。血红素存在于肌肉与血液的红细胞中，它以复合蛋白的形式存在，分别称为肌红蛋白和血红蛋白。它们是肉类红色的主要来源，其中以肌红蛋白为主。肌红蛋白是球蛋白与一分子血红素相结合，而血红蛋白是球蛋白与四分子血红素相结合。它是动物呼吸过程中氧气和二氧化碳的载体，是肌红蛋白（Mb）和血红蛋白（Hb）的辅基。肌红蛋白是珠蛋白与一分子血红素相结合，而血红蛋白是珠蛋白与四分子血红素相结合。

动物屠宰放血后，由于对肌肉组织供氧停止，所以新鲜肉中的肌红蛋白则保持为还原状态，使肌肉的颜色呈稍暗的紫红色。鲜肉存放在空气中，肌红蛋白和血红蛋白与氧结合形成鲜红的氧合肌红蛋白和氧合血红蛋白。氧合肌红蛋白和氧合血红蛋白本身比较稳定，鲜红色可以保持相当长的时间。但是，随着肉的陈放或在有氧的条件下加热，血红素中的Fe^{2+}被氧化为Fe^{3+}，肌红蛋白则变成黄褐色。但在缺氧条件下储存时，则因球蛋白的弱氧化作用将Fe^{3+}又还原为Fe^{2+}，因而又变成粉红色。

亚铁血红素还可与NO结合生成鲜桃红色的亚硝基亚铁血红素，把它们加热可生成稳定而鲜红的亚硝基肌色素原，故在肉类食品加工中为了保持肌肉的新鲜颜色，常添加一些发色剂和还原剂，如亚硝酸盐、烟酰胺和抗坏血酸等。但过量的亚硝酸根可和肉中存在的仲胺进行反应，生成亚硝酸胺类的致癌物。所以，肉制品的发色不得使用过多的亚硝酸盐和硝酸盐。

肉受热会发生颜色变化。在水为传热介质时，当肉内部的温度在60℃以下时，随着肉汁的流出，肌红蛋白也随之溶出，使肉色变浅；用油或其他传热介质加热，肉色不变。当肉的温度达到75℃以上时，肉就完全变成红褐色。

冻肉的颜色在保藏过程中逐渐变暗，主要由于血红素的氧化以及表面水分的蒸发而使色素物质浓度增加，冷藏温度越低则颜色的变化越小，在-50~-80℃变色几乎不再发生。腌制肉常有绿色物质生成，这可能是由于亚硝酸盐的过量，还有可能是污染了细菌。

3. 类胡萝卜素

类胡萝卜素属脂溶性的色素，是异戊二烯衍生物。大多数天然类胡萝卜素都可看作是番茄红素的衍生物，是主要分布于生物体中的一类呈现从黄、橙、红到紫色的色素。在植物体中多与脂肪酸相结合成酯，并与叶绿素和蛋白质共同结合成色素蛋白，叶绿素存在较多时，类胡萝卜素的含量也较多。因此，在深绿色叶子中含有较多的类胡萝卜素。在叶绿素存在的时候，绿色占有优势，往往掩盖类胡萝卜素颜色的表现。但是，一旦叶绿素被分解，即呈现类胡萝卜素的颜色。如成熟了的水果、秋天的枫叶等。

类胡萝卜色素可分为叶红素和叶黄素两类。

（1）叶红素类。大多数类胡萝卜素类的叶红素，都可看作是番茄红素的衍生物。其结构为多烯烃，呈红色及橙红色。其中以 β-胡萝卜素为最重要。

（2）叶黄素类。食物中常见的有叶黄素、玉米黄素、隐黄素、辣椒红素、虾黄素和柑橘黄素等十几种。

类胡萝卜素有较强的亲脂性，几乎都不溶于水，所以水洗时损失不大，按照这个性质常用辣椒制成红油。含有这些色素的食物加油脂后能促进吸收。类胡萝卜素对热较稳定，加热时不易破坏；天然的类胡萝卜素大多是以结合态存在，比较稳定，如胡萝卜存放时不易变色。从各种食品中提取的类胡萝卜素系列的天然食用色素，现已广泛地使用在食品着色中。

4. 花青素

花青素为多酚类衍生物，是植物中主要的水溶色素之一。广泛地分布于植物的花、叶、茎、果实中，色彩鲜艳绚丽。花青素的颜色可随环境的pH值而异。花青素在酸性条件下呈红色，微碱性时呈紫色；在碱性环境中呈紫色或蓝色。紫色的茄子，黑菜豆、紫苏、紫色甜玉米等蔬菜的主要显色物质都是花青素。果实在成熟过程中由于pH值的变化，花青素使果实出现各种颜色。

5. 花黄素

花黄素为多酚类衍生物，属黄酮类色素。此类色素广泛分布于植物的花、果实、茎、叶中。黄酮类色素易溶于碱液（pH值11~12）。在碱液中，颜色自浅黄、橙色至褐色，在酸性条件下颜色消失。做点心时，面粉中加碱过量，蒸出的面点和油炸食品的外皮都呈黄色，就是黄酮类色素在碱性溶液中呈黄色的缘故。黄酮类色素在空气中久放，易氧化生成深褐色的沉淀，这是果汁久放变褐的原因之一。黄酮类化合物可与铁、铝、锡、铅等金属配合，生成蓝色、蓝黑色、蓝绿色和棕色等不同颜色的配合物。

槲皮素，也就是芦丁（rutin），在柑橘和芦笋中存在较多，食品工业中常用加工芦笋的下脚料和橘皮作原料生产治疗高血压病的芦丁。罐藏芦笋呈很浅的黄色是槲皮素与锡反应的结果。另外，芹菜中含有芹黄素（apigenin），大豆含有大豆黄素（daidzein），这些都是黄酮类色素。

6. 植物鞣质

在植物中含有一类具有鞣革性质的物质，称作植物鞣质，简称鞣质或单宁。属于多酚类衍生物，是植物中主要的水溶色素之一。它们的性质也不稳定，极易氧化成暗黑色的加氧化合物，也易与高价铁离子反应生成黑褐色的沉淀，颜色逐渐泛蓝色或绿色。鞣质还能与蛋白质、生物碱、重金属离子生成不溶性的沉淀。具有涩味，能溶于水，可用热水浸提的方法去除。

7. 红曲色素

红曲色素来源于微生物，是红曲真菌丝所分泌的色素，属于酮类衍生物。我国常用的红曲米是将米（粳米或糯米）用水浸湿、蒸熟、接种发酵而成。将红曲米用乙醇提取而获得红曲色素溶液，或将红曲霉的深层培养液进一步结晶精制可得红曲色素。红曲色素性质稳定，耐酸、耐热、耐光、不受金属、氧化剂和还原剂的影响；红曲色素着色性能好，特别是对蛋白质着色，一经染色后水洗也不褪色。自古以来，我国就已用红曲米着色于各种食品。例如，用它酿造红酒、着色于红香肠、红腐乳、酱肉和粉蒸肉等。

8. 姜黄素

姜黄素属于酮类衍生物，存在于多年生草本植物姜黄的根、茎中。姜黄素为橙黄色结晶粉末，不溶于水，能溶于乙醇、冰醋酸溶液；颜色随 pH 值的变化而变化；对光和热的稳定性差；易与铁结合而变色；着色性较好。

9. 胭脂虫色素

胭脂虫色素为醌类衍生物。胭脂虫是一种寄生在胭脂仙人掌上的昆虫。纯品胭脂虫为红色结晶，难溶于冷水，而溶于热水、乙醇、碱水与稀酸水中。目前，国内外均认为胭脂虫红是一种安全色素，一般用于饮料、果酱及番茄酱等的着色剂。

10. 甜菜红

甜菜红是存在于红甜菜中的天然植物色素。甜菜红是红甜菜中有色化合物的总称。具有杨梅和玫瑰的鲜红色，可用于肉制品和面点的着色。

二、食品的香气物质

香是食品风味的另一个重要物质。香气是发香物质的微粒扩散到鼻孔后，嗅觉神经受到刺激而使人得到香感。食品中的香气与所含化合物的分子结构和官能团性质有重要关系。一般无机化合物中，仅 SO_2、NO_2、H_2S、NH_3 等是具有较强的电子接受能力的简单分子，具有强烈的刺激性气味，大部分无机物无气味。有机化合物则有气味的甚多，这与其分子中含有某些原子或原子团有关。这些原子或原子团称为发香原子或原子团。羟基、苯基、羧基、硝基、亚硝酸基、醛基、醚、酰胺基、羰基、酯、异氰基和内酯等则呈不同的香味。

（一）植物性食品的香气成分

1. 水果的香气成分

水果的香气以有机酸酯类、醛类、萜类为主，其次是醇类、酮类和挥发酸，它们是植物体内经过生物合成而产生的。水果的香气成分随果实的成熟而增加，一般成熟的葡萄中含香气成分 88 种、苹果中近 100 种、桃中有 90 种。人工催熟的果实不及树上成熟的果实香气含量高，由于果实采摘后离开母体，香气成分的合成能力下降等因素所致。

柑橘类中萜类、醇类、醛类和酯类皆较多，但萜类最突出，是特征风味的主要贡献者。苹果特征香气的主要成分有 2-甲基丁酸乙酯、己醛、（2 反）-己烯醛。以乙酸异酯为代表的乙、丙、丁酸与 C4~C6 醇构成的酯是香蕉的特征风味物。菠萝中酯类气味物十分丰富，乙酸甲酯和乙酸乙酯是其特征风味物。桃醛和苯甲醛为桃子特征风味物。不同品种的葡萄香气差别较大，玫瑰和葡萄因含有丰富的单萜醇而特别香。葡萄中特有的香气物是邻氨基苯甲酸甲酯，而醇、醛和酯类是各种葡萄中的共有香气物质。草莓因品质易变，虽然已先后检测出 300 多种挥发性物质，但其特征香气成分尚未弄清。西瓜、甜瓜等葫芦科果实的气味由两大类气味物支配，一类是顺式烯醇和烯醛，另一类是酯类。

2. 蔬菜的香气成分

蔬菜中的各种芳香物质，一般是油状挥发性有机化合物，俗称精油。蔬菜的香气没有水果那样浓郁，它们主要含有以含硫化合物、萜烯类、醇类为主体的香气成分。百合科蔬菜（葱、蒜、洋葱、韭菜、芦笋等）具有刺鼻的芳香，其最重要的气味物是含硫化合物。例如，二丙烯基二硫醚（洋葱气味）、二烯丙基二硫醚（大蒜气味）、2-丙烯基亚砜（催泪而刺激的气味）和硫醇（韭菜中的特征气味物）。十字花科蔬菜（卷心菜、芥菜、萝卜、花椰菜等）最重要的气味物也是含硫化合物。例如，卷心菜以硫醚、硫醇和异硫氰酸酯及不饱和醇与醛为主体风味物，萝卜、芥菜和花椰菜中的异硫氰酸酯是主要的特征风味物。

伞形花科蔬菜（胡萝卜、芹菜、香菜等）具有微刺鼻的特殊芳香与清香，萜烯类和醇类及羰基化合物共同组成主要气味物质。葫芦科和茄科中的黄瓜、青椒和番茄等具有显著的青鲜气味，马铃薯也属茄科蔬菜，具有淡淡的清香气。醇类和羰基化合物为其主要气味物质。例如，黄瓜的香气成分主要由羟化物和醇类化合物组成，这些风味化合物以亚油酸和亚麻酸为前体合成的。青椒、莴苣（菊科）和马铃薯等也具有清香气味，有关特征气味物包括吡嗪类。鲜蘑菇中以 3-辛烯-1-醇或庚烯醇的气味贡献最大，而香菇的主体香气成分是具有异香的香菇精，它是含硫杂环化合物。

3. 其他植物性食品的香气成分

稻米的香气主要由外层部分的挥发性成分引起的。经检测，米糠的挥发性成分在 250

种以上，其中内酯类物质香气温和、甜而浓重，是米糠气味的主要成分。米糠的挥发性成分参与了米饭的香气的形成，加工精度不同的粳米，在形成米饭香气时的前体物组成发生了变化，因而香气也发生了变化。精度越高的米煮出的米饭其香气越弱。

咖啡所含的挥发性物质很多，有580多种。其香气主要由呋喃类、噻吩类等化合物产生的。生咖啡中含有大量的脂肪，其中亚油酸占47%。这些脂肪酸在加热后生成羟化物，这在咖啡的香气中起重要的作用。咖啡的总体风味是由咖啡豆烘烤时形成的特征香气，由咖啡碱、多酚类化合物以及羟氨反应生成的褐变产物所产生的苦涩味感，加上来自有机酸的适当酸味感三者共同组成。

茶香是决定其品质高低的最重要因素。茶香与原料品种、产地生长条件、成熟度以及加工方法等均有很大关系。茶香的成分有300种以上，其中醇、酚、醛、酮、酸、酯等统称芳香油，其在茶叶中占很小的一部分，但对茶香的形成起到很重要的作用。除了茶香以外，茶水的苦涩感对茶叶的总体风味也有很大的影响。茶叶中的苦味主要是咖啡碱。

（二）动物性食品的香气成分

生的动物肉体通常有腥膻气味，只有在加热煮熟或烤熟后才具有各自特征性的香气。肉类香气是多种成分综合作用的结果。目前已测得牛肉中的香气成分有300多种，由各种香气物质综合作用后产生特有的牛肉香味。其中主要是多种羟基化合物和少量含硫化合物。此外，炖牛肉的香味还有双乙酰等。羊肉香气的主体成分是羰基化合物及一些不饱和脂肪酸。鸡肉香气的主体成分中含20多种羰基化合物及甲硫醚、二甲基二硫化物、微量硫化氢等物质，如果将微量硫化氢去除，则鸡汤大大降低鲜香味。鲜乳的香味物质，主要为挥发性脂肪酸、羰基化合物、微量的甲硫醚，它们是牛奶的主体香气成分。形成乳制品特征性香气的原因主要是：①牛乳中的香气成分是由亲油性高的多种成分和亲油性低的多种成分组成，在加工的过程中随着脂肪的分离，这些香气成分也分到不同的制品中，这就造成了鲜奶、稀奶油和黄油的香气成分的差异；②加工的过程中形成新的香气成分。

畜禽的种类、品种、年龄、饲养条件等也会影响肉的香气。屠宰前动物精神上的紧张、恐惧也影响到肉中的糖原含量以及代谢状况，从而影响到风味前体的含量，造成风味上的差别。不同加工方式得到的熟肉香气也存在一定差别，如煮、炒、烤、炸、熏和腌肉的风味各具风格。其中猪、羊的脂肪则含有生成特征性香气因子。不同部位的脂肪对肉香的影响也不同，从肌肉中提取的脂肪比皮下脂肪含有更多的磷脂和胆固醇，而这些物质在加热和冷冻时容易产生香气物质。各种熟肉中关键而共同的三大风味成分为硫化物、呋喃类和含氮化合物，另外还有羰基化合物、脂肪酸、脂肪醇、内酯和芳香族化合物等。

新鲜鱼有淡淡的清鲜气味。这是鱼体内含量较高的多不饱和脂肪酸受内源酶作用产生的中等碳链长度不饱和羰基化合物发生的气味。商品鱼带有逐渐增多的腥气，这是因为鱼死后，在腐败菌和酶的作用下，体内固有的氧化三甲胺转变为三甲胺，转化的 ω-3 不饱和脂肪酸转化为2,4-癸二烯醛和2,4,7-癸三烯醛，赖氨酸和鸟氨酸转化为六氢吡啶及 δ-氨基烯醛的结果。

（三）焙烤食品的香气成分

许多食品焙烤时都散发出香气，香气产生于加热过程中的羰氨反应，油脂的分解和含硫化合物（维生素 B_1、含硫氨基酸）的分解。面包等制品除了在发酵过程中形成醇、酯类外，在焙烤过程中产生的羰基化合物达 70 种以上，这些物质构成面包的香气。油炸类食品中包括羰氨反应产生的各种物质，油脂分解产生的成分，低级脂肪酸、羰基化合物及醇等物质。例如，亚麻酸可分解成己烯醛、己烯醇和壬二烯醇、壬三烯醛。花生及芝麻焙炒后有很强的香气，因为花生焙炒产生的香气中，除了羰基化合物以外，还发现 5 种吡嗪化合物和 N−甲基吡咯；芝麻焙炒中产生的主要香气成分是含硫化合物。

（四）发酵类食品的香气成分

各种发酵食品香气成分及其组合是非常复杂的。香气成分主要是由微生物作用于蛋白质、糖类、脂肪及其他物质而产生的，其主要的香气成分也是醇、醛、酮、酸、酯类等化合物。由于微生物代谢产物繁多，各种成分的比例不同，从而使发酵食品的风味也各有特色。

白酒的香气成分有 200 多种，包括醇类、脂类、酸类、羟化物、硫化物等。醇类是白酒中最多的香气成分，其中乙醇含量最多，是形成白酒独特风味的重要成分之一。茅台酒的主要呈味物质是乙酸乙酯及乳酸乙酯，泸州大曲的主要呈香物质为己酸乙酯及乳酸乙酯。果酒的香气成分主要是芳香和花香两大类。啤酒的香气成分含量较多，但总的含量较低。啤酒有独特的苦味，是由酒花所含有的苦味和造酒过程中产生的苦味成分共同形成的。

酱油是由大豆、小麦等原料经曲菌酶作用分解后，在食盐中长期发酵而成，再经加热发生褐变反应后，其香味得到显著加强。酱油的香气物包括醇、酯、酸、羰基化合物、硫化物和酚类等。酱油的整体风味，由它的特征香气及氨基酸和肽类所产生的鲜味、食盐的咸味、有机酸的酸味等味感共同组成。酱油及酱的香气成分很复杂，据分析，优质酱油中的香气物质近 300 种，有醇、酯、酚、羧酸、羰基化合物和含硫化合物，从而使酱油具有独特的酱香和酯香。

发酵乳制品的主体香气成分是双乙酰和 3−羟基丁酮，它们是柠檬酸在微生物作用下产生的，使酸乳具有清香味。

（五）其他发酵食品的风味物质

（1）豆酱。是由豆类在米、麦芽曲菌酶为主的微生物的作用下，经蒸、制曲、发酵等工艺制成。发酵过程中豆酱产生含量较高的乙醇，香气评价较好。酱中高碳醇中的戊醇占大部分，高碳醇含量在 2mg / kg 以上时，酱的品质较好。

（2）食醋。食醋的原料可以采用米、酒糟、麦芽、果汁、乙醇等，不同原材料制成食醋都具有各自独特的香气。食醋的主要成分是乙酸，含量在3%~3.5%，还含有醇类如乙醇、辛醇等，也是各种酿制醋共同的香气成分。

（3）面包。面包的风味物也包括活酵母的产物，但许多微生物产生的挥发物在焙烤时挥发损失，而焙烤过程中又产生了大量焙烤风味物。总之，面包的香气物包括醇、酸、酯、羰基化合物、呋喃类、吡嗪类、内酯、硫化物及萜烯类化合物等。

三、食品的呈味物质

（一）概述

味感是食物在人的口腔内对味觉器官的刺激而产生的一种感觉。这种刺激有时是单一性的，但大多数情况下是复合性的。口腔内的味觉感受体主要是味蕾，由40~60个味细胞所组成，10~14天更新一次。不同的味感物质在味蕾上有不同的接合部位，这反映在舌头上不同的部位会有不同的敏感区，一般说舌前部对甜味敏感，边缘对咸味敏感。

目前，世界上对味觉的分类并不一致。我国通常分为酸、甜、苦、辣、咸、鲜、涩七味，但从生理学角度看，只有甜、苦、酸、咸4种基本味感。辣味仅是刺激口腔黏膜、鼻腔黏膜、皮肤所产生的一种痛觉，而涩感是舌头黏膜受到刺激后产生的一种收敛的感觉。鲜味由于和其他呈味物质相配合使用时能使食品的整体风味更加鲜美，因而欧美国家把鲜味看成是风味强化剂，而不被看成是独立的味。但我国在食品调味的长期实践中，鲜味已经形成了一种独特的风味，故在我国仍作为一种单独味感列出。至于其他几种味感如碱味、金属味和清凉味等，一般认为也不是通过直接刺激味蕾细胞而产生的。

从人对4种基本味感的感觉速率来看，以咸味感觉最快，对苦味反应最慢，当食品中带有苦味时总是在最后才觉察到。但从人们对味的敏感性来看，苦味却往往比其他味感更大，更易被觉察到。这是因为苦味的味感强度最大。对于味感强度的测量和表达，目前一般都采用品尝统计法，即由一定数量的味觉专家在相同条件下进行品尝评定，得出其统计值，并采用阈值作为衡量标准。一种物质的阈值越小，表示其敏感性越强。

影响味感的主要因素有下列几方面：

1. 呈味物质的结构

如蔗糖呈甜味，柠檬酸呈酸味等。物质结构与其味感间的关系非常复杂，有时分子结构上的微小改变也会使其味感发生极大的变化。

2. 温度

相同数量的同一物质往往因温度不同其阈值也有差别。实验表明，味觉一般在30℃上下比较敏锐，而在低于10℃或高于50℃时各种味觉大多变得迟钝，不同的味感受到温度影响的程度也不相同，其中对糖精甜度的影响最大，对盐酸酸味影响最小。

3. 浓度和溶解度

味感物质只有溶于水后才能进入味蕾的味孔刺激味细胞，唾液是天然的溶剂，人类味感从刺激味蕾到感受滋味，仅需 1.5~4.0ms，比人体其他感觉都要快得多。溶解度大小及溶解速度的快慢，也会使味感产生的时间有快有慢，维持时间有长有短。例如，蔗糖易溶解，故产生甜味快，消失也快；糖精味觉产生较慢，维持时间也较长。

浓度对不同味感的影响差别很大。味感物质在适当浓度时通常会使人有愉快感，而不适当的浓度则会使人产生不愉快的感觉。一般说来，甜味在任何被感觉到的浓度下都会给人带来愉快的感受；单纯的苦味差不多总是令人不快的；酸味和咸味在低浓度使人有愉快感，在高浓度时则会使人感到不愉快。

4. 味感物质间的相互作用

（1）味的对比现象。把两种或两种以上的呈味物质，以适当的浓度调和，使其中一种呈味物质的滋味更为突出的现象，称为味的对比现象。据实验，在 15% 的砂糖溶液中加 0.017% 的食盐，结果感到其甜味比不加食盐时要强；味精的鲜味有食盐存在时，其鲜味增加。

（2）味的消杀现象。在酸、甜、苦、咸各呈味物质之间，其中两种以适当浓度混合时，会使其中任何一种味觉都减弱，这种现象称为味的消杀现象。

（3）味的适应现象。当连续品尝某些味时，味觉的反应或新鲜感都会越来越弱，这种现象称为味觉的适应现象。品尝家们在鉴定时，为了防止连续品尝出现的味觉适应现象，常在品尝之前用清水或清茶漱口，以免发生鉴定时味觉不准确。

（4）味的变调现象。在尝过食盐或苦味东西以后，即刻饮用无味的清水，会感到有些甜味，这种现象称为味的变调现象。当吃过甜食后，再吃酸的东西，会感到酸得更厉害。口腔内放入糖，有浓厚的甜味感觉，接着喝酒，口腔内只有苦味的感觉。

（5）味的相乘现象。将两种同味的（但化学结构不同）呈味物质共同品尝时，会使味道有加强的作用，这种现象，称为味的相乘现象。如味精与核苷酸共存时，会使鲜味增加。

（6）味的阻碍现象。有时我们会遇到这样一种现象：当进食有酸味的橙子时，却有甜味的感觉，又如草莓入口后，并不感到有酸味。这些现象，是由某种神经部位引起的。

除了人的生理因素外，心理因素也是味觉的影响因素之一。饮食的环境、饮食的包装、饮食的价格、服务质量的优劣、饮食的实现值与期望值、情趣的高低、印象等都可能作用于人的心理，而通过人的心理活动直接影响味觉。

（二）呈味物质

1. 甜味物质

甜味（sweet taste）是普遍受人欢迎的一种基本味感，常用来改进食品的可口性和某些食用性。糖类是甜味的最好代表，除了糖及其衍生物外，还有许多非糖类的天然化合物也具有甜味。甜味的强度可用甜度表示，这是甜味剂的重要指标，但目前甜度只能凭人的味感判断。通常是以在水中较稳定的非还原蔗糖为基准物，如以 5% 或 10% 的蔗糖水溶液在 20℃时的甜度倍数称为比甜度。一些甜味剂的比甜度如表 1-4 所示。

表 1-4　某些甜味剂的比甜度

甜味剂	比甜度	甜味剂	比甜度	甜味剂	比甜度
α-D-葡萄糖	0.40~0.79	β-D-呋喃果糖	1.0~1.75	转化糖浆	0.8~1.3
α-D-半乳糖	0.27	β-D-麦芽糖	0.46~0.52	木糖醇	0.9~1.4
α-D-甘露糖	0.59	β-D-乳糖	0.48	山梨醇	0.5~0.7
α-D-木糖	0.40~0.70	蔗糖	1.0	麦芽糖醇	0.75~0.95

食品中的甜味剂很多，一般分为天然甜味剂和合成甜味剂两大类。分别简介如下。

（1）天然甜味剂。糖及其衍生物糖醇是天然甜味剂，包括蔗糖、葡萄糖、果糖、乳糖、半乳糖、棉籽糖、山梨醇、甘露醇、麦芽糖和麦芽糖醇等。糖类的甜度一般随着聚合度的增大而降低以至丧失。例如，淀粉、纤维素等，它们不能形成结晶，也无甜味。淀粉糖浆由淀粉以不完全水解糖化而得，也称转化糖浆。它由葡萄糖、麦芽糖、低聚糖及糊精等组成。糖醇类甜味剂中实际使用较多的，主要有 D-木糖醇、D-山梨醇、D-甘露醇和麦芽糖醇 4 种。它们在人体内吸收和代谢不受胰岛素影响，也不妨碍糖原的合成，是一类不使人血糖升高的甜味剂，为糖尿病患者的理想甜味剂。它们都有保湿性，能使食品维持一定水分，防止干燥。山梨醇还有防止糖、盐从食品内析出结晶，保持甜、酸、苦味平衡，维持食品风味，阻止淀粉老化的功效。木糖醇和麦芽糖醇还不易被微生物利用发酵，也是良好的防龋齿的甜味剂。国外已广泛将糖醇用于各种食品和调味品中。

（2）非糖天然甜味剂。包括甘草苷、甜叶菊苷、二肽和氨基酸衍生物、二氢查尔酮衍生物、紫苏醛及其衍生物等。

甘草苷是甘草中的甜味成分，由甘草酸与两个葡萄糖醛酸结合而成，其比甜度为 100~300。它有较好的增香效能，可以缓和食盐的咸味，不被微生物发酵，并有解毒、保肝等疗效。但它的甜味释放缓慢，保留时间较长，故很少单独使用。

甜叶菊苷的比甜度为 200~300，是最甜的天然甜味剂之一。它对热、酸、碱都稳定，溶解性好，没有苦味和发泡性，并在降低血压、促进代谢、治疗胃酸过多等方面有疗效，适用于做糖尿病患者食品及低能值食品。

甘茶素又称甜茶素，是虎耳草科植物叶中的甜味成分，比甜度为 400。它对热、酸都较稳定。分子中由于有酚羟基存在，故也有微弱的防腐性能。

二肽和氨基酸衍生物是一种改性甜味剂，即由某些本来不甜的非糖天然物质经过改性加工而成的安全甜味剂。天冬氨酰苯丙氨酸甲酯在 1974 年已被美国食品与药物管理局（FDA）批准为食用甜味剂，其商品名为 Aspartame。这类甜味剂均为营养性的非糖化合物，组成的单体是食品的天然成分，能参与体内代谢。

（3）合成甜味剂。糖精是邻苯甲酰磺酰亚胺钠盐的俗称。这是目前使用最多的合成甜味剂，它的分子本身有苦味，但在水中离解出的负离子有甜味，比甜度 300~500，后味微苦。人食用糖精后从粪、尿中原状排出，故无营养价值。据报道，在高剂量喂养时会使动物产生膀胱癌，但在正常用量范围内未见异常。我国允许用于除婴儿食品以外的其他食品中。

环己胺磺酸钠盐，有人称之新糖精，比甜度为 30。将它与糖精混用时，可以克服回味时的苦感，改善甜味品质。它在人体内有 0.1%~38% 被代谢降解为环己胺。我国禁止使用。糖精钠、甜蜜素是我国允许使用的合成甜味剂。

2. 酸味物质

酸味来自氢离子，几乎在溶液中能解离出氢离子的化合物都能引起酸感。酸味感是动物进化过程中最早的一种化学味感。许多动物对酸味很敏感，但人类早已适应了酸性食物。食物的酸碱度一般在 pH1.0~8.4。人的唾液酸碱度为 pH6.7~6.9。常见大多数食物的酸碱度在 pH5~6.5，这与唾液的值很接近，所以，一般察觉不出有酸味。当 pH 值低于 5.0 时，人就会感觉有酸味，但当 pH 值低于 3.0 以下，这种酸味感难以使人适口。

常见的酸味剂主要有以下几种。

（1）醋酸。食醋是最常用的酸味料。酸味温和，还有防腐败、去腥气作用。

（2）柠檬酸。果菜中分布最广的有机酸，入嘴即达最高酸感，后味时间短。还可用作抗氧化剂和增稠剂。

（3）苹果酸。多与柠檬酸共存。

此外，还有乳酸、酒石酸、延胡索酸、葡萄糖酸、抗坏血酸和磷酸等。

3. 苦味物质

苦味（bitter taste）是食物中很普遍的味感，自然界中有苦味的有机物要比甜味物质多得多。单纯的苦味并不令人愉快，但当它与甜、酸或其他味感调配得当，能形成一种特殊的风味。例如，苦瓜、白瓜、茶、咖啡等。苦味剂大多具有药理作用。

苦味物质广泛存在于生物界。植物中主要有各种生物碱、萜类、糖苷类和苦味肽类，动物来源的有胆汁、苦味肽类和某些氨基酸中。苦味就其化学结构来看，一般含有下列几种基团：$-NO_2$、N ＝、$-S$、$-S-$、＝ C ＝ S、$-SO_3H$ 等。无机盐类中的 Ca^{2+}、Mg^{2+}、NH^{4+}等离子也能产生一定程度上的苦味。

嘌呤类苦味物质主要存在于咖啡、可可、茶叶等植物中的咖啡碱和茶碱。易溶于水，微溶于冷水，具有兴奋中枢神经的作用，可助提神。

4. 咸味物质

咸味是中性盐呈现的味感。虽然不少中性盐都显示出咸味，但除氯化钠能产生纯粹的咸味外，其他的咸味均不纯正。如溴化钾、碘化钠除具有咸味外，还带有苦味，属于非单纯的咸味。食品调味用的盐，应该是咸味醇正的食盐。食盐中常含有氯化钾、氯化镁、硫酸镁等其他盐类，这些盐类含量增加，除咸味外，还带有苦味。所以食盐需经精制，以除去这些有苦味的盐类，使咸味醇正，但微量存在，对加工或直接食用，均有利于呈味作用。

苹果酸盐及葡萄酸盐也具有咸味，可用作无盐酱油的咸味料，供肾病患者作限制摄取食盐调味料。此外，食品中使用的咸味剂基本上都是氯化钠。

5. 鲜味物质

鲜味（delicious taste）是一种复杂的综合味感，能引起强烈食欲。甜、酸、苦、咸四原味和香气协调时，就可感觉到可口的鲜味。呈味成分有氨基酸以及肽、肌苷酸和琥珀酸等物质。

（1）谷氨酸型鲜味剂。谷氨酸型鲜味剂属脂肪族化合物，凡与谷氨酸羧基端连接有亲水性氨基酸的二肽、三肽也有鲜味，若与疏水性氨基酸相接则将产生苦味。在天然氨基酸中，L-谷氨酸和L-天冬氨基酸的钠盐及其酰胺都具有鲜味。L-谷氨酸钠俗称味精，具有强烈的肉类鲜味。味精有缓和咸、酸、苦的作用，使食品具有自然的风味。食盐是味精的助鲜剂。当长时间受热或加热到120℃时，会发生分子内脱水而生成焦性谷氨酸，后者不仅无鲜味，而且有毒。因此，在使用味精时最好是在成品做好后再加入，不宜先放味精再加热。

L-天冬氨酸的钠盐和酰胺亦具有鲜味，是竹笋等植物性食物中的主要鲜味物质。L-谷氨酸的二肽也有类似味精的鲜味。

（2）肌苷酸型鲜味剂。肌苷酸型鲜味剂属于芳香杂环化合物，单独在纯水中并无鲜味，但与味精共存时，则味精鲜味增强，并对酸、苦味有抑制作用，即有味感缓冲作用。

（3）琥珀酸及其钠盐。琥珀酸及其钠盐均有鲜味，它在鸟、兽、禽、畜等动物中均有存在，而以贝类中含量最多。用微生物发酵的食品如酿造酱油、酱、黄酒等的鲜味都与琥珀酸存在有关。如与其他鲜味料合用，有助鲜的效果。

目前，出于经济效益、不良反应和安全性的考虑，作为鲜味剂，主要有谷氨酸型和肌苷酸型。市场上销售的鸡精、牛肉精等鲜味添加剂，是蛋白质分解产生的小肽、肌苷酸和谷氨酸等氨基酸的混合物。

6. 辣味物质

辣味是辛香料中一些成分所引起的味感，是一种尖刺的痛感和特殊的灼感的总和。它不但刺激舌和口腔的触觉神经，同时也会机械刺激鼻腔，有时甚至对皮肤产生灼烧感。适当的辣味有增进食欲、促进消化液分泌的功能，在食品调味中已被广泛应用。

天然食用的辣味物质包括以下。

1）热辣（火辣）味物质

热辣味物质是一种无芳香的辣味，在口中能引起灼热感觉。主要有以下。

（1）辣椒素。是辣椒的主要辣味成分，是一种碳链长度不等的不饱和单羧酸香草基酰胺，同时还含有少量的含饱和直链羟酸的三氢辣椒素。不同辣椒的辣椒素含量差别很大，甜椒通常含量极低。

（2）胡椒碱。胡椒的主要辣味成分，常见的有黑胡椒和白胡椒两种，都由果实加工而成。由尚未成熟的绿色果实可制黑胡椒，色泽由绿变黄而未变红时的成熟果实可制白胡椒。其辣味成分除了少量辣椒素外，主要是胡椒碱，它是一种酰胺化合物。

（3）花椒素。花椒辣味的主要成分为花椒素，也是酰胺类化合物，除此之外，还有大量的异硫氰酸烯丙酯等。它和胡椒和辣椒一样，除了辣味成分外，还含有一些挥发性香味成分。

2）辛辣（芳香辣）味物质

辛辣物质是一类除了辣味外伴随有较强烈的挥发性芳香味物质。新鲜姜的辛辣成分是一类邻甲氧基酚基烷基酮，其中最具代表性的为6-姜醇。生豆蔻和丁香辛辣成分主要是丁香酚和异丁香酚，这种化合物也含有邻甲氧基酚基烷基酮。

3）刺激辣味物质

刺激辣味物质是一类除能刺激舌和口腔黏膜外，还能刺激鼻腔和眼睛，具有味感、嗅感和催泪性的物质。主要有以下。

（1）葱、韭菜、蒜中的刺激辣味物质。蒜主要有蒜素、二烯丙基二硫化物、丙基烯丙基二硫化物三种；大葱和洋葱的主要成分是二丙基二硫化物、甲基丙基二硫化物等；韭菜中也含有二硫化物。这些二硫化物受热时都会分解生成硫醇，所以葱蒜等在煮熟后，不仅辛辣味减弱，而且还会产生甜味。

（2）芥末、萝卜中的刺激辣味物质。主要有异硫氰酸酯类化合物，其中的异硫氰酸丙酯也叫芥子油，刺激性辣味较强烈。受热后分解，辣味减轻。

7. 涩味

涩味不是由于作用味蕾所产生的，而是由于刺激触觉神经末梢所产生的。涩是一种与味相关的现象，表现为口腔组织引起粗糙皱褶的收敛感觉和干燥感觉。引起食品涩味的主要化学成分是多酚类化合物，其次是铁金属、明矾、醛类、酚类等物质，有些水果和蔬菜中的草酸、香豆素和奎宁酸等也会引起涩感。未成熟的柿子的涩味是典型的涩味，在柿子成熟的过程中，更多的酚类化合物被氧化，涩味即消失。引起涩味的分子主要是单宁等多酚类化合物。

有时涩味的存在对形成食品风味也是有益的。茶水的涩感是茶的风味特征之一，主要由可溶性单宁形成。红葡萄酒是同时具有涩、苦和甜味的酒精饮料，其涩味和苦味都是由多酚类物质产生。

8. 其他味感物质

清凉味是指某些化合物与神经或口腔组织接触时刺激了特殊受体而产生的清凉感觉。典型的清凉是薄荷风味，包括留兰香和冬青油风味。很多化合物都能产生清凉感，常见的有L-薄荷醇、D-樟脑等，它们既有清凉味感，又有清凉嗅感。木糖醇等多羟基甜味剂所产生的轻微清凉感，通常被认为是由结晶的吸热溶解而产生的。

碱味往往是在加工过程中形成的。例如，为防止蛋白饮料沉淀，就需加入 $NaHCO_3$ 使其维持pH值大于4.0，从而呈现碱味。它是羟基负离子的呈味属性，溶液中只要含有0.01%浓度的-OH即会被感知。

与碱味不同，在舌和口腔表面可能存在一个感知金属味的区域，其离子范围阈值在20~30mg/kg。这种味感也往往是在食品的加工和贮存过程中形成的。一些存储时间较长的罐头食品常有这种令人不快的金属味感。

（沈秀华）

第七节　食品中的酶

学习要求

- 了解酶的概念和分类。
- 熟悉食物中酶及分布。
- 掌握食物中酶与食品的特性：酶与食物成熟和质地改善，酶与食品的风味，酶与食品的腐败和保鲜。

一、概述

酶在动植物食物、发酵食物的生长和成熟中起着重要作用，即使在食物原料被收获后，这些酶仍然起着作用，一直到食物中酶的底物被耗尽或加工处理导致酶变性时才失去活性。这些酶对食物加工产生有利或有害的影响。酶可能构成某种典型风味，也可能产生不好的味道，使组织软化或脱色。在食品原料的保藏期间，由于细胞结构的破坏往往导致细胞器内某些酶的释放和活力增高。例如，番茄成熟后由于果胶酶活力的提高使番茄组织软化。苹果或马铃薯在切开、挤伤或擦伤后由于多酚氧化酶的作用而快速地褐变。一个完整的皮层能起到最好的防止褐变的作用。绝大多数食物，如采后的水果、蔬菜、宰后的畜禽胴体、水产，在较长一段时间的储存期内，其水解酶（各种蛋白酶、糖原水解酶、磷酸酶、淀粉酶、纤维素酶、半纤维素酶、果胶酶等）的活力和含量相对较高，由水解酶催化的反应不需要能量，反应过程也相对简单，其与食物的后熟、衰老、腐败及相关感官和其他品质特性的产生和变化有关。相对而言，绝大多数食物的合成酶（连接酶）、转移酶的含量和活性相对较低或已经失去活力，这些酶催化的反应需要足够的 ATP。尤其是对动物性食物来说，需要消耗 ATP 来完成的合成反应链完全关闭，ATP 本身在磷酸酶作用下持续地分解。

酶在生物体内分布是不均匀的。特定的组织、器官含有特定种类的酶。种子含有相当数量的淀粉酶、蛋白酶和脂肪酶。种子发芽时为了满足营养需要，这些酶的含量会急剧增加。大麦芽含有丰富的淀粉酶，因此是良好的催化剂，应用于酿造啤酒、黄酒，也是工业淀粉酶的主要来源之一。种子的酶主要集中于它的胚和糊粉层中，因此粮食加工中去掉胚有利于长期储藏。总的来说，植物正在生长发育的组织和果实中酶的含量较多。

各种酶在细胞内的分布是不均匀的。一种或一类酶往往仅存在于细胞中的一类细胞器，细胞核中含有的酶主要涉及核酸的生物合成和水解降解。线粒体含有与氧化磷酸化和生成 ATP 有关的氧化还原酶。溶菌体和胰酶原颗粒主要含有水解酶。细胞中的每一类细胞器专门执行有限种类的酶催化反应。

二、酶对食品特性的影响

食物中的酶对食物的营养和品质特性关系密切，既有有利的作用，也有不利之处。酶在食品分析和加工中也具有十分重要的作用和应用。

具体可归纳为以下几点。

（一）酶与食品的质构及成熟和改善

水果、蔬菜为了长途运输和储藏的需要，通常在果蔬未成熟或完熟前采收，上市或食用前则适当给予温度、相对湿度条件或适宜浓度的乙烯或其他植物激素进行后熟，即提高果蔬酶的活性和促进呼吸，从而迅速得以成熟，展现出应有的色泽、风味、香气、质构等品质特性和营养物质特征。果蔬的完熟或后熟过程（也称采后生理）中发生许多酶促分解和合成反应，主要有：乙烯的合成；淀粉的分解，单双糖增多；果酸类增多或减少；果胶分解为果胶酸，组织软化；香味物质的合成；叶绿素、多酚类色素、胡萝卜素或其他色素的合成和分解等。这些过程无一不与酶有关。

动物性食品的酶对成熟和品质的影响也十分重要。家畜屠宰后会发生自身酶促生理变化，进入僵直期，此期不宜食用，因为这时肉的嚼感硬、味道差。但宰后在室温或冷藏温度下，在 6~12h 内，肌肉细胞内的分解酶活性依然很强，肌糖原发生彻底的分解，产生乳酸，三磷酸腺苷（ATP）和二磷酸腺苷（ADP）等分解释放磷酸，使肉的 pH 值下降到 5.0 左右，这时肌纤维分子也在自身蛋白酶作用下开始断裂，分解成小分子蛋白质、肽和氨基酸。此时，畜肉胴体不再僵直，是畜肉食用的最佳时期，滋味较浓、嚼感柔嫩、汁液较多且鲜美。这个过程称作“肉的成熟”，也称“肉的后熟”。肉品加工中，对牛羊肉，尤其是老牛肉，用菠萝蛋白酶、木瓜蛋白酶、米曲蛋白酶等酶制剂，可以水解胶原蛋白，从而使牛羊肉肌肉嫩化。使用方法有两种：一种是宰前肌内注射酶制剂；另一种是用酶制剂溶液涂抹肉片或用酶溶液浸肌肉片、块。

（二）酶与食品的风味

食品中的蛋白质、碳水化合物、脂肪和核酸被分解时，几乎都产生影响食品风味的物质，如氨基酸、脂肪酸、醛类、酮类、酯类等。因此，在发酵食品生产当中往往要利用特定微生物发酵或添加特定的酶来给食品获得特异的风味。

（三）酶与食品的腐败变质和保鲜

许多人认为食物的腐败变质是微生物引起的，其实造成腐败变质的原因和条件很多，在没有微生物作用的情况下食物仍然可能会发生变质、腐烂，这是因为除了微生物，酶和一些理化因素也是推动腐败变质发生的力量。通常这些因素是共同作用的。如谷物和干豆类储藏久了会陈化，这是因为他它们是植物的种子是活的，其中的酶在缓慢地活动，缓慢地呼吸。这些酶主要集中在胚中。因此，在粮食加工过程中应该将胚去除，尽管其营养更丰富，但保留胚或胚成分的粮食不利于储存。水果、蔬菜的腐烂：西红柿、水蜜桃、蜜瓜等果蔬的自熟、老化乃至自溃、腐烂，可以说都是在自身酶作用下发生的生理过程，微生物往往起推波助澜的作用，尤其是中后期起主导作用。低温储运、各种干燥、气调储藏或包装、涂抹保鲜、熏蒸消毒、射线辐射等，都是抑止或钝化果蔬酶活性，减少呼吸，消灭腐败细菌，以达保鲜、储藏目的，减少经济损失的有效措施。

（沈秀华）

第八节　食物中的抗氧化物质

学习要求

- 熟悉体内抗氧化系统的组成。
- 熟悉食物中抗氧化物质的种类、了解其作用机制。
- 了解氧自由基与健康的关系。

人类的生命活动离不开氧气，机体的各个器官组织和细胞的新陈代谢也都时刻有氧化的参与。但在这些代谢活动中，也会发生许多对机体有害的氧化反应，氧化损伤可致蛋白变性、酶失活或DNA损伤和自由基的产生。为了保证生命活动的正常运转，机体有一个抗氧化系统，来维持体内平衡。抗氧化系统包括酶系统如过氧化物酶、超氧化物歧化酶和谷胱甘肽过氧化物酶等，非酶系统如维生素C、维生素E、硒及酚类物质等，体内还可以合成一些内源性抗氧化物，如尿酸、泛醌、谷胱甘肽、硫辛酸和褪黑素等。

人体主要的抗氧化物需从食物中获得，食物中具有抗氧化能力的化合物统称为“膳食抗氧化物”（dietary antioxidants）。基本可分成膳食抗氧化营养素、非营养素类抗氧化物、其他合成或提取的抗氧化物三类。其中包括一些抗氧化维生素，如维生素E、维生素C、β-胡萝卜素，和组成抗氧化酶的微量元素锌、铜、锰、硒、铁。此外，一些植物化学成分也是重要天然抗氧化物，如酚类、类黄酮和类胡萝卜素等。

膳食抗氧化营养素主要包括维生素 E、维生素 C、β-胡萝卜素、微量元素，如 Se、Cu、Fe、Mn 等。维生素 E 主要在细胞膜上发挥抗氧化作用，可直接淬灭自由基；β-胡萝卜素则可阻断脂质过氧化的链式反应；维生素 C 本身具有淬灭自由基的作用，并可还原维生素 E 而使后者进一步发挥抗氧化作用；微量元素如 Se、Cu、Fe、Zn、Mn 等元素是一些抗氧化酶的组成成分或激活剂。含有膳食抗氧化营养素的食物主要包括蔬菜、水果、坚果、豆类等植物性食品。

膳食非营养素类抗氧化物主要包括大量的植物化学物质，它们本身不是人体必需的营养素，但在机体内可发挥重要的抗氧化作用，如酚类、类黄酮、类胡萝卜素等。其作用机制可以是直接清除自由基，或减少自由基的生成，或消除其前体如 H_2O_2，或与金属螯合，或抑制氧化酶，或增强内源性抗氧化物与抗氧化酶。

其他合成或提取的抗氧化物包括各种食物添加剂、食物强化剂和营养素补充剂等，如合成维生素 E、维生素 C、柠檬酸、卵磷脂等。可用于食物本身抗氧化和增强机体的抗氧化能力。

目前，测定食物抗氧化活性的方法大致有 3 种：黄嘌呤氧化酶法、ORAC 法（oxygen radical absorbance capacity）、FRAP 法（ferric reducing antioxidant power assay）等方法。

黄嘌呤氧化酶法是最早和普遍使用的方法，但该方法主要测定样品对 O_2^- 的清除能力，并不能反映样品对其他自由基的清除能力和总的抗氧化活性。

目前，国内外学者已经应用上述方法对一些蔬菜、水果等的抗氧化能力进行了测定，各种方法所测得的结果不尽一致，原因可能与测定方法、蔬菜水果的品种、产品、储存等因素的影响相关。我国学者采用 FRAP 法测定了我国常见蔬菜、水果的抗氧化活性。结果表明，在所测的蔬菜中，抗氧化活性以藕最强，姜、油菜、豇豆、芋头、大蒜、菠菜等次之，水果中抗氧化活性以山楂最强，冬枣、番石榴、猕猴桃、桑葚等次之。

（沈秀华）

第二章

各类食物的营养价值

本章较详细地介绍了各类食物的化学组成、营养特点、有益健康的特殊成分；每类食物中常见食物的特点（包括营养成分和食物性味等方面）。食物的分类主要参照《中国食物成分表 2002》中的分类方法。

第一节　粮谷类的营养价值

学习要求

- 掌握：谷类的结构和营养素分布、谷类的化学成分和营养特点；全谷物概念和营养特点。
- 熟悉：稻谷，小麦，燕麦，玉米，高粱，大麦、荞麦等常见粗杂粮的营养特点。
- 了解：常见谷物制品的加工、烹调及储存对谷类营养价值的影响。

谷物一般指禾本科植物的种子，种类很多，我国食用的主要谷类有小麦和稻米，其次为称作杂粮的玉米、小米、燕麦、高粱、荞麦、大麦、薏米等。谷类食品在我国人民膳食构成中占有突出重要地位，一向称作主食。谷类经过加工烹饪可制成品种繁多的主食制品，又是酿造业及畜禽业的重要原料和饲料。

一、谷粒结构及营养素分布

各种谷类种子的形态及大小有所不同，但其结构基本相似。一般可分为谷皮、胚乳和胚芽三部分（见图 2-1）。现以小麦为例简介如下。

（一）谷皮

谷皮为种子外部的数层被覆物，主要包括果皮、透明层、交叉层及种皮等，占种粒的 13%~15%。谷皮主要由纤维素和半纤维素组成，并含有较高的灰分及脂肪。糊粉层系由厚壁的方形细胞构成，占谷粒的 6%~7%，含有较多的磷和丰富的 B 族维生素及无机盐，有重要的营养意义。它在植物学属胚乳的外层，碾磨加工时容易与谷皮同时被分离下来而混入糠麸中。

（二）胚乳

约占全粒的 83%，为面粉的主要组成部分，是由含大量淀粉粒的细胞构成，故含有大量淀粉和一定量的蛋白质。其他成分如脂肪、无机盐、维生素和纤维素等含量都很低。蛋白质的分布因部位而有不同，靠近胚乳周围部分较高，越向中心部分则含量越愈低。

谷物的种子含有发达的胚乳，主要由淀粉组成。在胚乳中储有充足的养分供种胚发芽长成下代植物体用。人类正是利用谷物种子储藏的养分作为食粮，借以获得生活所必需营养素。

（三）胚

位于谷粒的一端，占全谷粒的 2%~3%，所含脂肪、蛋白质、无机盐及维生素都很丰富。胚芽由于含脂肪及纤维素很高，质地比较松软而有韧性，不易粉碎，故在磨粉中容易与胚乳分离而转入副产品糠麸中去。胚与胚乳相连接处为盾片部分（吸收层），维生素 B_1 特别丰富，可占全粒中总含量的 60% 左右，加工过精时将丢失大部或全部。

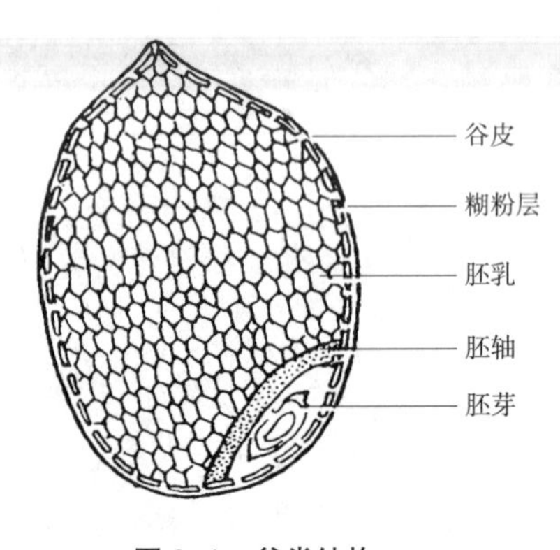

图 2-1　谷类结构

二、全谷物的概念

谷类结构如图 2-1 所示。由于谷粒外壳中的大部分组分都不能被人体消化吸收，所以当用作食品时，一般会在加工过程中将外壳除去。由于胚芽颜色较深、含油量较高，且在一定的条件下会因酶的作用导致谷粒氧化酸败，在加工过程中一般也被除去。因此，谷粒中人们最感兴趣的部分是富含淀粉和蛋白质的胚乳。除去外壳和胚芽还可提高胚乳在加工食品中的功能性质。以面包为例，如果在磨制面包用面粉前不将麦麸除去，用这种面粉制成的白面包，颜色、风味和体积都会大受影响。

近年来，越来越多的研究证实精制谷物不利于维持人体健康，并由此产生“全谷物”（whole grains）的概念。全谷物是指未经过精细加工或虽经初步加工（如碾磨 / 粉碎 / 压片）但仍然保留了完整谷物所具备的胚乳、胚芽、麸皮组成及其天然营养成分的谷物。各类谷物如果加工得当均可作为全谷物的良好来源。和精制谷物相比，全谷物含有更丰富的膳食纤维、提供的能量相对较低，但保留了更多营养素，以及较为丰富的植物化学物，不仅提高了营养素密度，还有助于促进肠道蠕动，降低血糖、血脂，提高抗氧化能力，对人体有更好的健康益处。全谷物食品 (whole grain food 或 whole grain products) 指以全谷物为原配料制作的食品，但是对于原料中全谷物的配比达到多少才可声称为“全谷物食品”，各国定义有所差异。Jacobs 等较早地定义了“全谷物食品”为配料中含有≥ 25% 全谷物或以麸皮为原料的谷物食品；美国食品药品监督管理局（FDA）则规定配料中含有≥ 51% 全谷物的食品才可以声称为“全谷物食品”。近 20 年来，中国居民营养与健康调查显示，我国居民对全谷物（即传统的“粗粮”）的消费明显下降，目前我国居民以食用精白米、面为主，这可能增加了我国居民慢性非传染性疾病的发生风险。我国的居民膳食指南建议食物以谷物为主，并增加全谷物摄入（每天摄入全谷物和杂豆类 50~150g）。

三、谷类组成成分和营养物质

（一）蛋白质

谷物蛋白质一般在 7.5%~15.0%，燕麦和青稞分别可达 15% 和 13%。由于谷类是我国人民传统主食，所以目前它仍是我国居民膳食蛋白质的主要来源。在谷类蛋白质必需氨基酸含量中，赖氨酸的含量较低，尤其是小米和小麦中赖氨酸最少。谷类蛋白质一般都程度不等地以赖氨酸为第一限制氨基酸，第二限制氨基酸多为苏氨酸（玉米为色氨酸）。它们的生物学价值比较低，除莜麦、粳米及大麦可达 70 左右外，一般为 50~60。小米、玉米和高粱的蛋白质还都含有过高的亮氨酸，这对氨基酸平衡更为不利。为改善谷类蛋白质的营养价值，可用所最缺少的氨基酸进行强化，或根据食物蛋白质互补作用的原理与相应的食物蛋白质共食，都可达到同样的目的。如马铃薯的蛋白质中赖氨酸很丰富，玉米蛋白质中缺乏赖氨酸和色氨酸，而小米和马铃薯中色氨酸较多。因此，把多种粮食混合食用，可以起到蛋白质的互补作用，提高谷类蛋白质的营养价值。

（二）碳水化合物

淀粉是谷物中的主要成分，占 40%~70%，多集中于胚乳的细胞内。不同谷物中淀粉的颗粒、类型根据谷物的品种不同而不同。一般，米淀粉颗粒最小（3~8 μm），平均为 5 μm，而玉米淀粉最大 26 μm。不同形状和大小的淀粉颗粒在受淀粉酶水解时的速度和程度都不相同。一般来说，淀粉颗粒越大，酶解的速度就越快。淀粉颗粒的大小与淀粉在糊化时的性质也有一定的相关性。

稻米中还有一定量的单糖，主要是葡萄糖，此外还有少量的果糖、蔗糖、麦芽糖和棉籽糖等。普通小麦籽粒中含有 2.8% 左右的糖，包括葡萄糖、果糖、半乳糖、蔗糖、麦芽糖和棉籽糖等。正常小麦籽粒中游离态的麦芽糖含量很少，而在小麦发芽过程中，小麦籽粒内的淀粉受淀粉酶的水解作用，产生大量的麦芽糖。因此，可以通过测定小麦粒中麦芽糖的含量判断小麦发芽损伤的程度。小麦胚芽的含糖量高达 24%，也主要是蔗糖和棉籽糖，其中蔗糖居多，占 60%。由于小麦胚芽内含糖量较多，而且糖又具有吸湿性，加工时如将胚芽磨入面粉，不利于面粉的保存。

谷物胚乳中纤维素的含量一般仅为 0.3% 或更少。燕麦中半纤维素水平高于大多数谷物，β-葡聚糖的含量为 4%~6%。许多动物和人体临床试验研究结果已经证实，燕麦麸皮中的可溶性半纤维素主要为 β-葡聚糖物质，具有降低人体血清胆固醇的功能。稻米胚乳中半纤维素的含量很低，其成分是一种由阿拉伯糖、木糖、半乳糖、蛋白质和大量的糖醛酸构成的混合物。

（三）脂类

谷类中脂肪含量一般都不高，约 2%，主要集中于谷胚和谷皮部分。小麦、玉米胚芽含大量油脂，不饱和脂肪酸占 80% 以上，其中亚油酸约为 60%。

（四）维生素

谷物或多或少都含有某些维生素，是很好的维生素来源。谷物品种不同，含有的维生素种类和数量也不同。但谷物籽粒中维生素含量很少，且绝大部分在籽粒的胚和糊粉层里面，易在加工中丢失。B 族维生素和维生素 E 是谷物籽粒中最重要的维生素。

谷物胚芽中富含维生素 E，小麦胚芽中含量最高，玉米胚芽次之。小麦胚芽中维生素 E 的含量为（30~50）mg / 100g，是植物原料中含量最高的，且以 α-生育酚为主要成分，后者在体内的生理活性最高。因此，小麦胚芽成为研究开发天然维生素 E 的主要原料。由于维生素 E 是脂溶性的，在胚芽脱脂后所获得的胚芽油中保留有大部分的天然维生素 E，从小麦胚芽油中提取、浓缩和精制维生素 E 是目前研究开发的主要途径之一。

谷类为膳食中 B 族维生素，特别是维生素 B_1（硫胺素）和烟酸（尼克酸）的重要来源。B 族维生素在小麦籽粒中的分布是不平衡的，主要集中于吸收层、胚芽和糊粉层中，纯胚乳中的含量很低。小麦粉的加工精度越高，维生素损失就越严重。谷类的烟酸有一部分为结合型存在，不易被人体利用。特别是玉米中主要为结合型烟酸，只有经过适当的烹调加工使其变为游离型烟酸，才能被人体吸收利用。谷类不含维生素 C、维生素 D、维生素 A，只有黄玉米和小米含有少量类胡萝卜素，荞麦含有少量维生素 C。

（五）矿物质

谷类一般含无机盐为 1.5%~3%。它们的分布和纤维素常是平行的，主要存在于谷皮和糊粉层部分。加工后的谷物矿物质含量不高。谷物籽粒中的矿物质元素组成随谷物种类、品种、种植区域、气候条件、施肥状况等不同而不同；在籽粒中的分布也不均衡，以糊粉层中的含量最高，内胚乳中的含量最低。在谷类全部灰分中，50%~60% 为磷（P_2O_5），多以植酸钙、镁盐的形式存在，出粉率高的面粉含植酸量较多，将对食物中 Ca、Fe、Cu、Se 及 Zn 等元素的吸收有不良的影响。特别在幼儿，维生素 D 不足比较多见，植酸过多对钙等吸收的影响可能表现得更为明显。

四、各种谷物的营养特点

（一）稻谷

稻谷属洼地作物，需要水分和暑热。稻谷的主要种植区域在印度、中国、日本、孟加拉国和东南亚。就世界谷物产量而言，稻谷次于小麦和玉米居于第三位，然而它却是世界上约一半以上人口的主要食用谷物。我国的稻谷种植总产量则居世界首位，约占世界稻谷总产量的 1/3。丰富的稻谷资源为我国稻谷加工业提供了充足的原料。

现在的栽培水稻是由野生稻经过长期的自然选择和人工选择的共同作用演变而来的。普通栽培稻谷可分为籼稻谷和粳稻谷两个亚种。籼稻谷粒形细长而稍扁平，籽粒强度小，耐压性能差，易折断，加工时容易产生碎米，米质胀性较大而黏性较小。粳稻谷籽粒短而阔，较厚，呈椭圆形或卵圆形，籽粒强度大，耐压性能好，加工时不易产生碎米，米质胀性较小，而黏性较大。根据其生长期的长短和收获季节的不同，籼稻谷和粳稻谷分别又可分为早稻谷和晚稻谷两类。早稻谷米粒腹白较大，硬质粒少，米质疏松，耐压性差，品质比晚稻谷差，晚稻谷米质坚实耐压性强，口味优于早稻谷。按国家标准（GB 1350—1999）规定：稻谷分为早籼稻谷、晚籼稻谷、粳稻谷、籼糯稻谷和粳糯稻谷五类。

较之其他谷物，稻米蛋白质的质量更优，主要表现在下列 3 个方面：①第一限制性氨基酸赖氨酸比其他谷物籽粒高；②稻米蛋白的氨基酸配比比其他谷物合理，仅赖氨酸和苏氨酸较欠缺，其分别为第一限制性氨基酸和第二限制性氨基酸；③蛋白质利用率高，与其他谷物蛋白质相比较，其生物效价和蛋白质功效比值都较高。可以说，米是谷类食物中最好的蛋白质来源（见表 2-1）。

表 2-1　几种蛋白质的生物效价和功效比值

蛋白源	生物效价	功效比值
粳米	77	1.36~2.56
小麦	67	1.0
玉米	60	1.2
大豆	58	0.7~1.8
鸡蛋	100	4.0

稻谷中直链、交链淀粉含量和比率是稻谷的重要品质特性。影响吸水性、膨胀性、蒸煮中固体物质的溶解性、颜色、光泽、黏弹性和米饭柔软性的主要因素是直链淀粉含量。籼稻谷直链淀粉含量较高，糯稻谷几乎不含直链淀粉，粳稻谷介于两者之间。当稻米中直链淀粉含量低于 2% 时，这种粳米都呈糯性，蒸煮时米饭很黏；直链淀粉含量在 12%~19% 的稻米，蒸煮时吸水率低，米饭柔软，黏性较大，膨胀性小，冷却后仍能维持柔软质地，食味品质良好；直链淀粉含量在 20%~24% 的稻米，蒸煮时吸水率高，体积膨胀率大，糊化温度高，米饭蓬松，较硬，冷却后变硬；直链淀粉含量在 25% 以上的稻米，蒸煮时米饭蓬松，质硬，黏性差，冷却米饭变得更硬。高直链淀粉是理想的米粉丝原料。

粳米的蒸煮品质与直链淀粉和蛋白质的含量有关。一般直链淀粉含量低的粳米膨胀率低，米饭黏性强，反之直链淀粉含量高的米膨胀率高，米饭的黏性差。籼米和粳米的膨胀率，米饭的黏性不同主要也是由于这两种米中直链淀粉的含量不同引起的。一般籼米直链淀粉含量高于粳米。因此，籼米饭松散黏性差，粳米则相反。但不能据此判断蒸煮品质的好坏，而只能说明不同类型米的蒸煮特点。此外，蛋白质含量高的粳米比蛋白质含量低的粳米，蒸煮所需时间短，米饭白而疏松。不同的加工方式对蒸煮品质也有影响。

大米中可能只含有 0.3%~0.5% 的脂类，以米油形式主要存在于胚芽中，随粳米精度的提高而下降；其次是种皮和糊粉层，内层胚乳中含量极少，其中多为不饱和脂肪酸。米糠主要由糊粉层和胚芽组成，故含相对较丰富的脂类物质。

稻米中 B 族维生素主要分布于糠层和米胚中，粳米外层维生素含量高，越靠近米粒中心含量越低。相对糙米而言，粳米中维生素 B_1 的含量极低，长期食用高精度粳米，会使大体内维生素 B_1 缺乏，导致多发性神经炎，即脚气病。糙米中的矿物质含量也要比粳米的高。

（二）小麦

小麦的生长适应各种土壤和气候条件，因此是世界上种植最广泛的作物之一。世界上有 1/3 以上人口以小麦为主要食用谷物。我国是世界上小麦的起源中心之一。按麦粒粒质可分为硬小麦与软小麦。不同种类的小麦其面筋、品质、出粉率、粉色均有所不同。硬小麦的蛋白质含量较高，面粉强度也相应较高，可形成弹性更强的面团。由于高弹性是面团焙烤时体积大幅度膨松所必需的，因此硬麦面粉更适于制作面包。软小麦的蛋白质含量较低，面粉强度较差，易形成强度较低面团或面糊，因而也更适于制作蛋糕。

面团经连续用水搓洗，淀粉和水溶性物质渐渐离开面团，可得到较纯的面筋（gluten），小麦蛋白质吸水胀润而形成网状结构，是小麦面粉中最重要的功能性蛋白质。面团经水搓洗后首先得到的具有黏合性、延伸性的胶皮状物质，称为“湿面筋”。湿面筋低温干燥后可得到干面筋（又称活性谷朊粉）。面筋复合物由两种主要的蛋白质组成，即麦胶蛋白（也称醇溶蛋白）和麦谷蛋白。面筋具有黏性、弹性和一定的流动性，这与蛋白质分子中特有的多种功能基团有密切关系。面筋弹性结构的形成是面筋分子间的交联引起的。面筋分子交联形成三维网状结构，面团受机械力作用时间越长，面筋交联越多。因此，需要获得强面团结构时就要延长揉面时间。揉合好的面团可从两个方向被拉伸成片或成膜，也可在膨松气体的压力作用下向各个方向伸展形成气泡，泡泡糖就是如此。不过，过多的机械力会导致面筋膜变弱和破裂，面团过分揉合就会发生这种情况。此外，如果受热充分，面筋会凝结并形成刚性的结构。如果加热前面筋已被气体膨胀，那么这种相当刚性的结构就会具有蜂窝的性状，长面包芯就是如此。面筋蛋白能保持气体从而生产各种松软的烘烤或蒸煮食品，高面筋含量并且面筋具有良好拉伸性能的富强面粉适于制作面包。低强度面粉中面筋含量少且面筋膜容易被撕裂，由于这种面筋膜韧性较差，焙烤时就容易形成较软且咀嚼性较差的结构，这种面粉可用于制作蛋糕或其他希望具有软、脆结构的相关产品。在所有谷物粉中，仅有小麦粉能通过发酵制作面包、馒头等食品，而面筋蛋白质正是小麦具有独特性质的根源。

小麦胚芽是小麦籽粒的生命源泉，占小麦粒重量的2.5%~3.0%，被营养学家誉为“人类天然的营养宝库”“人类的生命之源”。未脱脂的小麦胚芽中，蛋白质含量为30%~33%。从氨基酸组成看，麦胚蛋白的营养效价很高，它不仅含有大量的各种必需氨基酸，而且各类氨基酸的比例均衡，非常接近WHO推荐的标准，尤其是赖氨酸（面粉中最为缺乏的氨基酸）含量特别高。许多研究认为，麦胚蛋白的营养价值优于动物蛋白中的牛奶蛋白和鸡蛋蛋白。面粉中其他含量不足的蛋氨酸、苏氨酸和缬氨酸等也可通过添加麦胚蛋白来平衡。小麦加工的副产品——麸皮中也含有一定数量的蛋白，麸皮蛋白的营养价值和生理价值都比小麦蛋白高，它具有较高的赖氨酸含量，它的蛋白质功效比值为2.07，消化率为89.9%，都仅略逊于酪蛋白而优于大豆蛋白和小麦胚乳蛋白等。

小麦胚乳中按重量计有3/4是淀粉，作为一项品质决定因素，淀粉在小麦籽粒中所占比例最大，但对淀粉在各种食品中的功能性的研究，比起对小麦蛋白质，特别是对面筋蛋白的研究则还很不够。小麦淀粉的加工过程中未使用任何化学药品，所以它宜用于制作烘烤食品。当然，大多数小麦淀粉都是以非改性淀粉的形式应用于工业生产，而不是食品加工。

小麦进入制粉机后，先清洗除陈杂，然后采用浸泡或其他方法调整其含水量至17%左右以得到最优的磨粉性能，最后将水分调节好的小麦碾磨成粉。制粉工艺包括一系列循序渐进的破碎和筛分。破碎是由磨辊来完成的，每一道破碎所用的磨辊间隙都小于上一道。第一道磨辊的作用是将麦麸打破并将胚芽从胚乳中除去，第二道和第三道磨辊则用于将更易碎的胚乳进一步粉碎，同时碾压半塑性的胚芽。经三道磨辊处理后，麦麸碎片以及被碾压的胚芽被筛子除去。接下来，已磨成粉的胚乳依次经过多道间隙逐渐缩小的磨辊处理后使面粉越来越细，同时，在通过每一组磨辊后面粉还要经筛分除去残留的少量麦麸。

采用上述制粉工艺可收集到几组细度依次增大的胚乳粉。通常在前几次筛分时，无法除去有些胚芽和麦麸碎片，所以胚乳粉越细，粉中所含的胚芽和麦麸量越少，随着不断地碾磨和筛分，面粉的颜色越来越白，适合于面包制作的特性越来越明显，但维生素和矿物质含量越来越少。

无论面粉细度如何，面粉中淀粉和蛋白质的比例始终是由小麦的品种决定的。与软小麦面粉相比，用硬小麦制成的面粉中蛋白质/淀粉的比值较高。采用传统制粉工艺制得的面粉的种类在很大程度上依赖于使用的小麦品种。

采用传统工艺制得的面粉经进一步的加工可分离获得高淀粉含量或高蛋白质含量的，这一加工过程被称为涡轮磨粉。进行涡轮磨粉时，由传统工艺制得的面粉在特殊的高速涡轮粉碎机的作用下粒子进一步变小，在涡流气流中，蛋白质和淀粉粒子尺寸、形状及相对密度的差异足以彼此分开。借助涡轮磨粉这一加工手段，可以获得任意蛋白质和淀粉比例的面粉，使得制备面包专用粉、蛋糕专用粉以及其他特殊用途粉成为可能。

在我国国家标准中，小麦粉的等级主要按加工精度来区分。GB 1355—86 小麦粉标准将小麦粉分为 4 个等级，即特制一等、特制二等、标准粉和普通粉。特制一等粉、特制二等粉和标准粉的加工精度，以国家制订的标准样品为准，普通粉的加工精度标准样品由省、自治区、直辖市制订。为促进我国专用粉的发展，1988 年国家技术监督局颁布了高筋小麦粉（GB 8607—88）和低筋小麦粉（GB 8608—88）的国家标准。GB8607—88 标准适用于硬质小麦加工，提供作为生产面包等高面筋食品的高筋小麦粉。GB8608—88 适用于软质小麦加工，提供作为生产饼干、糕点等低面筋食品的低筋小麦粉。面包、面条、馒头、饺子、酥性饼干、发酵饼干、蛋糕、糕点等专用粉标准的国家标准也相继颁布。

（三）燕麦

燕麦分皮燕麦和裸燕麦。裸燕麦成熟后不带壳，俗称油麦，即莜麦，国产的燕麦大部分是这种。皮燕麦成熟后带壳，主要用作饲料和饲草。燕麦适于高寒地区种植。

莜麦的营养价值很高，是一种高能量食物，其蛋白质和脂肪的含量高，被称为“耐饥抗寒的食品”。莜麦脂肪含量为小麦的 4 倍，脂肪酸中的亚油酸占 38%~46%，油酸也比大多数其他谷物多。燕麦中的大部分脂类（80%）是在胚乳中，而不是在胚芽或糠层中，这一点也是燕麦的独特性质。从燕麦的不同部位提取的脂类中，其脂肪酸组成差异不大。燕麦的蛋白质含量比小麦高，其氨基酸非常平衡，燕麦的蛋白质含量通常比其他谷物高得多，大多数燕麦产品是整粒产品，含有籽粒的全部组分，由于加工过程中受到轻度的处理而保存了全部生物价。燕麦富含可溶性膳食纤维 β-葡聚糖，此外还含有其他禾谷类作物中缺乏的生物活性物质如皂苷，具有降低胆固醇、甘油三酯、控制血糖，调节肠道、提高免疫力等生理功能。单一品种的谷类与健康关系的文献以燕麦最多，集中于研究燕麦与胆固醇、心血管疾病、肠道功能、血糖控制等。从多方面看，燕麦与其他谷物相比，在营养上显然是占优势的。

燕麦常见的主要商业产品有燕麦片和燕麦粉等。市场上可以买到“粗切燕麦”“压制燕麦”或“即食燕麦”。粗切燕麦是加工程序最少的一种燕麦食品，只是将燕麦切成 2~3 片。压制燕麦是经过压扁、蒸或清烤等处理的，是最常被加入早餐中的品种，常与水果和坚果混合在一起。即食燕麦通常是已经过提前烹制或晒干的，这有助于减少烹饪时间，但是会增加血糖负荷。

（四）小米

小米又称粟、谷子，是我国目前消费率最高的全谷物。小米是起源于我国的世界最古老粮食作物，具有较强的耐旱能力。我国是小米的主要产区，主要分布在河北、山西及内蒙古自治区等省份，是我国北方的主要粮食作物之一。印度和欧美等国也有少量种植。小米有粳、糯之分，粳小米多作主食，糯小米可制作各种糕点，也可做粥饭。小米中其他必需氨基酸评分均大于100，所缺乏的只是赖氨酸，宜与高赖氨酸食品如豆类、蛋黄等搭配使用。小米含有丰富的矿物质、B族维生素、膳食纤维和酚类等植物化学物，黄小米中还含有少量胡萝卜素。中医学食疗推荐以小米粥调养身体，具有健胃消食、降脂降压、改善睡眠等功效。

（五）玉米

玉米生长适应性强，耐旱，种植范围很广，也是一种世界性的作物。种植面积及产量仅次于小麦居第二位。玉米广泛用于饲养家畜和家禽，并有相当多的玉米直接或间接用于人类消费。在我国，玉米在全谷物消费中排名第二，仅次于小米。

玉米原产于墨西哥和秘鲁，传入我国是在哥伦布发现新大陆80年以后，相传是由阿拉伯人从麦加经中亚细亚传入我国西藏，而后传入四川，四川称蜀，因此玉米又叫“玉蜀黍”。我国栽培的玉米主要是硬粒型、马齿型和半马齿型，其他类型也有零星种植。

玉米是可利用的最廉价的淀粉资源。玉米经湿法脱胚，可使淀粉、蛋白质、胚芽及谷皮全部分离，获得纯度较高的淀粉。玉米淀粉水解所得的玉米糖浆可以作为甜味剂。不同水解方法和水解度获得的玉米糖浆含有的糊精、麦芽糖和葡萄糖的比例不同。水解度越高，糖浆中的葡萄糖比例越大，由于葡萄糖的甜度高于糊精和麦芽糖，所以水解度越高糖浆就越甜。在酶的作用下，葡萄糖还可以进一步转化为果糖，果糖比葡萄糖更甜，这种葡萄糖向果糖的转化称为异构化。玉米淀粉经水解和异构化可以得到多种不同的甜味剂，如玉米糖浆、高葡萄糖（右旋糖）糖浆、葡萄糖 - 果糖糖浆和高果糖糖浆。这些糖浆经脱水处理可制得固体玉米糖浆，糖浆经结晶处理还可以制得高纯度的葡萄糖或果糖。一定比例的葡萄糖和果糖混合物的甜度可与甘蔗或甜菜糖（蔗糖）的甜度相当。而且各种比例的玉米糖和糖浆具有比蔗糖广泛得多的功能性质。近年来，来源于玉米的甜味剂因其良好的功能性质和廉价易得的优点广受欢迎，在许多食品配方中，各种玉米甜味剂已部分或全部取代了蔗糖。

玉米胚芽在整个籽粒中占有相当大的比率，约为12%，而小麦和大麦仅占3%左右。玉米胚芽中通常含有约30%的脂类，可提炼生产精制油。玉米中的色素主要是叶黄素和玉米黄质等。这些色素则被认为玉米作鸡饲料时与蛋的皮肤及鸡蛋黄的颜色相关，玉米中叶黄素含量高，鸡的皮肤及其所产鸡蛋蛋黄的颜色相应地就深。这些色素叶黄素和酚类等具有抗氧化性。

长期以玉米为主食的地方曾有癞皮病的报道。癞皮病首次被描述是在1762年，发现者是西班牙人Gaspar Casal。他发现，在贫穷的地方，经常看到人们的脸上以及手脚等皮肤暴露的地方，有对称性的红斑，还伴有脱屑和黑色素沉着。有的患者，神情淡漠，问话不答，双眼发直，有的患者腹泻不止，严重者，会致痴呆。癞皮病典型症状为皮炎、腹泻和痴呆，因为这3个症状的英文名称开头均为D，故被合称为“3D”症状。20世纪初，癞皮病在美国南部大流行，1913 年前后，每年有 20 万人患此病，引起成千上万的人死亡。在当今世界，这个疾病还在困扰着某些贫困地区的居民。有研究报道，在 2015 年 7 月至 2016 年 8 月之间的调查发现，马拉维有 691 例因将玉米作为主食而患有癞皮病的患者。现已明确，癞皮病由长期缺乏烟酸摄入引起（食用缺烟酸膳食 50~60 天）。常见于以玉米为主食者，由于玉米所含的烟酸大部分为结合型的，不经转化无法被机体利用，加之玉米中缺乏可转化为烟酸的色氨酸，故容易发生癞皮病。

（六）荞麦

荞麦又称三角麦、乌麦，起源于喜马拉雅山系东侧和我国西南地区，主要有甜荞和苦荞两种。荞麦由于其独特的营养价值和药用价值，被认为是世界性新兴作物。

荞麦营养成分全面，其蛋白质含量高于粳米、小麦、玉米和高粱。相对其他谷类，荞麦蛋白质的氨基酸组成更为合理，荞麦蛋白中的赖氨酸含量明显高于一般粮食作物。荞麦脂肪含量在 1%~3%，与大宗粮食不相上下。荞麦中矿物质磷、钙、镁、钾、铜、铁、锰、硒的含量均高于其他谷类。与我们平日常吃的粳米相比，荞麦含有更丰富的维生素 B_1、维生素 B_2、维生素 E 和维生素 A。荞麦还含有其他谷类所没有的维生素 C。据检测，荞麦中的维生素 C 含量为（5 ± 3）mg/100g。与小麦相比，荞麦含有较多的抗性淀粉和膳食纤维，赋予了荞麦食品较高的饱腹感和低血糖指数，可以改善糖代谢，防治肥胖和便秘。

荞麦中含有一些对心血管有保护作用的元素，如镁、钾等，此外，荞麦还含黄酮类化合物，尤其富含芦丁——能维持毛细血管的抵抗力，降低其通透性和脆性，保持和恢复毛细血管的正常弹性。所以，荞麦对防治高血压、冠心病有一定作用。除了芦丁，荞麦中还存在一种叫作槲皮素的糖苷，它和芦丁是荞麦中具有抗氧化活性的主要多酚，赋予了荞麦抗氧化活性，有助于防止脂质和 DNA 氧化，延缓慢性疾病、高胆固醇血症和神经系统疾病的发展。食物与健康科学共识中关于荞麦与健康的综合评价显示，增加荞麦摄入具有改善血脂和胆固醇异常的作用。

（七）大麦

大麦是最能耐受各种气候和环境条件的谷物，从北极圈到热带地区都有种植，甚至在喜马拉雅山脉海拔 4 500m 的地方也能种植。大麦的原始祖先是野生二棱大麦。我国栽培大麦已有数千年的历史，大约在公元前六世纪，黄河和淮河流域就已种植大麦了。世界上大部分大麦用于生产啤酒工业及酒精工业的关键原材料——麦芽。此外，作为动物饲料，只有少量大麦直接用于人类食品。

大麦根据小穗的排列和结实性的不同，分为六棱大麦、四棱大麦、二棱大麦 3 个类型。六棱大麦穗形紧密，麦粒小而整齐，含蛋白质较多。六棱皮大麦发芽整齐，淀粉酶活力大，特别适用于制造麦芽；六棱裸大麦多作粮食用。四棱大麦穗形较稀疏，麦粒比六棱大麦稍大，但不整齐，含蛋白质也较多。四棱皮大麦发芽不整齐，多用作饮料；四棱裸大麦可作食用粮。二棱大麦多为皮大麦，籽粒大而整齐，皮薄，淀粉含量高，蛋白质含量少，发芽整齐，是啤酒工业的良好原料。

大麦麦芽制备时需将整个大麦种子浸在水中以确保胚芽发芽。发芽大麦中酶活性增加很快，尤其是可降解淀粉的淀粉酶活力。大麦发芽完成后需干燥处理。为防止酶失活，干燥应在温热环境中进行。经发芽和干燥后的大麦就称为麦曲。在酿造工业中，麦曲被用来降解淀粉质原料生成糖，而糖的存在可以加速酵母发酵进程；麦曲还具有特殊的风味，这种风味对酿造饮料比如啤酒的风味形成是十分重要的。麦曲的加入还可以增加早餐谷物食品和含麦曲牛奶的风味。麦芽糖浆还可用于各种需要淀粉酶活力的焙烤加工中。

（八）藜麦

藜麦原产于南美洲，2008 年才开始在中国有大规模种植。食用藜麦的方式为蒸煮，不进行精加工，直接食用其籽粒（带壳），最大限度地保留其营养成分。藜麦蛋白含量丰富，高达 14.4%，同时它不含麸质蛋白，而中国人经常食用的小麦、大麦、燕麦等，里面都含有较多的麸质蛋白，故对于患有乳糜泻等肠胃敏感的患者来说，藜麦不失为粗粮的优选。藜麦含有人体必需氨基酸，且组成比例均衡，适宜人体吸收，其中赖氨酸含量较高，而我国饮食习惯中常使用的粗粮如玉米、小麦等，均缺乏这种必需氨基酸。藜麦中膳食纤维和矿物质量高于一般谷物。除了营养素外，藜麦中还含有丰富的黄酮类、皂苷等生物学活性物质。

（九）高粱

高粱在我国已有 5000~6000 年的种植历史，是我国古老的粮食作物之一。以东北各省种植较多，其次是华北、华中的一些省份。高粱有红、白之分：红者又称为酒高粱，主要用于酿酒；白者用于食用，性温味甘涩。高粱米是白高粱碾去皮层后的颗粒状成品粮。在谷物籽粒中，高粱是含有单宁的典型代表。高粱籽粒因含单宁而带有酸性和涩味。单宁和蛋白质易于结合，影响高粱的营养价值。但高粱和其他杂粮一样，富含矿物质如铁和锰，除淀粉和膳食纤维这两样大多粗粮都富含的营养成分外，高粱含诸多植物化学成分，且其含量随基因型不同而变化。其中，酚酸、黄酮类物质和缩合鞣质是高粱所特有的成分。此外，一些品种的高粱还含有正二十八烷醇、植物甾醇等成分。高粱的抗氧化能力在常见的谷类中排名居前，可能与其所含的这些植物化学成分有关。中医学认为，高粱性味甘平微寒，和胃健脾，消积止泻，可用来治疗湿热、下痢和小便不利等。

五、加工、烹调及储存对谷类营养价值的影响

（一）谷类的加工

谷类通过加工，去除杂质和谷皮，不仅改善了谷类的感官性状，而且有利于消化吸收。由于谷类所含无机盐、维生素、蛋白质、脂肪多分布在谷粒的周围和胚芽内，向胚乳中心逐渐减少。因此，加工精度与谷类营养素的保留程度有着密切关系，加工精度越

高，糊粉层和胚芽损失越多，营养素损失越大，尤以B族维生素改变显著。如果谷类加工粗糙、出粉（米）率高，虽然营养素损失减少，但感官性状差且消化吸收率也相应降低，由于植酸和纤维素含量较多，还将影响其他营养素的吸收，如植酸与钙、铁、锌等螯合成植酸盐，不能被机体利用。

（二）谷类的烹调

粳米加工运输过程中易受沙石、谷皮和尘土的混杂，烹调前须经过淘洗，在淘洗过程中可导致水溶性维生素和无机盐损失，维生素 B_1 可损失30%~90%，维生素 B_2 和烟酸可损失20%~25%，无机盐为70%。用水量越多、浸泡时间越长、淘米水温越高，营养素损失越严重。

不同的烹调方式对营养素损失的程度不同，米和面在蒸煮过程由于加热而受损失的主要是B族维生素。制作米饭时，用蒸的方式B族维生素的保存率较捞蒸方式（即弃米汤后再蒸）要高得多；在制作面食时，一般蒸、烤、烙方法，B族维生素损失较少，但用高温油炸时损失较大，如油条制作，因加碱及高温油炸会使维生素 B_1 全部损失，维生素 B_2 和烟酸仅保留一半。在制作面包、饼干等食品的焙烤过程中，食物蛋白质中的赖氨酸与还原糖起反应产生褐色物质，称为美拉德反应，可使赖氨酸失去效能。为此，应注意控制焙烤温度和糖的用量。米饭在电饭煲中保温，随时间延长，维生素 B_1 损失所余部分的50%~90%。

（三）谷类储存

在正常的储藏条件下，谷类种子仅保持生机，生命活动进行得十分缓慢。此时，蛋白质、维生素、无机盐的含量都变化不大。当环境条件改变，如相对湿度增大、温度升高时，谷粒内酶的活性变大、呼吸作用增强，使谷粒发热，促进真菌生长，引起蛋白质、脂肪、碳水化合物分解产物堆积，发生霉变，不仅改变了感官性状，而且会失去食用价值。由于粮谷储藏条件和水分含量不同，各类维生素在储存过程中的变化不尽相同。如谷粒水分为17%时，储存5个月，维生素 B_1 损失30%；水分为12%时，损失减少至12%；谷类不去壳储存2年，维生素 B_1 几乎无损失。故谷类应储存在避光、通风、干燥和阴凉的环境下，控制真菌及昆虫的生长繁殖条件，减少氧气和日光对营养素的破坏，保持谷类的原有营养价值。

（沈秀华）

第二节　干豆类及其制品的营养价值

学习要求

- 掌握：大豆及其制品营养特点。
- 熟悉：杂豆类的营养特点。
- 了解：食用豆类的加工和利用。

豆类作物品种繁多，遍及世界各地。包括大豆、蚕豆、豌豆、绿豆、小豆、豇豆、饭豆、普通菜豆、多花菜豆、乌头叶菜豆、鹰嘴豆、扁豆、小扁豆、黑吉豆、利马豆、木豆、刀豆、藜豆、四棱豆、瓜尔豆等。我国主要种植蚕豆、豌豆、绿豆和小豆；俄罗斯主要种植箭舌豌豆和扁豆；美国主要种植小扁豆和豌豆；印度主要种植菜豆和绿豆等。

按照营养成分含量的多少可以将豆类分为两大类。一类是大豆，含有较高的蛋白质（35%~40%）和脂肪（15%~20%），而碳水化合物相对较少（20%~30%）；另一类是除大豆外的其他豆类，或称为杂豆类，含有较高的碳水化合物（55%~65%），中等的蛋白质（20%~30%）和少量的脂肪（低于5%）

豆制品是由大豆或杂豆作为原料制作的发酵或非发酵食物如豆酱、豆浆、豆腐、豆腐干和粉丝等。

本节分别介绍大豆及其制品、杂豆及其制品的营养价值。

一、大豆及其制品的营养价值

大豆包括黄豆、青豆、黑豆、紫豆和斑茶豆等。大豆起源于我国，已有4000~5000年的历史。我们的祖先经过漫长时期的人工驯化，将野生大豆培育成栽培大豆。现在，我国各地还有野生大豆存在，特别是黄河流域和东北地区有很多类型的野生和半野生大豆，如山黄豆、山黑豆、野大豆、蔓豆等。大豆籽粒是由种皮、胚（胚根、胚轴、胚芽和子叶）所构成的。种皮除糊粉层含有一定量的蛋白质和脂肪外，其他部分几乎都是由纤维素、半纤维素、果胶质等所组成，而胚则主要以蛋白、碳水化合物和脂肪为主。成熟的大豆中含淀粉很少，主要成分是蛋白质和油脂。

大豆营养丰富，是人类重要的膳食成分。

（一）蛋白质

大豆含有人体所需各种必需氨基酸，特别是富含谷类蛋白质中所缺乏的赖氨酸，但是大豆蛋白缺少含硫氨基酸，限制了肌体对大豆蛋白的有效利用。大豆突出的优点是蛋白含量很高，一般为35%~40%，高于其他禽肉类、鱼虾类、蛋类等优质蛋白质的食物来源。因此，大豆蛋白是来自植物的优质蛋白质。大豆蛋白质的加工性能多种多样，具有乳化性、吸水性、持水性、黏性和凝胶性、起泡性等，在食品加工中常常利用其性能加工食品，改善食品口味。

（二）碳水化合物

大豆中的碳水化合物含量较低，主要成分为棉籽糖、水苏糖、蔗糖、毛蕊花糖、阿拉伯半乳聚糖等。成熟的大豆中含淀粉很少，仅为0.4%~0.9%，可以忽略不计。大豆的碳水化合物中约有一半是人体不能消化吸收的棉籽糖和水苏糖，因此在计算大豆营养价值时，碳水化合物宜折半计算。水苏糖和棉籽糖，都是由半乳糖、葡萄糖和果糖组成的支链杂糖，又称大豆低聚糖，是生产浓缩和分离大豆蛋白时的副产品。由于人体内缺乏水苏糖和棉籽糖的水解酶，它们可不经消化吸收直接到达大肠内，可为双歧杆菌所利用，而具有活化肠道内双歧杆菌并促进其生长繁殖的作用。水苏糖和棉籽糖在肠道微生物作用下产气，这也是豆类容易胀气的原因之一。

（三）脂类

大豆脂肪含量高达15%~20%，其中多为不饱和脂肪酸，占85%，且以亚油酸含量最为丰富，同时还含有较多的磷脂。大豆油在世界范围内正成为主要的食用油。大豆油脂对大豆的风味、口感等方面也有很大的影响，大豆制品如豆腐、豆乳中都必须含一定量的油脂，才能使口感滑润、细腻、有香气，否则会感到粗糙、涩口。

（四）维生素和矿物质

大豆中钙的含量较高，每100g含钙量约为200mg，其他如磷、钾、镁、铁等含量也较高，但是大豆中含有的植酸影响了钙、镁的吸收。此外，近来有些研究者认为大豆不仅自身所含铁生物利用率低，而且也影响膳食中其他食物来源铁的生物利用率。大豆中的维生素 B_1 和维生素 B_2 的含量和维生素E较高，但除了脂溶性的维生素E外，大部分维生素在加工中遭到破坏。

（五）大豆中有益健康的其他物质

除了营养物质外，大豆还有多种有益健康的物质，其中比较突出的是大豆异黄酮，大豆异黄酮存在于大豆种子中，含量甚微，仅为0.1%~0.2%，是具有二羟基或三羟基的黄酮类化合物，自然界中仅在大豆、葛根等少数植物中含有，具有类雌激素作用，也称为植物雌激素，能够弥补中年女性雌激素分泌不足的缺陷，缓解因雌激素不足引起的多种症状，有降血脂、改善更年期妇女骨质疏松、预防肿瘤等功能。大豆皂苷具有多种有益于人体健康的生物学效应。大豆甾醇的摄入能够阻碍胆固醇的吸收，降低血清胆固醇。随着大豆生产、加工量的大大提高，这些本来含量甚微并作为废料未加利用的物质逐步获得开发和利用，除了大豆异黄酮、大豆皂苷和大豆甾醇外，还有大豆膳食纤维、大豆低聚糖、大豆磷脂、大豆皂苷等，大豆的保健功能也因这些物质而凸显。《食物与健康的科学证据》的综合评价显示，大豆及其制品消费可降低乳腺癌、骨质疏松、肺癌、高血压、高血脂、肥胖、前列腺癌、结肠癌和胃癌的发病风险。大豆中有益健康的非营养物质有重要的预防作用。

（六）大豆中影响营养素吸收利用的物质

蛋白酶抑制剂是存在于大豆、棉籽、花生、油菜籽等植物中，能抑制胰蛋白酶、糜蛋白酶、胃蛋白酶等物质的统称。其中以抗胰蛋白酶因子（或称胰蛋白抑制剂）存在最普遍，对人体胰蛋白酶的活性有部分抑制作用，妨碍蛋白质的消化吸收，对动物有抑制生长的作用。在100℃条件下蒸煮大豆9min可破坏87%的抑制剂活性。浸泡也可降低抑制剂的活性。所以豆类在浸泡后可用稍温和的条件加工。虽然大豆在加工成大豆分离蛋白、组织蛋白或人造蛋白肉类产品的过程中可降低抑制剂对胰蛋白酶作用的程度，但抑制剂的活性仍然会存在。大豆中含有很多酶，其中脂肪氧化酶是产生豆腥味及其他异味的主要酶类。采用95℃以上加热10~15min，使脂氧合酶失活，或完全脱去油脂等方法，均可脱去部分豆腥味。大豆中存在的植酸可与锌、钙、镁、铁等螯合，影响其吸收利用。

二、大豆的加工及其常见豆制品的营养价值

大豆豆荚和种子的形状随品种不同而有所区别，豆荚有扁圆形、丰圆、中间类型；种子的形状有球形、椭圆形、长椭圆形和扁圆形等。种皮颜色对大豆商品价值的影响很大，其中以黄色为佳。黄豆含油量多，油色也好，是很好的食用油源，也是很好的蛋白质资源；青豆富含淀粉，适于作蔬菜用，而不适于榨油；黑大豆、双色大豆或褐斑率很高的大豆商品价值较低，多用于制酱或作饲料。

据统计，到目前为止，大豆制品已有几千种之多，其中包括具有几千年生产历史的传统豆制品和采用新科学、新技术生产的新兴豆制品。传统大豆制品又分为发酵豆制品（包括腐乳、臭豆腐、豆瓣酱、酱油、豆豉）和非发酵豆制品（包括水豆腐、干豆腐等）。发酵豆制品的生产均需经过一个或几个特殊的生物发酵过程，产品具有特定的形态和风味，非发酵豆制品的生产基本上都经过清选、浸泡、磨浆、除渣、煮浆及成型工序，产品的物态都属于蛋白质凝胶。新兴大豆制品又分为油脂类制品（包括大豆磷脂、精炼大豆油、色拉油、人造奶油、起酥油）、蛋白类制品（包括脱脂大豆粉、浓缩大豆蛋白、分离大豆蛋白、组织大豆蛋白、大豆蛋白发泡粉）和全豆类制品（豆乳、豆乳晶、豆乳粉、豆乳冰激凌、豆乳冰棍）。近几年还开发研究了一些具有保健功能的豆制产品，如大豆磷脂制品、大豆低聚糖、大豆异黄酮、大豆纤维等；西方人还根据自己的饮食习惯开发出新的大豆食品，如豆腐三明治、大豆干酪、大豆布丁和大豆通心粉等。

我国居民日常摄入的豆制品以传统豆制品为主，大豆经过一定程度的加工，改善了风味和口感，也去除了大部分影响消化吸收的抗营养物质，使豆制品比大豆更有营养价

值。我国常见的豆制品如下。

（一）豆腐及其制品（豆浆、豆腐脑、豆腐干、豆腐皮、百叶等）

黄豆浸泡、磨浆、除渣、煮浆后即为豆浆，进一步使用蛋白凝固剂（如石膏，葡萄糖6磷酸内酯）使豆浆中蛋白凝固，加压去水即为豆腐。进一步加压去水则为豆腐干、豆腐皮和百叶。这些豆制品的营养成分与其原料大豆相近，保留了黄豆高蛋白、高钙的营养特点，在加工中去除了大部分脂肪，因而含量低。另外，豆制品经加工后，消除了大豆中影响营养成分消化、吸收的物质，从而使大豆的消化、吸收率大大地提高，如整粒大豆蛋白质的消化率为65%，豆腐的消化率提高至92.96%，钙、铁、锌等无机盐的吸收率也有所提高。传统的蛋白凝固剂如石膏也含钙，使豆制品的含钙量更高。

（二）其他大豆制品

腐竹是大豆磨浆烧煮后，凝结干制而成的豆制品，浓缩了大豆中的精华，主要成分为蛋白和脂肪及膳食纤维，蛋白含量高达44.6%，脂肪和碳水化合物均为22%左右，是一种营养丰富又可以为人体提供均衡能量的优质豆制品。腐竹须用凉水泡发，热水泡发的腐竹易碎。有些看起来颜色特别鲜亮的腐竹，生产过程中可能添加了化学物质“吊白块”，对人体健康有害。

大豆制成豆芽后，可以合成较多维生素C和游离氨基酸，豆芽中所含的热量较低，水分和膳食纤维较高，日常饮食中作蔬菜食用。

大豆发酵制品包括豆豉、腐乳、豆汁和黄豆酱等，都是用大豆或大豆制品接种真菌发酵酶解后制成的。经微生物作用后的大豆发酵制品可去除某些影响营养素吸收的因子，除了独具风味外，微生物可产生维生素 B_{12}、维生素 B_6、维生素 B_2 和维生素K等。

（三）毛豆

毛豆是新鲜连荚的黄豆，是大豆作物中专门鲜食嫩荚的蔬菜用大豆，和大豆一样属于高蛋白食物，富含维生素、矿物质和膳食纤维等。但因含水量高，故和黄豆相比，其他营养素相对含量较低，但远远高于其他蔬菜。

三、杂豆及其制品的营养价值

1. 杂豆的营养特点

杂豆是指除了大豆之外的其他干豆如红豆、绿豆、蚕豆、芸豆、花豆、鹰嘴豆等。各种杂豆类营养价值大体相似，是高蛋白、低脂肪、中等淀粉含量的作物，含有丰富的矿物质和维生素，营养价值较高。每100g杂豆类可提供14.22MJ的能量，与谷物相当。蛋白质含量虽较大豆为低，但大大高于谷类，通常含量为20%~30%。和大豆一样，蛋白质组成中较高的赖氨酸含量可以与谷物蛋白质互补。和大豆一样，杂豆中含硫氨基酸较低。豆类中的碳水化合物主要成分是淀粉，占碳水化合物总量的75%~80%，所以我国膳食指南推荐将杂豆类作为主食的一部分。杂豆中脂肪含量低，为1%左右。杂豆中维生素和矿物质的含量较高，富含维生素B_1、维生素B_2和烟酸，其中维生素B_1及维生素B_2含量均高于禾谷类或某些动物食品；钙、磷、铁、锌等矿物质的含量较高，钠含量低，是人体矿物元素的重要来源。发芽籽粒中维生素C含量丰富，可作为一年四季的常备蔬菜。食用杂豆的传统方法之一是整粒煮食，整粒的杂豆提供了丰富的膳食纤维。

2. 我国常见的杂豆

（1）蚕豆。别名有胡豆、佛豆、南豆、罗汉豆、寒豆、川豆、倭豆、夏豆、马料豆等。蚕豆按其籽粒的大小可分为大粒、中粒、小粒3种类型；按种皮颜色又可分为青皮蚕豆、白皮蚕豆和红皮蚕豆3种。蚕豆种子含有大量蛋白质，平均含量30%左右，有的品种可高达42%，是食用豆类中仅次于大豆的高蛋白作物。蚕豆种子不仅蛋白质含量高，而且蛋白质中氨基酸种类全，赖氨酸含量丰富，但色氨酸和蛋氨酸含量稍低，维生素含量均超过大米和小麦。蚕豆用途广泛。嫩蚕豆可作蔬菜，蚕豆瓣可炒、炸或做汤，蚕豆种子含丰富的淀粉及多量的脂肪，老熟的种子既可作粮食也可磨粉制造粉皮、粉丝、豆酱、酱油及各种糕点。在我国有多种以蚕豆为原料加工而成的名品小吃，如五香豆、茴香豆、兰花豆、怪味豆等，深受大众的喜爱。但是春季食用蚕豆时需注意预防蚕豆病。该病是红细胞葡萄糖-6-磷酸脱氢酶（G6PD）有遗传缺陷者在食用青鲜蚕豆或接触蚕豆花粉发生的急性溶血性贫血症，致病机制尚未十分明了，但已知有遗传缺陷的敏感红细胞，遇蚕豆中某种因子，发生急性血管内溶血所致，从而出现黄疸、血尿、发烧与贫血等症状。

（2）豌豆。别名有毕豆、回鹘豆、青斑、麻累、冷豆、国豆、麦豆、寒豆、荷兰豆等。豌豆起源于亚洲西部和地中海沿岸，公元3~6世纪，豌豆经西域传入我国。豌豆品种的不同其形状和大小有很大的差异，除圆球形外，还有椭圆形、圆形有棱、多棱、扁缩、皱缩等形状。豌豆的颜色有黄、褐、绿、玫瑰等颜色。豌豆的蛋白质食量较高，富有人体必需的8种氨基酸，是我国人民蛋白质营养来源之一。豌豆籽粒还含有脂肪、碳水化合物、胡萝卜素及多种维生素。豌豆的鲜嫩茎梢、嫩荚和鲜豆可作蔬菜用。豌豆籽粒磨成粉是制作糕点、豆馅、粉丝、冻粉、面条、风味小吃及多种食品工业的原料。

（3）绿豆。是菜豆族豇豆属，别名植豆等。绿豆起源于我国。种子为圆柱形或球形，通常绿色，也有黄、棕褐、青蓝等颜色。绿豆中含蛋白质21%~28%，其蛋白质是完全蛋白质，含有较多的赖氨酸。绿豆芽也是营养极为丰富的蔬菜。据说第二次世界大战中，美国海军因无意中吃了受潮发芽的绿豆，竟治愈了困扰全军多日的坏血病（即现在的“维生素C缺乏病”），这是因为豆芽中含有丰富的维生素C。它还富含纤维素，是便秘患者的健康蔬菜，有预防肿瘤、降低血脂胆固醇等作用。绿豆性味甘凉，有清热解毒之功。经常在有毒环境下工作或接触有毒物质的人，应经常食用绿豆来解毒保健。夏天或在高温环境工作中，用绿豆煮汤能够清暑益气、止渴利尿，不仅能补充水分，而且还能及时补充无机盐，对维持水液电解质平衡有着重要意义。绿豆具有广泛的用途，可作粥饭，也可制成绿豆糕、绿豆饴、粉丝、粉皮以及绿豆淀粉、绿豆沙等，还是食品工业和酿酒工业的重要原料之一，并且也是重要的药材，绿豆籽粒、绿豆淀粉及其果荚、叶和花都可入药治病。

（4）菜豆。是菜豆族菜豆属。菜豆别名有芸豆、四季豆、刀豆、豆角等。菜豆起源于美洲的墨西哥。菜豆籽粒因品种不同而有多种形状，有球形、圆筒形、椭圆形、长椭圆形、肾形等。种皮颜色有红、白、黄、棕、黑和斑纹色等多种。籽粒大小也很不同。菜豆的籽粒和嫩荚营养丰富，不仅蛋白质含量高，而且还含有各种矿物质，维生素和人体所必需的各种氨基酸。

菜豆含有一种特殊香味，在我国有些地区主要与面粉、玉米、大米一起煮做主食。可制豆沙，做糕点，如宫廷点心"芸豆糕"。白粒菜豆的籽粒可制罐头，嫩荚、嫩粒可做脱水或速冻蔬菜的原料，也是制味精、酱油的原料。豆类中很多品种含有有毒合成物或有毒植物凝集素，其中菜豆中的含量最高。经过长时间的蒸煮和干热加工，豆科植物凝血素的活性和毒性可被破坏。鲜食菜豆需预防菜豆中毒，详见蔬菜章"鲜豆类"中的相关内容。

（5）豇豆。别名饭豆、蔓豆、泼豇豆、长豆角等。豇豆在新石器时代已有栽培，是世界最古老的作物之一。起源尚无定论。豇豆广泛分布于热带、亚热带和温带。中国主要产地为山西、河南、湖北、河北、广西、云南、台湾、辽宁等省区。豇豆的荚果为长圆筒形，稍弯曲，顶端厚而钝，直立向上或下垂。嫩荚为绿色，少数为紫色。成熟荚呈黄色、褐色或紫色。豇豆籽粒形状大致可分为肾形、椭圆形、圆柱形与球形等，以肾形居多。豇豆的营养特点与其他食用豆类相似。豇豆嫩荚是人广泛食用的蔬菜。在非洲，豇豆的嫩叶和幼苗也被作蔬菜用。

（6）小豆。别名有赤豆、赤小豆、红小豆。在我国古农书还记载有朱豆、竹豆、金豆、金红豆、杜赤豆、米赤豆等名称。小豆起源于我国，已有两千多年的栽培历史。小豆荚果呈线状扁桶形，籽粒一般呈矩圆形，两端为圆形，质地坚硬，不易破碎。种皮赤褐色，也有黑、灰、白、绿、茶色和淡黄色等。小豆淀粉含量在 50% 以上，粗蛋白含量 20% 以上，粗脂肪含量 2.5% 以下，粗纤维含量 5%~7%。用小豆可煮粥炊饭，小豆出沙率在 75% 左右，可做多种中西糕点的夹馅。

3.（干）杂豆的加工和食用

杂豆品种繁多，食用历史悠久，常见的加工和食用方法包括以下。

（1）整粒食用。整粒豆子煮饭和煮粥，可以保留全部的营养素，尤其保留了外壳中的膳食纤维、维生素和矿物质等，是最健康最值得推荐的食用方法。

（2）制作馅料。赤豆、绿豆、蚕豆、芸豆等制作各类点心常用的馅料，也是杂豆常见的食用方法之一。这种加工方法保留了杂豆大部分的蛋白、淀粉，但去壳后精加工过程丢失了膳食纤维和部分维生素及矿物质，制馅过程通常添加精制糖和油脂，降低了营养和食用价值。

（3）粉丝，粉皮等。蚕豆、绿豆等常用来加工粉丝和粉皮，其基本工艺是将富含淀粉的原料粉碎、过滤、晒干后获得淀粉，加入明矾打浆糊，经成型后晒干。因此，粉丝和粉皮的主要成分是淀粉，相当于主食，但我国居民习惯将粉丝粉条加工成菜肴食用。

（沈秀华）

第三节　蔬菜的营养价值

学习要求

- 掌握：蔬菜的结构和营养素分布、蔬菜的化学成分和营养特点。
- 熟悉：各种常见蔬菜的营养特点。

植物性食物中的蔬菜水果是人们日常生活中的重要食品之一，其一般共同特点是：水分多、蛋白质和脂肪含量很低，但某些重要的维生素如维生素C、胡萝卜素及矿物质十分丰富，是膳食中这些营养素的主要来源。此外，蔬菜水果中常含有各种芳香物质和色素，使食品具有特殊的香味和颜色，赋予蔬菜水果良好的感官性状，可增进食欲，调节体内酸碱平衡，促进肠的蠕动等。蔬菜水果中还含有一些酶类、杀菌物质和具有特殊功能的生理活性成分，对维持人体正常生理活动和免疫调节、增进健康有重要的营养价值。本节主要介绍蔬菜的营养价值，水果的营养价值见本章第六节。

目前，我国的蔬菜种类有上百种，其中普遍栽培的有50~60种，在同一种类中，又有许多变种，每一变种还有许多品种。关于蔬菜的定义和分类有不同标准，本文参照农业生物学分类法结合膳食营养调查的实际应用，参考《中国食物成分表2004》蔬菜类中的分类，将蔬菜分如下9个亚类分别介绍。

（1）根菜类。包括萝卜、胡萝卜、芜菁和牛蒡等。

（2）嫩茎、叶、花菜类。包括大白菜、小白菜、乌塌菜、紫菜苔、苔菜、花椰菜、青花菜、芥菜、菠菜、芹菜、莴苣、蕹菜、苋菜、黄秋葵和竹笋等。

（3）瓜茄类。包括番茄、茄子、甜椒、黄瓜、冬瓜、南瓜、笋瓜、西葫芦、菜瓜、丝瓜、苦瓜、瓠瓜和佛手瓜等。

（4）水生蔬菜类。包括莲藕、茭白、慈姑、荸荠和菱角等。

（5）野生蔬菜。包括蕨菜、发菜、马兰头、香椿和苜蓿等。

（6）葱蒜类。包括韭菜、大葱、洋葱和大蒜等。

（7）鲜豆类。包括菜豆、蚕豆、豇豆、扁豆、刀豆和豌豆等。

（8）菌藻类。包括口蘑、榛蘑、平菇、香菇、草菇、猴头菌、木耳、银耳和竹荪等。

（9）薯芋类。包括马铃薯、山药、姜、芋头、豆薯和魔芋等。

最后一类即薯芋类的碳水化合物含量高，推荐作为主食的一部分代替谷类，本章第四节将单独介绍薯芋类食物的营养。

一、蔬菜组成成分和营养物质

（一）水分

正常的含水量是衡量新鲜蔬菜鲜嫩程度的重要特征，一般蔬菜中含有65%~95%的水分，多数蔬菜的含水量一般在90%以上，这使得其中营养素的含量较低，但营养质量指数不低。

（二）含氮化合物

蔬菜中含氮化合物主要是蛋白质，其余为氨基酸、肽和其他化合物。蔬菜不是人类蛋白质营养素的主要来源，不同种类的蔬菜蛋白质含量相差很大。新鲜蔬菜蛋白质含量通常在3%以下。在各种蔬菜中，以鲜豆类、菌类和深绿色叶菜的蛋白质含量较高，如鲜豇豆的蛋白质含量为2.9%，蘑菇为2.7%，苋菜为2.8%。某些蔬菜（如菠菜、豌豆苗、豇豆、韭菜和菌类蔬菜等）的赖氨酸比较丰富，可和谷类发生蛋白质营养互补。

（三）碳水化合物

蔬菜所含的碳水化合物包括糖、淀粉、纤维素、半纤维素和果胶等。大部分蔬菜的碳水化合物含量较低，仅为2%~6%。蔬菜中以胡萝卜、洋葱和南瓜等含糖较多。蔬菜中主要的糖类是葡萄糖、果糖和蔗糖，其他糖类的量很少，如芹菜、西芹中的芹菜糖，豆科所含棉籽糖、水苏糖、毛蕊糖，十字花科和葫芦科所含甘露（糖）醇等。水生蔬菜如藕、菱、荸荠等蔬菜中都含有丰富的淀粉，包括直链淀粉和支链淀粉。蔬菜的成熟度与其含糖量有密切的关系，含糖量一般随着成熟度增加而增加，块茎、块根蔬菜中的含糖量反而随着熟度的增高而下降。

果胶质广泛存在于水果和蔬菜中，是组织细胞间隙中的另一类多糖，主要成分是原果胶。原果胶与纤维素结合，其质与量的变化影响着蔬菜的硬度、质地等重要的品质指标。当果胶总含量和钙、镁等矿物元素含量增加以及果胶酯化程度降低时，番茄果实硬度增加。

蔬菜中纤维素、半纤维素等膳食纤维含量较高，鲜豆类在1.4%~4.0%，叶菜类通常达1.0%~2.2%，瓜类较低，在0.2%~1.0%（见表2-2）。纤维素与半纤维素在蔬菜的不同部位分布不均匀，主要存在于皮层、输导组织和梗中。纤维素含量少的部位，肉质软嫩，反之则肉质粗、皮厚多筋，食用质量差。在蔬菜组织中，纤维素、半纤维素、木质素、果胶等物质总是结合在一起，决定着蔬菜的质地、硬度、脆度和口感等品质指标。

表 2-2　蔬菜中的膳食纤维含量（g/100g 食部鲜重）

蔬菜名称	膳食纤维	蔬菜名称	膳食纤维	蔬菜名称	膳食纤维
毛豆	4.0	芥菜头	1.4	甘蓝	1.0
香菇	3.3	韭菜	1.4	大白菜	0.8
蚕豆菜	3.1	芹菜	1.4	豆薯	0.8
豌豆（带荚）	3.0	蒜黄	1.4	南瓜	0.8
豇豆	2.7	甜椒	1.4	绿豆芽	0.8
苋菜	2.2	苦瓜	1.4	马铃薯	0.7
菜豆	2.1	蕹菜	1.4	冬瓜	0.7
蘑菇	2.1	球茎甘蓝	1.3	莴笋	0.6
豌豆苗	1.9	大葱	1.3	丝瓜	0.6
茭白	1.9	茄子	1.3	番茄	0.5
竹笋	1.8	花椰菜	1.2	黄瓜	0.5
蒜苗	1.8	藕	1.2	海带	0.5
刀豆	1.8	韭黄	1.2	西瓜	0.3
荠菜	1.7	胡萝卜	1.1	琼脂	0.1
菠菜	1.7	芜菁	1.1		
芥蓝	1.6	小白菜	1.1		
草菇	1.6	萝卜	1.0		
黄豆芽	1.5	芋	1.0		

资料来源：杨月欣. 中国食物成分表2002年［M］. 北京：北京大学医学出版社，2002.

（四）维生素

在我国目前的膳食结构中，机体所需的胡萝卜素和维生素 C 几乎全部或绝大多数是由蔬菜提供的。绿、黄、橙等色泽的蔬菜均含有较丰富的胡萝卜素，尤其是深色的蔬菜，如韭菜、苋菜、胡萝卜、蕹菜、菠菜、莴笋叶等的含量都在 2mg/100g 以上。浅色蔬菜中胡萝卜素含量较低。维生素 C 在各种新鲜的绿叶菜中含量丰富，其次是根茎类，一般瓜类含量较少。富含维生素 C 的食物如表 2-3 所示。

表 2-3　蔬菜中的维生素 C 含量（mg/100g 可食部）

食物名称	维生素C	食物名称	维生素C
苜蓿［草头，金花菜］	118	豆角（白）	39
萝卜缨（白）	77	油菜	36
芥蓝［甘蓝菜，盖蓝菜］	76	大白菜（均值）	31
甜椒［灯笼椒，柿子椒］	72	藕［莲藕］	44
芥菜（大叶）［盖菜］	72	荠菜［蓟菜，菱角菜］	43
豌豆苗	67	蒜苗	35
辣椒（青，尖）	62	菠菜［赤根菜］	32
菜花［花椰菜］	61	苋菜（紫）［红苋］	30
苦瓜［凉瓜，癞瓜］	56	小白菜	28
芥菜（小叶）［小芥菜］	51	马铃薯［土豆，洋芋］	27
西兰花［绿菜花］	51	毛豆［青豆，菜用大豆］	27
苋菜（绿）	47	甘薯（红心）［山芋，红薯］	26
乌菜［乌塌菜，塌棵菜］	45	马兰头［马兰，鸡儿肠，路边菊］	26
甘蓝［圆白菜，卷心菜］	40	蕹菜［空心菜，藤藤菜］	25

资料来源： 杨月欣. 中国食物成分表2002年［M］. 北京： 北京大学医学出版社，2002.

含维生素 B_1 较多的蔬菜有金针菜、香椿、芫荽、藕、马铃薯等。新鲜的绿叶菜和豆类蔬菜是维生素 B_2 的重要来源。烟酸是蔬菜和其他食物中普遍存在但含量甚微的一种维生素。富含维生素 B_6 的蔬菜有豌豆、马铃薯、花生、白菜、绿叶蔬菜等。维生素 E（生育酚）和维生素 K 是两类脂溶性维生素，在绿叶蔬菜中有一定的含量。维生素的含量既与蔬菜的品种、栽培条件有关，又因成熟度和结构部位不同而异。例如，野生蔬菜维生素 C 的含量多于栽培的，而大地栽培的又多于保护地栽培的；在成熟番茄中，维生素 C 和胡萝卜素含量均高于未成熟的；在胡萝卜直根顶部和外围组织中胡萝卜素又多于直根下部和髓部。

（五）矿物质

蔬菜水果中含有丰富的矿物质，如钙、磷、铁、钾、钠、镁、铜等，是膳食中矿物质的主要来源，对维持体内酸碱平衡起重要作用。蔬菜中含有几十种矿物质元素中以钾含量为最高，占其灰分总量的50%左右，由于钾盐能促进心肌的活动，因此蔬菜对心脏衰弱及高血压有一定的疗效。含钾较多的有豆类蔬菜、辣椒、榨菜、蘑菇、香菇等；蔬菜也是钙和铁的重要膳食来源。不少蔬菜中的钙含量超过了100mg/100g，如油菜、苋菜、萝卜缨、芹菜等。绿叶蔬菜铁含量较高，含量在（2~3）mg/100g间。但某些蔬菜如菠菜、蕹菜等因含有较多的草酸，不仅影响本身所含钙和铁的吸收，而且还影响其他食物中钙和铁的吸收。因此，在选择蔬菜时，不能只考虑其钙的绝对含量，还应注意其草酸的含量。草酸是一种有机酸，能溶于水，故食用含草酸多的蔬菜时，可先在开水中焯一下，去除部分草酸，以利钙、铁的吸收。含锌较多的蔬菜有大白菜、萝卜、茄子、南瓜、马铃薯等。锰缺乏也会影响发育，而植物性食品是锰的主要来源；如甜菜、包心菜、菠菜和干果等含锰都较丰富。

（六）蔬菜中有益健康的其他物质

（1）硫代葡萄糖苷（glucosinolate）。简称硫苷或芥子油苷，其降解产物是异硫氰酸酯类（芥子油），是十字花科植物中特有的次生代谢产物，是构成十字花科蔬菜特殊辛香风味的主要来源，不同的异硫氰酸酯构成了十字花科蔬菜特殊风味，如白菜类的清鲜味、甘蓝类的苦味及萝卜的辛辣味，主要由于不同硫苷的降解产物形成。研究发现，硫苷的降解产物可以抑制由多种致癌物诱发的癌症，还可作为天然的抗虫、抗菌剂。但是，某些硫苷会抑制动物对碘的吸收而导致甲状腺功能障碍。十字花科类蔬菜包括白菜类（如大白菜、小白菜），甘蓝类（卷心菜、花菜、西蓝花），芥菜类，白萝卜等。

（2）类黄酮（flavonoid）。类黄酮属于植物次生代谢产物，类黄酮广泛分布在植物中的一大类多酚化合物，并常以糖苷形式存在，依结构不同可主要分为以下几类：黄酮、黄酮醇、黄烷酮、黄烷醇、异黄酮（isoflavone）。其中后3种属于黄花素。有人也将花青苷（anthocyanin）归为类黄酮。蔬菜中主要存在5种形式的类黄酮，即山柰黄素、槲皮素、杨梅黄酮、芹菜苷配基、洋地黄黄酮。前3种属于黄酮醇，后两种属于黄酮。类黄酮类化合物抗氧化能力强，是一类供氢型的自由基清除剂，通过与铁配合而抑制了过氧化氢酶驱动的Feton反应；并且通过还原α-生育酚自由基，使生育酚得到再生，同时猝灭了单线态氧。

（3）有机硫化物。有机硫化物主要存在于葱属蔬菜中，如大蒜、洋葱、大葱、韭菜、韭葱等。葱属蔬菜风味组分并非原本就存在于组织中，大部分是当组织细胞破碎时，由细胞中酶作用产生。已知葱属辛辣味的主要来源为经γ-胺盐基转肽酶及蒜氨酸酶作用而生成含硫化合物。葱和蒜在组织被破坏时散发出特有的气味，是它们所含的蒜氨酸在酶作用下形成的蒜素引起的。葱蒜类蔬菜中的有机硫化物对人体具有特殊的生理效应，如在预防心血管疾病、抗癌作用、调节血糖及免疫调节等方面。

（七）蔬菜中对营养有影响的物质

某些蔬菜含有大量的草酸。表 2-4 部分为常见食物草酸含量。

表 2-4　部分蔬菜中的草酸含量

食物	草酸含量平均值 /（mg/100g）
苋菜	1586
菠菜	970
甜菜叶	610
紫苏	154.5
小麦	53.3
胡萝卜	48.5
玉米	35.0
芹菜	38.6
黑麦	32.2
番茄	20
燕麦	16.3
苹果	15

资料来源：

［1］Siener R, Hönow R, Voss S, et al. Oxalate Content of Cereals and Cereal Products［J］. Agric. Food Chem. 2006, 54: 3008—3011.

［2］Noonan SC，Savage GP. Oxalate content of foods and its effect on humans［J］. Asia Pacific J Clin Nutr.1999，8(1):64-74.

［3］Yoshihide OGAWA, Shigeki Takahashi and Ryuichi Kitagawa. Oxalate content in common Japanese foods［J］. Acta Urol Jpn, 1984,301(3): 305-310.

二、常见蔬菜的特点

（一）根菜类

1. 萝卜

别名萝白、莱菔、土酥。萝卜是我国最古老的菜种之一，品种很多，有小巧如樱桃的杨花萝卜，也有十多斤重的大萝卜，皮色分青绿、紫红、洁白等。早到春末、晚到秋冬都有生产。就营养成分分析，萝卜的各类营养素含量居中，如维生素 C 含量为

21mg/100g。北京有名的心里美萝卜，钙含量比其他种类的萝卜高，青皮紫心脆嫩多汁，甜而不辣，在冬季和早春可以代替水果，素有“鸭梨”的雅号。

萝卜中含有淀粉酶，生食时有助于消化。中医学认为白萝卜能化气消滞，具有解除宿食不化之功，可解滋补药品（如人参、鹿茸）的不良反应。中医学认为萝卜味辛甘，性寒。叶味微苦辛，性平，有消积滞、清热化痰、下气宽中解毒功能。脾胃虚寒、气虚血弱者忌服。萝卜子（莱菔子）与萝卜性质相似，作用基本相同，化气消食之力胜于萝卜。萝卜子含有油脂，对恶心呕吐和风痰患者会引起呕吐和催吐风痰的作用，对于便秘患者则有润肠通便的功效。

2. 胡萝卜

胡萝卜为伞形科植物胡萝卜的根，俗称黄萝卜、红萝卜或丁香萝卜。营养成分中，胡萝卜素含量突出，每 100g 胡萝卜含胡萝卜素 4mg 以上。因为胡萝卜素属脂溶性维生素，因此胡萝卜最好用食用油或肉类烹调，如果生吃胡萝卜，大约 90% 的胡萝卜素会因不能利用而被排泄掉。

（二）嫩茎、叶、花菜类

1. 白菜

白菜又称为大白菜、黄芽白菜、结球白菜，四时常见，冬季尤盛。营养成分分析，各类营养素中维生素 C 和钙在蔬菜类中较高，每 100g 白菜中含维生素 C31mg、钙 50mg。含有大量的粗纤维，可以促进肠壁蠕动，帮助消化、防止大便干燥，保持大便通畅。

2. 青菜

青菜又称小白菜、油菜、青菜，品种甚多，四季皆有。青菜是蔬菜中含矿物质和维生素较丰富的菜。每 100g 含钙大多在 100mg 以上，含铁在蔬菜类中相对较多，每 100g 含铁 1.9mg 以上。青菜所含粗纤维多，食后可增加胃肠蠕动和消化腺的分泌，促进食物消化，具有防便秘效果。

3. 甘蓝

甘蓝为十字花科草本植物甘蓝的茎叶，我国各地均有栽培，冬季采收，包括结球甘蓝、花椰菜、球茎甘蓝、抱子甘蓝等。广泛栽培的主要是结球甘蓝和花椰菜。结球甘蓝又称洋白菜、卷心菜、包菜、牛心菜等，其叶球可供食用；花椰菜又名菜花、花菜，其花球可供食用。从营养成分看，菜花中维生素 C 含量较高，每 100g 含维生素 C61mg，钾含量也较高，每 100g 含维生素 C200mg。卷心菜中维生素 C 含量也较高，每 100g 含维生素 C40mg。甘蓝味甘性平，有益脾和胃、缓急止痛作用。据测定，新鲜的甘蓝汁对胃、十二指肠溃疡有止痛及促进愈合作用，这可能和甘蓝所含的氯化甲硫氨基酸有关，某些制药企业使用维生素 U 来指代氯化甲硫氨基酸，这是一种抗溃疡剂，主要用于治疗胃溃疡和十二指肠溃疡，它并不是人体必需的营养素。

4. 菠菜

本品又名波斯菜。各类营养素中铁、维生素 C 量在蔬菜中较高，每 100g 菠菜含铁

2.9mg，维生素 C32mg，但草酸含量较高，影响铁等矿物质的吸收。

5. 蕹菜

蕹菜别名空心菜、蓊菜、通菜、瓮菜、藤藤菜等。为我国南方夏季常食蔬菜之一。营养成分和菠菜相似，铁、维生素 C 量在蔬菜中较高，每 100g 嫩梢和嫩叶中，含维生素 C25mg、铁 2.3mg。

6. 茼蒿菜

茼蒿菜花深黄色，状如小菊花，茎叶肥嫩，微有蒿气，故名茼蒿。营养成分中，铁含量 2.5mg/100mg，在蔬菜中较高，其他成分含量一般，如维生素 C 含量 18mg/100g。茼蒿菜甘辛、平，可治咳嗽痰多，头昏烦热，高血压。但少量可治热性头昏咳嗽病，若多量作为菜炒食则为热性。

7. 芹菜

芹菜为伞形科草本植物旱芹的茎叶。我国各地均有栽培。春秋季均可采取。芹菜中各营养素含量基本接近蔬菜类的平均值，无特别突出。其中，芹菜叶中营养成分远远高于芹菜茎（见表 2–5）。

表 2–5　芹菜叶和芹菜茎的营养成分比较

食物名称	水分/g	热量/kcal*	蛋白质/g	脂肪/g	碳水化合物/g	膳食纤维/g	维生素A/μg	胡萝卜素/μg
芹菜茎	93.1	20	1.2	0.2	4.5	1.2	57	340
芹菜叶	89.4	31	2.6	0.6	5.9	2.2	488	2930
食物名称	维生素 B_1/mg	维生素 B_2/mg	烟酸/mg	维生素C/mg	维生素E/mg	a_维生素E	钙/mg	磷/mg
芹菜茎	0.02	0.06	0.4	8	1.32	0.47	80	38
芹菜叶	0.08	0.15	0.9	22	2.5	0.57	40	64
食物名称	钾/mg	钠/mg	镁/mg	铁/mg	锌/mg	硒/μg	铜/mg	锰mg
芹菜茎	206	159	18	1.2	0.24	0.57	0.09	0.16
芹菜叶	137	83	58	0.6	1.14	2	0.99	0.54

资料来源：杨月欣.中国食物成分表2002年[M]. 北京：北京大学医学出版社，2002.

* 1kcal＝4.18KJ

8. 芥菜

芥菜为十字花科植物芥菜的嫩茎叶，又名大芥、黄芥、弥陀芥菜、雪里蕻。营养成分测定：每 100g 芥菜含膳食纤维 1.6mg、维生素 C31mg、钙 230mg、铁 3.2mg，在蔬菜中含量较高，其他营养素则含量一般。中医学认为，芥菜味辛，性温，具有宣肺豁痰、温胃散寒的功效。

9. 黄花菜

黄花菜又名金针菜、忘忧草。根据1991年出版的《食物成分表》，黄花菜中含水量较低，每100g含水40.3g，因此营养素含量相对较高，每100g含蛋白质19.4g、碳水化合物27.2g、膳食纤维7.7g、胡萝卜素1840μg、维生素$B_2$0.21mg、烟酸3.1mg、钙301mg、磷173mg、铁8.1mg、锌3.99mg，这些营养素都高于一般蔬菜的含量。中医学认为黄花菜甘、凉、无毒，有清热解毒、利尿通乳、解酒毒的功能。

近年来，国内资料有因吃鲜黄花菜引起中毒的报道，食后0.5~4h出现中毒现象，轻者恶心、呕吐，重者有腹疼、腹胀、腹泻等。原因是鲜黄花菜含有秋水仙碱，秋水仙碱本身无毒，但在体内会氧化成毒性很大的类秋水仙碱，强烈刺激消化道，出现咽干、烧心（胃灼热）、口渴、恶心、呕吐、腹痛、腹泻等症状，严重者可出现血便、血尿或尿闭等。不进行高温加热，秋水仙碱不会被分解。吃时应先用沸水将鲜黄花菜焯一下，再用清水浸泡2h以上，捞出后用水洗净再烹炒食用。每次不要多吃。

10. 莴苣

莴苣为菊科植物莴苣的茎、叶，又名莴笋。营养成分测定，莴苣茎、叶中的各类营养素含量一般，无特别突出，但叶中的含量要高于茎。特别是胡萝卜素，叶中的含量是茎的6倍。因此，在食莴笋时，不要将绿叶丢弃。

11. 竹笋

竹笋为禾本科竹亚科植物苦竹和淡竹、毛竹等的苗。长江流域及南方各地均有分布。春、冬季采取，去壳鲜用或储存备用。现代营养学测定，在每100g竹笋中，含量较高的有蛋白质2.6g、膳食纤维1.9mg、钾378mg、锰1.14mg，含多种氨基酸，故味道鲜美。竹笋所具备的各种特点都很适合营养防癌的需要。比如，竹笋有低脂肪、低碳水化合物、多纤维等特点，食后可促进肠道蠕动，帮助消化，防止便秘，减除多余的脂肪，这对于预防癌症尤其是消化道癌症和乳腺癌的发生是十分有益的。

（三）瓜茄类

1. 冬瓜

冬瓜别名东瓜、白瓜。其特点是体积大、含水多、热量低。含水量高达96.6%，故以每100g计，各营养素成分均无明显优势。其中钠盐含量低，为1.8mg/100g，这对于需要低钠食物的高血压、肾脏病、水肿病等患者，尤为适合。中医学认为冬瓜性微寒，味甘，淡，可清热解毒消暑、利尿等。

2. 黄瓜

蔬菜中，黄瓜含水量最多，可达98%，为低热量食品，故以每100g计，各营养素成分均无明显优势。含有娇嫩的细纤维素，有促进肠道中腐败食物的排泄和降低胆固醇的作用。鲜黄瓜中还含有丙醇二酸，可以抑制糖类物质转变为脂肪，可作为减肥食品食用。黄瓜水分多且有清甜味，生吃能解渴清热，但多食则易于积热、生湿。若患疮疥、脚气和有虚肿者食之易加重病情。中医学认为黄瓜甘、寒，可清热解渴利尿。

3. 番茄

番茄又名西红柿，含水量最多，以每100g计，各营养素成分均无明显优势。每100g番茄含铁0.5mg、维生素C19mg。番茄红素含量丰富，有很强的抗氧化功能。中医学认为番茄味甘酸、性凉，有清热生津、健胃消食的功效。但空腹时不宜吃番茄，空腹时胃酸分泌多，番茄含有大量的果胶质、柿胶酚及可溶性收敛剂等成分，易与胃酸结合成难溶解的块状结石，堵在胃的幽门出口处，使胃内压力升高，造成胃不适、胃胀痛。

4. 茄子

茄子为茄科植物茄的果实，又名酪酥、昆仑瓜、落苏。营养成分分析，每100g所含膳食纤维在蔬菜中较高，为1.9mg，其他各类营养素含量一般，无特别突出，如维生素C为7mg/100g。茄子还含有多种生物碱，在紫色茄子中，含有丰富的芦丁（有时被称为维生素P）和皂苷等物质。芦丁能增强微血管的韧性和弹性，保护微血管，提高微血管对疾病的抵抗力，保持细胞和毛细血管壁的正常渗透性，增强人体细胞间的黏着力，可以预防小血管出血，为心血管病患者的食疗佳品，尤其是对动脉粥样硬化症、高血压、冠心病和咯血、紫癜及坏血病患者有很好的辅助治疗作用；常吃茄子可以预防高血压所致的脑出溢血，糖尿病所致的视网膜出血。茄子所含的皂草苷、葫芦巴碱、小苏碱及胆碱等成分，又能降低血液中的胆固醇含量，常食具有预防冠心病的作用。

5. 辣椒

辣椒为茄科植物辣椒的果实，又名辣茄、腊茄、辣头。辣椒和制品（辣椒粉、辣椒酱、辣椒油、辣椒干）是日常生活中的调味之品，有强烈的辛辣味和刺激性。辣椒品种较多，越小者其味越辣，可食用亦可入药；大者不椒，可作蔬菜食用。辣椒的营养比较丰富，尤其是维生素C的含量很高，在蔬菜中名列前茅，每100g甜椒含维生素C72mg，小的红辣椒的维生素C含量更丰富，高达144mg/100g。辣椒虽然富于营养，又有重要的药用价值，但食用过量反而危害人体健康。因为过多的辣椒素会剧烈刺激胃肠黏膜，使其高度充血、蠕动加快，引起胃疼、腹痛、腹泻并使肛门烧灼刺疼，诱发胃肠疾病，促使痔疮出血。因此，凡患食管炎、胃肠炎、胃溃疡以及痔疮等病者，均应少吃或忌食辣椒。中医学认为辣椒苦辛、大热，摄入适量有祛寒健胃、消食化滞作用，有助消化。主治胃纳欠佳，胃寒饱胀，消化不良。但火热病征或阴虚火旺的高血压病、肺结核病，也应慎食。

6. 丝瓜

丝瓜为葫芦科植物丝瓜的果实，又名天罗、布瓜、绵瓜等。营养成分分析，丝瓜中各营养素成分均无明显优势，和其他瓜类一样，维生素C含量在蔬菜中偏低，仅5mg/100g。

7. 苦瓜

苦瓜为葫芦科攀缘状草本植物苦瓜的果实，又名癞瓜、癞葡萄、锦荔枝。据测定，苦瓜中维生素C和钾含量在蔬菜中较高，每100g苦瓜含维生素C56mg、钾256mg。所含的苦瓜苷和苦味素能健脾开胃，增进食欲。苦瓜味苦、甘，性寒，可清热解毒明目等。

近年来发现，苦瓜中还含有类似胰岛素的物质，可降低血糖，是糖尿病患者的理想食品。苦瓜汁中含有类似奎宁的蛋白成分，能加强巨噬细胞的吞噬能力，提高人体对疾病的抵抗能力，对癌症防治有一定的积极意义。

8. 南瓜

南瓜为葫芦科植物南瓜的果实，又名倭瓜、番瓜、饭瓜等。营养成分分析，南瓜中就胡萝卜素含量较高，每 100g 含 890 μg，其他各类营养素含量无明显优势。但钠钾比较低，是高钾低钠的食物。

南瓜“降低血糖”功能久负盛名，这主要来自流行病学观察，但近来的研究发现，南瓜的血糖指数并不低，为 75，是中等血糖指数的食物，其膳食纤维的含量在蔬菜还偏低，为 0.8mg/100g。

（四）水生蔬菜类

1. 荸荠

荸荠俗称马蹄，又称地栗，因它形如马蹄又像栗子而得名。称它马蹄，仅指其外表；说它像栗子，不仅是形状，连性味、成分、功用都与栗子相似，又因它是在泥中结果，所以有地栗之称。荸荠皮色紫黑，肉质洁白，味甜多汁，清脆可口，自古有“地下雪梨”之美誉，北方人视之为“江南人参”。生吃可作水果，熟吃则成菜食。营养成分分析，荸荠中碳水化合物较高，为 14.2g/100g，钾含量也较高，为 306mg/100g，钠钾比较低，是高钾低钠的食物，对降压有益，其他营养素含量无明显优势。还有一种不耐热的抗菌物质——荸荠英，对金黄色葡萄球菌、大肠杆菌、产气杆菌及铜绿假单胞菌等均一定抑制作用，我国某些地区的人民喜欢在春季将大蒜和荸荠混合炒食，预防感冒等疾病。中医学认为，荸荠是寒性食物，有清热泻火生津等多种功效，发烧患者最宜食用。中国清代著名的温病学家吴鞠通治疗热病伤津口渴的名方五汁饮，就是用荸荠、梨、藕、芦根和麦冬榨汁配合而成的。

2. 藕

藕为睡莲科植物莲的肥大根茎。营养成分分析，藕含碳水化合物较高，为 16.4g/100g，维生素 C 也达 44mg/100g，钾含量也较高，为 243mg/100g，此外，含铁 1.4mg/100g、锰 1.3mg/100g，其他营养素含量一般。藕味甘性凉，熟用性微温。有清热凉血生津等作用，熟莲藕可补心益血。

3. 茭白

茭白是我国的特种蔬菜，全国各地有种植。在我国，3000 多年前的《周礼》中，就有了关于茭白的记载。古代称茭白为菰或雕胡。营养成分分析，茭白的营养素含量中较突出的有膳食纤维 1.9g/100g，钾和钠的含量分别是 209mg/100g 和 5.8mg/100g，因此也是高钾低钠的食物，对降压有益，其他营养素含量在蔬菜类中无明显优势，如维生素 C 含量仅为 5mg/100g。中医学认为茭白甘寒，可解热、利大小便。

（五）野生蔬菜类

1. 荠菜

荠菜又叫野荠、地菜、护生草、鸡心菜等，为十字花科植物荠菜的带根全草，生长于田野、路边及庭园，全国各地均有栽培，是一味药食同源的传统佳蔬。荠菜营养丰富，各类营养素含量在蔬菜类中均属中等偏高，其中有几个营养素尤为突出，如蛋白质为2.9g/100g、胡萝卜素2 590 μg/100g、维生素C 43mg/100g、钙294mg/100g、磷81mg/100g、铁5.4mg/100g，钾和钠的含量分别是280mg/100g和31.6mg/100g，因此也是高钾低钠的食物，对降压有益。荠菜的食物纤维含量为1.7mg/100g，粗纤维含量高，能帮助排便通畅。所含荠菜酸有止血的作用，同时含有二硫酚酮，有抗癌作用。中医认为，荠菜性味甘、凉，有清热止血、清肝明目、利尿消肿之功效。荠菜味道鲜美特别，人们十分喜爱。荠菜可炒食，汤羹，凉拌，菜粥，包饺子、馄饨和春卷甚佳。

2. 香椿

香椿又名椿叶、香椿芽、香椿头，是多年生木本植物香椿春天生长的嫩芽。香椿气味芳香，独具特色，各类营养素含量高于一般蔬菜。每100g含蛋白质膳食纤维1.9g、碳水化合物9.1g、钙143mg、维生素C40mg、胡萝卜素700 μg、磷147mg，钾和钠的含量分别是172mg/100g和4.6mg/100g，因此也是高钾低钠的食物，对降压有益。香椿还含有大量挥发油，这些物质对人体健康有益。中医学认为，香椿性味苦寒，有清热解毒、杀虫固精之功。药理研究表明，香椿芽对金黄色葡萄球菌、痢疾杆菌、伤寒杆菌都有明显的抑菌和杀菌作用。

3. 香菜

香菜为伞形科植物胡荽的带根全草，又名胡荽、芫荽、香荽。每100g香菜中营养素含量比较突出有胡萝卜素1 160 μg、维生素C48mg、烟酸2.2mg、钙101mg、铁2.9mg，钾和钠的含量分别是272mg和48.5mg，因此也是高钾低钠的食物。另外，香菜含芸香油精3%~7%，能促进外周血液循环，增加胃肠腺体分泌，增加胆汁分泌。香菜种子含挥发油0.8%~1%，油的主要成分为沉香醇的芫荽醇等。香菜中的特殊气味其主要成分为葵醛，可抗真菌和作调味剂。中医学认为香菜辛、微温，可消食通气。

4. 苜蓿

苜蓿又名草头、金花菜等，为豆科植物紫苜蓿或南苜蓿的嫩茎叶。有紫苜蓿和南苜蓿两种，紫苜蓿生于旷野和田间，是动物的主要饲料，被称为“牧草之王”。南苜蓿生长于我国南方，宁沪居民爱作菜肴服食，如上海的“生煸草头”“汤酱草头”都是名菜。苜蓿含水量较低，为81.8%，故以每100g计，苜蓿的各类营养素含量在蔬菜类中都较高，每100嫩茎叶含蛋白质3.9g，脂肪1.0g，粗纤维2.1g，碳水化合物10.9g，胡萝卜素2 640 μg，维生素$B_1$0.41mg，维生素$B_2$0.21mg，维生素C118mg，钙713mg，磷78mg，铁9.7mg, 钾和钠的含量分别是497mg和5.8mg，钾钠比很高。此外，还含有维生素K、苜蓿酚、苜蓿素、大豆黄酮等成分。苜蓿性平味苦，可清热利尿、促进肠蠕动、降脂降压等作用。

（六）葱蒜类

1. 韭菜

韭菜别名壮阳草，起阳草，长生草。韭菜是我国的特产，无论是在寒冷的东北，或是炎热的南方，无论是西北高原或是沿海城镇，都出产韭菜。韭菜的栽培历史也很悠久，《诗经》中就有韭菜做祭品的描述。韭菜是多年草本植物。食用部分有肥厚碧绿的叶片，称为青韭；通过培土或培谷壳灰等方法培植、呈鹅黄色的称作韭黄；秋后抽的花苔，顶着白绿色小花球，称韭苔或韭菜花。韭菜中各营养素含量基本接近蔬菜类的平均值，无特别突出。韭菜含较多的纤维素，有利于便秘。中医学认为韭菜味甘、辛，性温，有补肾助阳、降低血脂等作用。

2. 洋葱

洋葱为百合科植物，又叫玉葱、球葱、葱头，全国各地均有栽培。洋葱与大蒜有密切关系，有相近的辛辣味，化学结构也相似。每 100g 洋葱中营养素含量比较突出有碳水化合物 8.1g、高钾低钠，钾和钠的含量分别是 147mg 和 4.4mg，有助降压。据报道，洋葱含有可以降低胆固醇的含硫化物的混合物以及能激活血溶纤维蛋白活性的成分。这些物质均为较强的血管舒张剂，既能减少外周血管和心脏冠状动脉的阻力，对抗人体内儿茶酚胺等升压物质的作用，又能促进钠盐的排泄，从而使血压下降。因此，洋葱是高血脂、高血压等心血管患者的佳蔬良药。中医学认为洋葱辛、温。杀虫除湿，温中消食，化肉消谷，提神健体，降血压，消血脂。主治腹中冷痛，宿食不消，高血压，高血脂，糖尿病。

3. 葱

葱为百合科植物葱的鳞茎，又名小葱、四季葱、葱头白。营养成分分析，除胡萝卜素含量较高外，其他各营养素成分均无明显优势。中医学认为葱味辛，性温，可祛风发汗、通阳散寒、解毒消肿。经检测分析，葱尚含有挥发油，主要成分为葱蒜素及二烯基硫醚，对白喉杆菌、痢疾杆菌、结核杆菌、葡萄球菌、链球菌及多种皮肤真菌有抑制作用。葱含的挥发油能刺激汗腺发汗，尽快排出体内的毒素，并能促进消化液分泌，因而还有解毒和健胃的功效。葱能增加纤维蛋白的溶解活性，可降低血脂、防治动脉粥样硬化。

4. 蒜

蒜为百合科植物大蒜的鳞茎，又名葫蒜、独蒜、大头蒜。营养成分分析，钾含量较高而钠含量较低，钾和钠的含量分别是 302mg 和 19.6mg，其他各营养素成分均无明显优势。中医学认为蒜味辛甘性温，可温中健脾、行滞消食、解毒杀虫。经检测分析，大蒜含有 0.2% 挥发油，主要成分为大蒜辣素，是一种广谱抗生素，对多种致病菌和真菌有效，如葡萄球菌、链球菌、脑膜炎双球菌、肺炎球菌、白喉杆菌、痢疾杆菌、大肠杆菌、结核杆菌、伤寒杆菌、副伤寒杆菌、霍乱弧菌等 15 种细菌有明显的杀菌作用；大蒜除了杀菌作用外，还有减慢心率、增加心脏收缩、扩张末梢血管、利尿、抑制动脉粥样硬化、降低血压的作用。

5. 生姜

生姜为多年生草本姜科植物姜的新鲜根茎，简称姜。生姜含姜辣素、姜烯、姜醇、樟烯、水芹烯、龙脑枸橼醛及桉油醚等。姜辣素为黄色油状液体，有辛辣味，能增强和加速血液循环，刺激胃液分泌，促进消化，调节胃肠功能。近年来的研究表明，生姜的辛辣成分被人体吸收后，能抑制体内氧化物的产生，具有抗氧化作用。生姜还能抑制葡萄球菌、黄色毛癣菌、抗原虫并杀灭阴道滴虫。中医学认为生姜味辛性温，能发汗解表、温中散寒等作用。

（七）鲜豆类

蚕豆、菜豆、豇豆籽粒和嫩荚营养丰富，不仅蛋白质含量高，而且还含有各种矿物质，维生素和人体所必需的各种氨基酸，有特有的风味，是我国居民常见的蔬菜。鲜豆中菜豆的食用需充分炒熟煮透，预防中毒。菜豆中毒是较为常见的食物中毒。通常因摄入未炒熟煮透的菜豆，菜豆中毒潜伏期2~4h，食用量100g以上，临床表现以胃肠炎症状为主，有恶心、呕吐、腹痛、腹胀等，并有头晕头痛等表现。植物凝集素及皂苷类化合物是造成食物中毒的主要成分。动物实验表明，植物凝集素能破坏小肠的正常结构并引起小肠功能紊乱。体外试验表明. 空肠与菜豆凝集素作用1h后就引起明显的结构变化，刀豆凝集素和麦胚凝集素等其他植物凝集素也可引起空肠黏膜结构和功能的变化，但没有菜豆凝集素明显。菜豆加工时必须炒熟煮透，无生味和苦硬感，方能破坏其自身携带的有毒成分，防止菜豆中毒的发生。

三、储存、加工和烹调对蔬菜营养价值的影响

（一）储存对营养价值的影响

蔬菜收获后，由于组织仍继续进行呼吸作用，使某些物质尤其是维生素C发生氧化分解而损失。需要短时间储藏蔬菜时，不宜放在室温下，以0~4℃为好，而且应注意放在袋中，防止水分散失。蔬菜在−18℃以下冻藏3个月，营养素含量的变化不大。在−18℃以上储藏则会发生劣变。−5℃储藏时，维生素C的降解速度甚至高于在5℃储藏时。除光可促进胡萝卜素氧化外，胡萝卜素性质一般比较稳定，在通常储存、加工烹调条件下，不易遭受大量损失，保存率可达80%以上。

（二）蔬菜加工、烹调对营养价值的影响

烹调过程中，食物的切碎程度，切后放置的时间和条件、烹调方式，用水量及pH值，加热温度及时间，烹调中使用其他原料的性质、烹调用具的材料以及烹调后放置的时间和条件等，都可明显地影响其营养价值被破坏和损失的程度。

择菜是营养素保存的关键之一。丢弃外层叶片或削皮时过厚会造成营养素损失，因

为蔬菜外部绿色叶片的营养价值高于中心的黄白色叶片，靠近皮的外层部分营养素浓度高于中心部分。例如，圆白菜外层绿叶中胡萝卜素的浓度比白色的芯部高 20 多倍，矿物质和维生素 C 高数倍。洗菜是另一个重要的工序。正确的方法是先洗后切，不损伤叶片。如果先切后洗，洗后浸泡，会使大量的营养素溶水而流失。切菜时，需要熬煮较长时间时可切大块；如果切小片或丝，应快速烹调，以便减少营养素在高温下氧化的可能。蔬菜烹调的较好方式是凉拌、急火快炒和快速蒸煮。炒蔬菜的维生素 C 保存率在 45%~94%。维生素 C 含量高、适合生吃的蔬菜应尽可能凉拌生吃，或在沸水中焯 1min 后再拌。不同烹调方法对蔬菜中抗坏血酸的影响如表 2–6 所示。

表 2–6　不同烹调方法对蔬菜中抗坏血酸保留率的影响 / %

蔬菜	生食	开锅煮	盖锅煮	蒸	加压煮
抱子甘蓝	88	35	71	86	84
花椰菜	52	37	55	71	70
洋葱	16	36	68	67	53

资料来源：陈炳卿 . 营养与食品卫生学［M］. 北京：人民卫生出版社，2001.

蔬菜在烹调和加工过程中，碱性环境、光和金属离子（如 Fe^{2+}，Cu^{2+}）均可促进维生素 C 的氧化破坏。各种蔬菜中存在多种氧化酶也可使抗坏血酸氧化破坏。当蔬菜被切碎后组织被破坏，抗坏血酸即与空气中的氧接触，氧化酶便迅速促进维生素 C 的破坏。因此，炒菜时切好的蔬菜要立即下锅，不能在空气中放的时间过长。蔬菜中的这些氧化酶活性随温度的升高而增大，速度很快；但过高的温度会使氧化酶失活（100℃经 1min 就失去活性），而维生素 C 本身只要不是在碱性中，它对热是稳定的。依据这个道理，为了尽量减少烹调中维生素 C 的损失，可采取高温快炒的办法，掌握破坏酶而不使维生素 C 破坏的火候和时间，再加上维持较低的 pH 环境和尽量减少与氧的接触，就可减少维生素 C 的损失。这就是炒菜比煮、蒸和炖能更好保存维生素 C 的道理（见表 2–6）。

胡萝卜素含量较高的绿叶蔬菜可以采用急火快炒的方法，因为油脂可促进胡萝卜素的吸收。炒菜时的油温不宜过高，时间不可过长，以蔬菜刚刚变软为好，以免维生素 C 损失过多。用带油的热汤来烫熟蔬菜也是较好的方法。长时间熬煮蔬菜时维生素 C 的损失大，但胡萝卜素损失小，适合于烹调胡萝卜等蔬菜。

矿物质的损失主要是溶水流失。蔬菜在烹调前需经清洗，会使一部分水溶性维生素和无机盐损失。

已经烹调好的蔬菜应尽快食用，避免反复加热。随着时间的延长，营养素仍会不断损失，还可能因细菌的硝酸还原作用而增加有害健康的亚硝酸盐含量。

四、蔬菜与健康

蔬菜是膳食中维生素C、β-胡萝卜素、膳食纤维的主要来源，也是钾、钙、镁、磷等矿物质及叶酸、维生素K等的重要来源，含有多种植物化学物具有维持正常血管功能、抗氧化、抗炎抗肿瘤等广泛功效。然而，蔬菜所含成分复杂，目前较深入研究的成分仅占其所含种类的极少部分；根据其食物成分并不能可靠地判断出去健康作用，直接研究蔬菜的健康效应，比研究蔬菜某食物成分的健康作用更能直接反映蔬菜对人体健康或疾病的防治作用。比起其他植物性食物，国内外关于蔬菜总摄入或部分类别蔬菜摄入量与常见慢性病关系的研究报道是最多的，健康效果也是最明确的。食物与健康-科学证据共识对蔬菜与健康的综合评价显示，蔬菜摄入总量增加可降低全因死亡率、脑血管疾病（cerbrovascular disease, CVDs）发病率和死亡病率和部分癌症（食管癌、结肠癌、肝癌、鼻咽癌）的风险；在蔬菜亚类中，绿色叶菜类降低糖尿病及肺癌的发病风险，增加十字花科摄入量可降低肺癌、胃癌和乳腺癌的风险，提示该类蔬菜对癌症的预防作用优于其他蔬菜。

第四节　薯类的营养价值

学习要求

- 掌握：薯类食物的特点。
- 熟悉：各类常见薯类食物的营养特点。

薯类包括马铃薯、甘薯、木薯、芋、山药等，是我国传统膳食的重要组成部分。它们除了提供丰富的碳水化合物、膳食纤维外，还有较多的矿物质和B族维生素，兼有谷类和蔬菜的双重好处。《中国居民膳食指南》建议每天摄入薯类50~100g，作为主食取代一部分米面。食物与健康-科学证据共识对薯类与健康的综合评价显示，增加薯类的摄入可降低便秘的发病危险。

一、薯类食物的特点

1. 碳水化合物

根茎类蔬菜含有较多淀粉，碳水化合物平均约占20%（见表2-7），能量因而也较高，易产生饱腹感。

表 2—7 薯类的碳水化合物含量

名称	碳水化合物含量/%
马铃薯	17.2
白心山芋	25.2
红心山芋	24.7
山药	12.4
芋头	18.1
各类淀粉、藕粉、魔芋粉、粉丝、粉条	85~95

资料来源：杨月欣 . 中国食物成分表 2002［M］. 北京：北京大学医学出版社，2002.

2. 脂肪和蛋白质

和其他蔬菜一样，脂肪和蛋白质含量低，脂肪含量 0.2%~0.5%，蛋白质 1%~2%。

3. 维生素和矿物质

薯类属于蔬菜类，维生素和矿物质含量和其他蔬菜差不多。但明显高于谷类，如马铃薯的维生素 C 含量约为 27mg/100g，红心甘薯的胡萝卜素含量为 750 μg/100g。

二、各类常见薯类食物的营养特点

（一）马铃薯

马铃薯（potato）又名土豆、山药蛋、地蛋、洋芋、荷兰薯、爪哇薯等。马铃薯属块茎作物。我国鲜薯总产量约居世界第一位，但人均马铃薯消费量却很低。

1. 马铃薯的化学组成和营养特点

马铃薯块茎含水量为 80%，碳水化合物为 17.2%，主要为淀粉，蛋白含量平均 2%，脂肪含量很低，不足 1%，维生素和矿物质含量和一般蔬菜差不多。

马铃薯的碳水化合物主要是淀粉，马铃薯淀粉由直链淀粉与支链淀粉组成。支链淀粉约占总淀粉量的 80% 左右。马铃薯淀粉的灰分含量比禾谷类作物淀粉的灰分含量高 1~2 倍，且其灰分中平均有一半以上的磷。磷含量与黏度有关，含磷越多，黏度愈大。糖分占马铃薯块茎总重量的 1.5% 左右，主要为葡萄糖、果糖、蔗糖等。新收获的马铃薯块茎中含糖分少，经过一段时间的储藏后糖分增多。尤其是在低温储藏时对还原糖的积累特别有利，这是由于在低温条件下，块茎内部进行呼吸作用所放出的 CO_2 大量溶解于细胞中，从而增加了细胞的酸度，促进了淀粉的分解，使还原糖增高。还原糖增高，会使一些马铃薯制品的颜色加深。如将马铃薯的储藏温度升高到 21~24℃，经过一星期的储藏后，大约有 4/5 的糖分可新结合成淀粉，其余部分则被呼吸所消耗。

马铃薯蛋白质是完全蛋白质，含有人体必需的 8 种氨基酸，其中赖氨酸的含量较高，达 93mg/100g，色氨酸也达 32mg/100g。这两种氨基酸是其他粮食所缺乏的。因此，马铃薯蛋白质在营养上具有重要意义。马铃薯维生素和矿物质含量与蔬菜相当，明显高于谷类，抗坏血酸的含量较丰富，为27mg/100g；含钾较高，为342mg/100g，钠为2.7mg/100g，是高钾低钠的食物。

2. 龙葵素

马铃薯植株的所有部位，叶、花、表皮以及高代谢活性部位（芽眼、绿皮、芽、茎）都存在高浓度的龙葵素，块茎中龙葵素的含量较少。马铃薯龙葵素是一种弱碱性的生物碱，可溶于水，遇醋酸极易分解；高热、煮透亦能破坏其毒性。正常情况下，每100g土豆中含少量龙葵素，阳光暴晒后可增加，而变青、发芽、腐烂的土豆中龙葵素可增加50倍以上，吃0.2~0.4g龙葵素便会中毒。龙葵素对消化道黏膜有较强刺激作用，并可降低胆碱酯酶活性而产生神经系统症状，且高剂量的龙葵素有细胞溶血作用。龙葵素中毒者可有咽喉抓痒感、喉干、灼烧感，上腹部烧灼感及疼痛，轻者可出现恶心、呕吐、腹痛、腹泻等症状，1~2d自愈；重者因剧烈呕吐而有失水及电解质紊乱，血压下降；具有溶血性，使红细胞溶解，引起脑组织充血、水肿，出现体温升高以及瞳孔放大、怕光、耳鸣；严重中毒者出现抽搐、休克、昏迷及呼吸困难，最后因心力衰竭或呼吸中枢麻痹而死亡。龙葵素中毒潜伏期短，起病较急，最短潜伏期为15min，最长潜伏期为3h，潜伏期长短与马铃薯发芽部位清除程度、烧煮程度、进食量多少有关，进食量大的患者中毒潜伏期短，病情较重。

有关龙葵素中毒的案（事）件时有发生，较多地发生在农村、学校、建筑工地等地方，一般为集体中毒事件，多为食用了发芽、变绿的马铃薯后引发的中毒。若马铃薯中含有较多的龙葵素，人在食用时会感觉到明显的苦味，随后喉咙会有持续的灼烧感。龙葵素在去皮煮熟的马铃薯中的量达200~400mg时，受试者表述可以通过“苦味”来判断。预防龙葵素中毒，关键在于不吃发青、发芽和腐烂的马铃薯，要烧熟、煮透再吃，当口中有苦涩味和发麻的感觉时应立即停止食用，积极采取催吐法，减少龙葵素的吸收以防中毒，可饮食醋帮助解毒。对马铃薯发青、发芽和腐烂部分应彻底清除，去皮后的马铃薯切成片或小块，并浸泡半小时以上，使残存的龙葵素溶解在水中，弃浸泡水，再加水煮透，倒去汤汁或加入适量米醋，以酸性作用来分解龙葵素，变为无毒后方可食用。

3. 其他物质

马铃薯中含有淀粉酶、蛋白酶、氧化酶等。氧化酶主要分布在马铃薯能发芽的部位，并参与生化反应如褐变，防止马铃薯变色的方法是破坏酶类或将其与氧隔绝。

4. 储藏、加工对马铃薯营养价值的影响

马铃薯储藏的好坏，对其食用品质及其加工制品优劣都有着很大影响。马铃薯在储藏期间会产生物质转化现象，尤其是在0~1℃低温条件下，细胞中的淀粉极易转化为糖，其中以蔗糖为主，含量常在0.2%~7%，还有少量的葡萄糖和果糖。块茎中淀粉含量会随着储藏期的延长而逐渐降低。据试验，储存2~3个月的马铃薯的出粉率可达12%以上，而贮存12个月以后，就降低到9%。维生素C含量亦随储藏期的延长而逐渐降低，马铃薯在储藏180~210天后，其中维生素C的含量可降低60%~70%。马铃薯在储藏期间应避免光照，光照能促使马铃薯中叶绿素以及茄苷类物质的形成，降低马铃薯块茎的品质。

马铃薯可加工成食品、全粉、淀粉等经济价值较高的商品，我国加工产品主要是粉丝、粉条和粉皮等传统产品，加工量只占总产量的10%左右。在欧美国家，马铃薯被加工成名目繁多的各种食品，备受人们喜爱。据统计，美国有一半以上的马铃薯用于深加工消费，每年人均需要马铃薯30kg，其生产的马铃薯食品有70多种。国外的薯类制品有：①方便食品、快餐食品、方便半成品，如薯米、薯面、薯粉、薯类面包、薯类糕、脱水薯片（条、泥）、薯类方便面等；②休闲食品，如油炸马铃薯片、烘烤马铃薯、膨化马铃薯、薯脯等；③其他食品，如薯类饮料、薯类罐头、薯类酒等；④马铃薯淀粉深加工，如各种变性淀粉及其他化工产品。

（二）甘薯（sweet potato）

甘薯又名红薯、红苕、红芋、白薯、山芋、番薯、甜薯、地瓜等。甘薯原产于美洲的亚热带地区，甘薯在1594年传入我国。

1. 甘薯的营养特点

甘薯的化学组成因其所生长的土质、品种、生长期长短、收获季节等的不同而有很大的差异。一般甘薯块根中约含75%的水分、25%的碳水化合物（其中5%左右为糖分）其他为少量的蛋白质、油脂、纤维素、半纤维素、果胶和灰分等。

甘薯中蛋白质含量低，为1.1%~1.4%，但粳米、面粉中比较稀缺的赖氨酸含量丰富。维生素A、维生素B_1、维生素B_2、维生素C和烟酸的含量都比其他粮食高，钙、磷、铁等矿物元素较多。甘薯中尤其以胡萝卜素（红色薯肉）和维生素C的含量丰富，这是其他粮食作物含量极少或几乎不含的营养素。所以甘薯若与米、面混食，可提高主食的营养价值。和马铃薯相比，甘薯含有大约相等的热值，较少的蛋白质和维生素C和较多的维生素A。

甘薯不但营养价值高，还具有很高的药用价值。中医学认为，甘薯性甘、平、无毒，具补脾胃、通乳汁等功效。红心甘薯中胡萝卜素含量丰富，可治夜盲。甘薯食后易产气，有助促进肠蠕动而防治便秘。

2. 甘薯加工和利用

虽然我国的甘薯资源如此丰富，但甘薯加工业发展缓慢，大部分甘薯除鲜食或作饲料和工业原料外，只有少部分用于食品加工，同食品工业发达的国家相比差距很大。国外的甘薯食品有：①方便食品、快餐食品、方便半成品，如薯米粒、薯粉、薯面、脱水薯片（条、泥）等；②休闲食品，如膨化薯片、薯脯等，这类食品具有味美、食用方便、包装精美等特点；③其他，如甘薯饮料、甘薯罐头、甘薯酒等。国内利用甘薯加工食品的品种有甘薯脯、甘薯蜜饯、甘薯酱、薯糕、软糖、罐头、粉丝、粉条、粉皮、甘薯粉、多维面条、煎饼、巧克力、膨化食品、脱水甘薯片、虾味脆片、速煮甘薯、冷冻甘薯片、薯干、香酥薯片、甘薯发糕、甘薯点心、甘薯黄酒等。

与玉米相比，甘薯含蛋白质和脂肪较少，生产淀粉工艺也较为简单。但由于薯块中含有一些不利于淀粉加工的物质，比如果胶、纤维、酚类氢化酶、淀粉酶等，且在加工过程中易产生褐变，因而长期以来，淀粉工厂宁愿以玉米为原料而不采用甘薯，以致甘薯资源优势没有得到发挥。

（三）木薯

1. 概述

木薯又称树薯、树番薯、南洋薯、槐薯、木番薯等。木薯原产于南美洲，现在非洲和东南亚各国均有种植。我国种植木薯以广东、广西最多，福建、我国台湾、云南等省（区）次之。在许多热带国家中，它在人们饮食中的地位相当于温带一些地区的马铃薯。在中国主要用作饲料和提取淀粉。木薯淀粉可制酒精、果糖、葡萄糖、麦芽糖、味精、啤酒、面包、饼干、虾片、粉丝、酱料以及塑料纤维、塑料薄膜、树脂、涂料、胶黏剂等化工产品。作为饲料，木薯粗粉可代替所有谷类成分，与大豆粗粉配成禽畜饲料，为一种高能量的饲料成分。

2. 木薯块根化学组成和营养特点

木薯块根中含淀粉很高，而含蛋白质、脂肪和其他多种营养素却很少，木薯作为主要食物时，可能导致营养不良，需食用足量的其他食物以补充所缺乏的营养素。

木薯可分为甜、苦两个品种类型。甜种薯适宜作食品原料，苦种薯则因淀粉含量比甜种薯高 5% 左右，因而适于制作淀粉。苦种薯含有一种有毒物质氰配糖，约含万分之五，比甜种薯所含的万分之零点五高 10 倍。木薯植株各部分都含有氢氰酸（叶部约占 2.1%，茎部约占 36%，根部约占 61%），块根以皮层含量最高，因此不论是食用还是生产淀粉时，都应把薯皮去掉。糖苷易溶于水，故食用或做饲料时，应刮去薯皮，切成薄片，放在流动的水中浸泡 3 天，取出晒干，到食用时，取出浸水两昼夜。甜品种类型剥皮蒸煮或切片干燥后均可安全使用，苦品种类型去毒处理后，也可食用和做饲料，但主要用于加工淀粉。

木薯与大米及马铃薯相比，其蛋白质及脂肪含量较低，木薯在维生素含量方面也次于其他粮食产品，但木薯是一种优质淀粉生产原料，用它生产的淀粉品质十分优良，消化率极高，非常适宜于婴儿及病弱者食用。

（四）其他薯类食物

（1）山药：为薯蓣科植物薯蓣的块茎，又名怀山药。同其他薯类一样，山药中含量比较突出的是碳水化合物，每 100g 山药中含 11.6g。山药含有可溶性纤维，能推迟胃内食物的排空，控制饭后血糖升高。

（2）芋头：又名芋艿、毛芋，属天南星科植物。每 100g 芋头中含碳水化合物 17.1g，含钾较高，为 378mg/100g，钠含量为 33.1mg/100g，是高钾低钠的食物。含葡萄甘露醇可吸水膨胀，使体积增大 30~100 倍，是糖尿病、减肥者的理想食品。

（3）魔芋：又名蒟蒻。生魔芋有毒，经加工处理获得的魔芋粉成分为碳水化合物，而其中绝大部分属于不能被消化吸收的可溶性膳食纤维，也是糖尿病、减肥者的理想食品。

（沈秀华）

第五节　菌藻类的营养价值

学习要求

- 掌握：菌藻类食物的共同特点。
- 熟悉：常见菌藻类食物的特点。

全世界可食用菌类600多种，我国有300余种，我国常见食用菌主要是蘑菇、香菇、凤尾菇、平菇、金针菇，还有黑木耳等；其中竹荪、口蘑、香菇、猴头菇、羊肚菌等是我国特有的。我国人民喜食的藻类有海带、紫菜、裙带菜等。

一、菌藻类食物共同特点

为了便于和其他蔬菜类比较，除特别说明外，本节对菌藻类营养素成分的介绍是按其鲜重而非干重，如以干重计，由于含水量低，干的香菇、蘑菇等的各类营养成分均比鲜重高得多。

（一）蛋白质

菌类的蛋白质含量比一般蔬菜略高，含有8种必需氨基酸。

（二）脂肪

和其他蔬菜一样，菌藻类脂肪含量低，且含有的脂肪酸主要是亚油酸。

（三）碳水化合物

菌藻类食物总的碳水化合物含量与其他蔬菜类似，但菌藻类食物均含有某种有特殊生理活性的多糖，如香菇多糖、银耳多糖等，具有多种很强的生物学活性，能刺激机体产生抗体，增强免疫力，还有抗疲劳、降低血脂、抑制肿瘤细胞活性、延缓衰老的作用。

菌藻类食物一般都含有大量的膳食纤维，（1.6~4.2）g/100g，是一般蔬菜的2倍以上，有促进肠蠕动和润肠的功效，可防止便秘、降低血脂等，是一类具有多种保健功能的食物。

（四）维生素和矿物质

菌藻类食物的维生素和矿物质含量丰富。维生素C含量不高，但维生素B_2、烟酸和泛酸等B族维生素含量较高。菌类含钾量较高，藻类含钠、碘量很高。许多菌类和海藻类都以干制品形式出售，按质量计其营养素含量很高；但是他们在日常生活中食用量不大，而且烹调前水发后，水溶性的营养素损失较大。

食用菌味道鲜美。香菇鲜美之风味主要来源于其核酸分解酶催化底物核酸生成的核苷酸，特别以 5'–鸟苷酸最为显著，也是香菇等食用菌的主要显味物质。在干香菇中 5'–鸟苷酸的含量约为鲜香菇的 2 倍。香菇的鲜味还与其菇体中所含的多种游离氨基酸和碳水化合物中的菌糖、甘露醇有关。因为氨基酸中，谷氨酸和天门冬氨酸呈鲜味，甘氨酸、丝氨酸、脯氨酸、丙氨酸呈甜味。香菇中，这些氨基酸都很丰富。已知香菇的香气成分主要是香菇精。除此之外，香菇中还含有 18 种以上挥发性含硫化合物。

二、各类菌藻类食物的特点

（一）香菇

干香菇是一种高蛋白、低脂肪的高级食品。香菇中蛋白质占其干重量的 20%，脂肪只占 1.2%。在其蛋白质的组成中，氨基酸种类多，又很丰富。香菇中谷氨酸和天门冬氨酸的含量高，所以其味道特别鲜美。香菇中碳水化合物的含量高达 60%~70%，以半纤维素为最多。此外，还有甘露醇、海藻糖、菌糖、葡萄糖、糖原、戊聚糖等。干香菇中含灰分 3.4%。灰分中含有各种人体所必需的矿物质元素，其中钾、磷、钠、铁含量尤多。香菇中的维生素也很丰富。

（二）蘑菇

食用菌类中的白色双孢菌俗称蘑菇，别名洋蘑菇、白蘑菇。消费量最大。蘑菇子实体肉质肥嫩，鲜美可口，营养丰富，100g 鲜菇中含蛋白质 2.9g，而且蛋白质消化率高达 88.5%。蘑菇中含有丰富的维生素 B_1、维生素 B_2 等。蘑菇的不同部位，营养物质的含量不同。一般地说，菌盖比菌柄营养更丰富。最适于食用的是新鲜的、较幼嫩的蘑菇子实体。蘑菇性味甘平，具有消食、安神、抗菌、降低血糖、降压、调节新陈代谢、降胆固醇、抗癌等作用。

（三）木耳

木耳为寄生于木耳科植物（桑、槐、柳、红梨、楠木等）上的菌类，根据色泽不同，通常分为黑木耳、黄木耳和银耳三种。

由于含水量低，黑木耳中的营养素含量很高。据测定，每 100g 黑木耳中含蛋白质 12.1g、膳食纤维高达 29.9g、铁高达 97.7mg、钙 247mg、磷 292mg、钾和钠分别是 757mg 和 48.5mg, 因而是一种高蛋白、低脂肪、富含矿物质和维生素、具有补血补钙降压降脂减肥等多项保健功能的健康食品，有“素中之荤”的美称。黑木耳中的胶质，有润肺和清涤胃肠的作用，可将残留在消化道中的杂质、废物吸附排出体外，因此它也是纺织工人和矿山工人的重要保健食品之一。

银耳又叫白木耳，含有丰富的胶质、多种维生素、无机盐、氨基酸。中医学认为，银耳性味甘、平。具有滋阴润肺、养胃生津的功效。滋补强壮，能增强细胞免疫功能。

（四）海带

海带又名昆布，日本人称其为长寿菜、健康菜。海带中钠、钾、镁、铁、硒、铜、碘的含量均丰富，特别以碘含量高最为著称，海带的碘含量在陆生与水生植物中都是最高的，每 100g 干海带含碘量高达 36240μg，每 100g 鲜海带含碘量为 113μg，而人体每天仅需 150μg 碘。钙含量也很高，每 100g 干海带含钙 348mg。含铁量比一般蔬菜高。海带中还含有大量的褐藻胶，它不产生热量，却有很强的饱腹感。因此，海带是比较理想的减肥食品。海带含有甘露醇，因而在其表面常可见一层白霜。甘露醇具有渗透性利尿作用，对治疗急性肾功能衰竭、脑水肿、急性青光眼和高血压等有效。海带中含有丰富的岩藻多糖、昆布素，这些物质均有类似肝素的活性，能防止血栓和因血液黏稠度增高而引起的血压升高，同时又有降低脂蛋白、胆固醇，抑制动脉粥样硬化以及防癌抗癌作用。中医学认为，海带性味咸寒，有软坚化痰、清热利水的功效。

（五）紫菜

紫菜，又名紫英、灯塔菜、索菜，性寒味甘咸，是红毛科植物坛紫菜、条斑紫菜、圆紫菜、甘紫菜、长紫菜等的藻体。紫菜所含的多糖具有明显增强细胞免疫和体液免疫的功能，可提高机体免疫力。紫菜中碘的含量很高，每 100g 含碘 4 323μg。紫菜中钙、铁也较丰富。紫菜中含有丰富的胆碱成分，有增强记忆的作用。由于紫菜含有一定量的甘露醇，所以也具有利尿作用，可作为治疗水肿的辅助食品。

（沈秀华）

第六节　水果的营养价值

学习要求

- 掌握：水果的化学组成和营养成分。
- 熟悉：常见水果的营养特点。
- 了解：水果的分类。

水果是不经烹调直接食用、多汁且大多数有甜味的植物果实和种子的统称。为人体提供水分、糖类、矿物质、维生素 C、胡萝卜素、膳食纤维等营养和保健成分。但从营养素整体含量和总抗氧化能力来说，水果不如蔬菜。

一、水果的分类

水果通常按果实形态和生理特征等分为如下几类。

（1）仁果类。包括苹果、梨和山楂等，多属于蔷薇科。其食用部分主要由肉质的花托发育而成，子房形成果芯，果芯内有数个小型种子。

（2）核果类。包括桃、杏、李、梅、樱桃和枣等水果，也属于蔷薇科。此类果实大多由外中内果皮构成。外果皮较薄，中果皮肉质为主要食用部分，内果皮木质化，坚硬成核，核中有仁。

（3）浆果类。包括葡萄、柿子、无花果、石榴、猕猴桃、桑葚和草莓等，这里不包括热带水果。此类水果浆汁多，其种子小而数量多，散布在果肉内。

（4）瓜类。包括西瓜、甜瓜和哈密瓜等。

（5）柑橘类。包括橘、柑、橙、柚、金橘和柠檬等。果实外皮为革质，中果皮较疏松，内果皮多形成囊瓣。

（6）亚热带和热带水果。包括菠萝、香蕉、甘蔗、火龙果、杧果、橄榄、榴梿、阳桃、椰子、番石榴、番木瓜、波罗蜜、红毛丹、山竹、荔枝和龙眼。

二、水果的化学组成和营养成分

水果表层细胞壁外有角质和蜡质成分，可以限制水果的呼吸作用和水分的散发。主要食用部分为薄壁细胞，其中可溶性成分主要来自植物细胞中央的液泡。中间层中所含果胶物质的黏合作用维持了组织的完整性。不溶性膳食纤维则来自细胞壁部分和厚角组织。

水果中可食部分的主要成分是水、碳水化合物、维生素和矿物质，以及少量的含氮物和微量的脂肪。此外，还含有有机酸、多酚类物质、芳香物质和天然色素等成分。

1. 水分

多数水果含水分达 85%~90%。这使得水果在食物成分表内按每 100g 计，各种营养素的成分偏低。而加工过程中去掉水分的果脯中矿物质等非水溶性营养素大大增加。

2. 碳水化合物

水果含碳水化合物较蔬菜高，占 5%~30%，主要以双糖和单糖形式存在，蔗糖和还原糖含量为 5%~20%，水果干品的糖含量可高达 50% 以上。由于含有糖分，水果是膳食中能量的补充来源之一。果实中的甜味来源主要是葡萄糖、果糖和蔗糖，这 3 种糖的甜味排序为：果糖＞蔗糖＞葡萄糖。苹果和梨以果糖为主，葡萄、草莓以葡萄糖和果糖为主。这几种糖的比例和含量则因水果种类、品种和成熟度的不同而异。因此，水果的甜味程度也不同。一般来说，如果水果总的含糖量差不多，则其中果糖含量越高，吃起来会越甜。换句话说，即使某水果总含糖量不高，如果果糖的含糖量较高的话，口感就会表现得较甜。所以，不能单凭味觉就来估算含糖量。这一点对于糖尿病患者的饮食尤其需要注意。表 2-8 为常见水果的果糖、蔗糖、葡萄糖含糖量及总含糖量。

除去葡萄糖和果糖，水果中其他单糖的含量甚微。除了香蕉之外，淀粉仅在未成熟水果当中存在。随着果实的成熟，其中淀粉分解，糖分含量提高，成熟后淀粉含量降至可忽略的水平。但香蕉是个例外，成熟香蕉中的淀粉含量高达 3% 以上。

表 2-8　常见水果的果糖、蔗糖、葡萄糖含糖量及总含糖量

水果名称	果糖/（g/100g）	蔗糖/（g/100g）	葡萄糖/（g/100g）	含糖量/%
越橘	0.67	0.16	3.44	4.27
黄桃	1.53	4.76	1.95	8.39
哈密瓜	1.87	4.35	1.54	7.86
菠萝	2.12	5.99	1.73	9.85
橙子	2.25	4.28	1.97	8.50
覆盆子	2.35	0.20	1.86	4.42
黑莓	2.40	0.07	2.31	4.88
草莓	2.44	0.47	1.99	4.89
李子	3.07	1.57	5.07	9.92
西瓜	3.36	1.21	1.58	6.20
奇异果（绿果）	4.35	0.15	4.11	8.99
杧果	4.68	6.97	2.01	13.66
香蕉	4.85	2.39	4.98	12.23
蓝莓	4.97	0.11	4.88	9.96
车厘子	5.37	0.15	6.59	12.82
奇异果（金果）	5.80	1.22	5.28	12.30
苹果	6.03	0.82	3.25	10.10
梨	6.42	0.71	2.60	9.75
葡萄	8.13	0.15	7.20	15.48
葡萄干	34.67	0.00	30.51	65.18

数据来源：USDA Food Composition Databases; Available at https: [EB/$_{OL}$] //ndb.nal.usda.gov/ndb/, Accessed 2018.

水果中含有较丰富的膳食纤维，主要是纤维素、半纤维素和果胶，其中较为重要的是果胶。果胶是植物细胞壁中的重要成分，起到细胞间黏着的作用。因此，果胶物质的变化与水果的口感有着极为密切的关系。果胶物质在水果当中以原果胶、果胶、果胶酸3种形式存在。原果胶不溶于水，与纤维素和半纤维素结合存在，经果胶酶水解后形成果胶；果胶可溶，存在于植物汁液当中；果胶经过果胶酯酶水解，生成果胶酸，它无黏着性，微溶于水，但可与金属离子生成沉淀。未成熟果实当中含有大量原果胶，组织呈现坚硬状态；成熟过程当中原果胶逐渐水解为果胶，果实变软；过度成熟果实中的果胶被水

解为果胶酸，果实过软而无法储存运输。因此，水果中果胶的含量和组分都受到成熟度的强烈影响。随着成熟度的提高，总果胶含量下降，果胶中的不溶性组分下降，而可溶性组分增加。果胶也是水果加工品的重要成分，具有增稠、悬浮、形成凝胶等功能性质。富含果胶的水果可以制成果酱，在低 pH 值和高糖度条件下可生成弹性极佳、口感细腻的凝胶，山楂糕中的凝胶物质即为山楂中天然存在的果胶。

3. 含氮物质

水果蛋白质含量多在 0.5%~1.0%，此外还含有游离氨基酸。水果中的蛋白质主要为酶蛋白，参与碳水化合物代谢、脂类代谢等。在这些酶类之中，对品质影响较大的是果胶酶类和酚氧化酶。在果实成熟和衰老过程中，果胶酶类可使细胞壁中与纤维素和半纤维素结合在一起的原果胶水解成果胶、果胶酸以致半乳糖醛酸，水果逐渐软化。酚氧化酶催化邻二酚类物质为邻二醌，并进一步氧化缩合成为黑色素，这就是苹果等水果切开后褐变的原因所在。在水果产品的加工过程中，抑制酚氧化酶的活性是非常重要的环节。生产中采用热烫灭酶、添加二氧化硫或亚硫酸盐类酶抑制剂、调整 pH 值、螯合酚氧化酶中金属离子、隔绝氧气等方法来抑制水果原料在加工过程中的酶促褐变。此外，某些水果中含有较丰富的蛋白酶类。如，菠萝、木瓜、无花果、猕猴桃等。这些蛋白酶可嫩化肉类。如，木瓜蛋白酶已经成为食品工业和生化行业的重要原料。

4. 脂类

水果中脂类物质含量很低，多在 0.1%~0.5%。因此，水果不是膳食中蛋白质和脂肪的重要来源。但少数水果（牛油果、榴莲）脂肪含量较高。例如，牛油果含脂肪达 10% 以上。

5. 矿物质

水果中的矿物质含量在 0.4% 左右。主要矿物质是钾、镁、钙等，钠含量较低。在膳食中，水果是钾的重要来源。其中一些水果含有较为丰富的镁和铁。如，草莓、大枣和山楂的铁含量较高，而且因富含维生素 C 和有机酸，其中铁的生物利用率较高。

水果干制品也是矿物质的重要来源。经过脱水处理之后，果干中的矿物质含量得到浓缩而大幅度提高。杏干、葡萄干、干枣、桂圆、无花果干等均为钾、铁、钙等矿物质的膳食补充来源之一。

6. 维生素

水果含有除维生素 D 和维生素 B_{12} 之外的几乎各种维生素，但其 B 族维生素含量普遍较低。膳食中具有重要意义的维生素是维生素 C 和胡萝卜素，但香蕉中含叶酸和维生素 B_6 较为丰富。在各类水果中，柑橘类是维生素 C 的良好来源，而且可以一年四季提供充足的鲜果和果汁。草莓、山楂、酸枣、鲜枣、猕猴桃和龙眼等也是某些季节中维生素 C 的优良来源。热带水果多含有较为丰富的维生素 C，半野生水果其维生素 C 含量普遍超过普通栽培水果。然而，苹果、梨、桃等消费量最大的温带水果在提供维生素 C 方面意义不大。具有黄色和橙色的水果可提供类胡萝卜素，包括杧果、黄桃、黄杏、柿子和黄肉甜瓜等。

水果中维生素的含量受到种类、品种的影响，也受到成熟度、栽培地域、肥水管理、气候条件、采收成熟度、储藏时间等的影响。因此，即使同一品种，也可能产生较大的差异。水果不同部位的维生素 C 含量也有所差异。对于苹果来说，靠近外皮的果肉部分维生素 C 含量较高，而甜瓜则以靠近种子的部位维生素 C 含量较高。

水果加工品中的维生素 C 含量有所下降，但柑橘汁和山楂汁酸性较强，可保留较多的维生素 C。干制水果中的维生素 C 破坏较为严重，但干枣中可保留一部分。

7. 其他有益健康的活性物质

水果中还含有大量有益健康的活性物质，如类胡萝卜素、黄酮类物质、有机酸和芳香物质等。

水果中有机酸含量为 0.2%~3.0%，以苹果酸、柠檬酸和酒石酸为主。此外，还有乳酸、琥珀酸、延胡索酸等。有机酸因水果种类、品种和成熟度不同而异。仁果、核果、浆果和热带水果以柠檬酸为主，蔷薇科水果则以苹果酸为主，而葡萄中含有酒石酸。一些水果中还含有少量的草酸、水杨酸、琥珀酸、奎宁酸等，无花果和蓝莓中含有少量植酸。未成熟的果实中琥珀酸和延胡索酸较多。柠檬酸酸味圆润滋美，而苹果酸酸味后味更长。各种天然有机酸的不同配比是形成水果特定风味的重要因素。酸度通常是采收加工时机的主要指标之一。从营养上来说，多数有机酸可以提供少量能量，每克柠檬酸和苹果酸所提供的能量分别为 8.55KJ（2.47kcal）和 8.5KJ（2.39kcal），酒石酸在体内代谢为乙醛酸和羟基丙酮酸而参加代谢，但几乎不产生能量。有机酸能刺激人体消化腺的分泌，增进食欲，有利于食物的消化；有机酸也使食物保持一定的酸度，对维生素 C 的稳定性具有保护作用。此外，有机酸还能起到螯合和还原的作用，促进多种矿物质的吸收

三、几种常见水果的营养特点

（一）苹果

苹果是备受青睐的果中佳品。美国营养学家把它列为十种最有营养的食品之一。从营养学上分析，苹果具有水果全部的共性，含水量多，含有果糖、多种有机酸、果胶及微量元素，但它在各种成分的含量上并没有突出优势。例如，维生素 C 是水果的特征，然而在苹果中的含量却不多，每 100g 苹果仅提供 4mg 维生素 C。英语有谚语“一日一苹果，医生远离我”（An apple a day keeps the doctor away）。人们对苹果特别青睐的原因是在众多水果之中，苹果可说是最平和的，对各种人群和各种疾病状态均无特殊禁忌，均可以食用。例如，对便秘和腹泻这两种机制相反的消化道疾患，苹果都是一个很好的选择。此外，世界各地普遍盛产苹果，食用历史悠久，中国更是苹果之乡。苹果价廉而易得，营养丰富，味道香甜，老少皆宜，使其成为“水果之冠”。

（二）梨

中国是梨的最早起源中心，至少有三千多年的栽培历史。大约在公元 2 世纪，中国梨

由商人传到印度、波斯，所以梵文中称梨为“秦地王子”。梨属中共有25种，我国产14种，中国也是世界梨树种类最多的国家。中外闻名的名贵品种有很多，有华北的鸭梨、安徽的酥梨和砀山梨、山东的莱阳梨、贵州的大黄梨、广西龙津的四季梨、四川仓溪的大雪梨等。从营养学上分析，梨具有水果全部的共性。中医学认为梨味甘、微酸，性凉，具有生津润燥、清热化痰、润肺止咳等功效。梨属性寒凉，因此胃肠虚弱者、孕妇、产妇等忌食。梨营养丰富，除能鲜食外，还可以加工成梨酒、梨汁、梨膏、梨脯和梨罐头等。

（三）柑橘

柑橘在果树学中是芸香科果树柑橘属的统称。全世界有80多个国家栽培柑橘，其产量为所有水果之首。我国是柑橘原产地之一，栽培柑橘已有4000多年历史。种类和品种很多，主要分为五大类，即橘类、柑类、橙类、柠檬和柚子。果实具有肥厚外皮，内藏由汁泡与种子构成的瓤瓣。

柑和橘是不同的果树，也是不同的水果。李时珍《本草纲目・果部》说：“橘实小，其瓣味微酢，其皮薄而红，味辛而苦；柑大于橘，其瓣味酢，其皮稍厚而黄，叶辛而甘……如此分之，即不误矣！”又说：“橘可久留，柑易腐败……此橘、柑之异也”。一般说来，果形正圆，色黄赤，皮紧纹细不易剥，多汁甘香的叫柑，如芦柑、招柑、蜜柑等，有些方言中也叫柑子；果形扁圆，色红或黄，皮薄而光滑易剥，味微甘酸的叫橘，如蜜橘；柑和橘的分别原是很明显的，不过在俗话中常见混淆，如广柑也说广橘，蜜橘也说蜜柑。

日常饮食中常用的“桔子”又属于哪类呢？事实上，“橘”（jú）是现代汉语规范字，“桔”（jié）也是现代汉语规范字，当“桔”（jié）读jú时，是“橘”（jú）的俗字。此外，《晏子春秋・内篇杂下》中提到“橘生淮南则为橘，生于淮北则为枳，叶徒相似，其实味不同，所以然者何，水土异也。”这“枳”又属哪类呢？但事实上枳又名枸橘，俗称臭橘，果肉少而味酸。橘和枳都属于芸香科，但不同种，橘不会变成枳，古人观察不周，因而造成误会。

橙和柚也是芸香科果树，其特征与柑橘相同；事实上，当人们用“柑橘”两字作为同类果树的统称时，就包括橙和柚在内。《本草纲目・果部》说：“橙产南土，其实似柚而香……柚乃柑属之大者，早黄难留；橙乃橘属之大者，晚熟耐久。”橙有甜橙、酸橙两种；甜橙供生食，酸橙可加工成橘饼。柚俗称文旦。

属于芸香科的果树，还有柠檬和枸橼。柠檬果实供制饮料及香料用。枸橼又叫香橼，果实香气浓郁，可供观赏，俗称佛手的就是它的变种，因其上部分裂成手指状而得名。

柑橘都具有营养丰富、通身是宝的共同优点。从营养学上分析，除了水果共性外，其维生素C的含量在水果中相对较多，每100g含维生素C33mg。柑橘皮、肉、络、核都是正统中药，有理气健胃、止咳平喘的作用。因此，中医学历来重视橘子的药用功能，认为它性味甘酸温，无毒，具有润肺、止咳、化痰、健脾、顺气、止渴的功能。中医食疗学对柑橘类的寒凉属性评价不一，一般认为橘子属温性，过食用会“上火”，促发口腔炎、牙周炎等症。

（四）香蕉

香蕉中碳水化合物和热能在水果中均属领先。水果中香蕉含钾较高（每100g含256mg钾），钾可促进排钠，多吃香蕉有助降血压。香蕉空腹时食用，会使血液中钾含量高于正常浓度，会出现明显的感觉麻木、肌肉麻痹、嗜睡、乏力等现象，这时开车就容易发生交通事故。因此，驾驶员不宜空腹吃香蕉。此外，香蕉中有较多的镁元素，空腹吃香蕉会使人体中的镁骤然升高而破坏人体血液中的镁和钙平衡，对心血管产生抑制作用，不利于身体健康。香蕉性质偏寒，胃痛腹凉、脾胃虚寒的人应少吃。但香蕉有滑肠作用，可防治便秘。

（五）葡萄

葡萄别名蒲桃、蒲萄，其圆者名草龙珠，长者名马乳葡萄，白者名水晶葡萄，黑者名紫葡萄。为汉代张骞出使西域后带回。

营养丰富、用途广泛，既可鲜食又可加工成各种产品，如葡萄酒、葡萄汁、葡萄干等。现代医学发现，葡萄皮和葡萄籽中含有一种抗氧化物质白藜芦醇，对心脑血管病有积极的预防和治疗作用。多吃葡萄、喝葡萄汁和适量饮用葡萄酒对人体健康很有好处。葡萄制干后，铁和糖的含量相对增加，是儿童、妇女和体弱贫血者的滋补佳品。

（六）西瓜

西瓜，又叫水瓜、寒瓜、夏瓜，堪称“瓜中之王”，因是在汉代从西域引入，故称“西瓜”。西瓜味道甘甜多汁，清爽解渴，是所有水果中果汁含量最丰富的盛夏佳果。除此之外，营养成分分析无明显特色，具有水果之共性。西瓜果皮、果肉、种子都可食用、药用。具有清咽利喉、消炎作用的西瓜霜即由西瓜皮加工而成。西瓜果肉（瓤）味甘性寒，有清热解暑、利尿解毒等功效。但西瓜寒凉，脾胃虚寒、消化不良及有胃肠道疾患的人不宜一次吃得太多。

（七）草莓

草莓又叫红莓、地莓。其维生素C含量在水果中较高，每100g草莓含维生素C47mg。但草莓中含有的草酸钙较多，对于草酸钙引起的尿道结石患者，不宜吃得过多。

（八）桃子

桃的种类很多，有水蜜桃、肥城桃、白桃、蟠桃和雪桃等。桃常被作为福寿吉祥的象征。人们认为桃子是仙家的果实，吃了可以长寿，故对桃格外青睐，故桃又有仙桃、寿果的美称。从营养成分分析桃子的各类营养素无明显特色，具有水果之共性。桃虽好吃，但不可多食。李时珍曾说：“生桃多食，令人膨胀及生痈疖，有损无益。”

（九）荔枝

我国是荔枝的原产地。从营养成分分析，荔枝的维生素C含量在水果中较高，每100g含维生素C47mg。荔枝属温燥之物，民间有“一颗荔枝三把火”之说，过量食用易引发火热，阴虚火旺者不可多吃。而且大量食用鲜荔枝，会导致人体血糖下降、口渴、出汗、头晕、腹泻，甚至突发性昏厥，医学上称为“荔枝病”，此乃荔枝所含的大量糖分被摄入后，刺激机体分泌大量胰岛素，导致低血糖症。因此千万不能“日啖荔枝三百粒”。

（十）桂圆

桂圆亦称龙眼，从营养成分分析，桂圆的维生素C含量在水果中较高，每100g含维生素C41mg。性温味甘，中医学认为其益心脾、补气血，可用于心脾虚损、气血不足所致的失眠、健忘、惊悸、眩晕等症。还可治疗病后体弱或脑力衰退。妇女在产后调补也很适宜。但孕妇不宜吃桂圆，因为怀孕后阴血偏虚，阴虚则滋生内热，中医学一贯主张胎前宜清热凉血，桂圆性甘温，如孕妇食用桂圆，不仅不能保胎，反而易出现漏红、腹痛等先兆流产症状。

（十一）菠萝

菠萝又叫凤梨，是热带和亚热带地区的著名水果。汁多味甜，有特殊香味。菠萝性味甘平，具有健胃消食等功用。菠萝含菠萝蛋白酶，能溶解阻塞于组织中的纤维蛋白和血凝块，改善局部的血液循环，消除炎症和水肿，并有清咽利喉功能。但对这种蛋白酶过敏的人，会出现皮肤发痒等症状。

（十二）枣

红枣又名大枣，在我国已有3000多年的历史，自古以来就被列为“五果”（桃、李、梅、杏、枣）之一。大枣最突出的特点是维生素C含量高，每100g鲜枣含维生素C243mg，但在晒干后大量丢失，每100g干枣含维生素C仅7 g。钙和铁等其他矿物质含量在水果中相对较高。枣的药理作用广泛，中医学认为枣性平味甘，补脾和胃，益气生津，解药毒，并有抗癌之功效。古语有：“一日三枣，益寿延年”之美称。

酸枣比大枣小，肉少核大，虽其貌不扬，但营养相当丰富。其维生素C含量居水果类之首，其他维生素和矿物质含量也在水果类中名列前茅。酸枣肉酸甜可口，能开胃消食、生津止渴。酸枣仁则是常用的药，既可镇静催眠，又可降低血压，对治疗高血压症所致的失眠、怔忡等有较好的效果。

（十三）山楂

山楂又名山里红、红果、胭脂果。由于山楂含山楂酸等多种有机酸，故味酸甘。山楂中的维生素C含量在水果中相对较高，每100g山楂含维生素C53mg，制成山楂糕等制品后，维生素C仍能保存一定量。铁的含量在水果中也相对较高，且因为富含有机酸，故铁、钙等金属矿物质的吸收率较高。山楂有重要的药用价值，自古以来就是健脾开胃、消食化滞、活血化痰的良药。从西医角度分析，这是因为山楂含解脂酶，入胃后，能增强酶的作用，促进肉食消化，有助于胆固醇转化。所以，对于吃肉或油腻物后感到饱胀的人，吃些山楂、山楂片、山楂水或山楂丸等，均可消食。但同时由于山楂含有较多的有机酸，具收敛及化瘀消滞的作用，故也有收缩子宫的作用。妊娠妇女患习惯性流产、先兆性流产者勿食，有可能诱发流产。儿童正处于牙齿更替时期，长时间贪食山楂或山楂片、山楂糕，对于牙齿生长不利。所有人食用山楂都不可贪多，而且食用后还要注意及时漱口，以防对牙齿有害。

（十四）其他水果

各类水果除具有水果之共性外均各具特色。猕猴桃味甘酸性寒，其维生素C的含量在水果中名列前茅，每100g含维生素C62mg。杧果胡萝卜素含量很高，但某些人对杧果过敏。

四、水果与健康

水果营养丰富、味道甜美。但应注意合理选择和食用。瓜果类由于水分多，吃多了会冲淡胃液，引起消化不良、腹痛、腹泻；肠胃不好的人，最好是选择“温和”一点的水果，不要太甜，也不要太酸，勿贪食寒凉性水果如西瓜。阴虚内热易上火的人不可多吃温热性水果如荔枝、桂圆等。诸多水果不宜空腹吃，如菠萝的蛋白分解酵素相当强，所以在餐前吃，很容易造成胃壁受伤；而空腹吃柑橘、山楂、杨梅，会使胃酸增加；空腹吃香蕉时，会破坏人体血液中的钙、镁平衡，不利于身体健康；柿子、西红柿含有较多的果胶、单宁酸，空腹食用易与胃酸发生化学反应生成难以溶解的凝胶块，形成胃结石。

水果大都以生食为主，不受烹调加热影响，但在加工成制品时，如果脯、干果、罐头食品等，维生素将有不同程度的损失。

食物与健康科学证据共识对水果与健康的综合评价显示，水果摄入可降低心血管病和某些癌症（包括食管癌、胃癌、结直肠癌、肾癌与胰腺癌）的发病风险，预防成年人的肥胖和体重增长，但与糖尿病、代谢综合征、乳腺癌等的发病风险没有明显的关联；增加苹果、梨和香蕉的摄入可降低某些心血管疾病的风险，高柑橘类水果摄入可降低食管癌的发病风险。文献中尚未发现水果对健康有不利影响，有些研究考虑水果摄入过多会对血糖控制不利，增加糖尿病的发病风险，因此要求限制水果的摄入量。但大部分研究表明，过多的水果摄入对糖化血红蛋白（HbA1c）水平、体重和腰围并无影响，不会造成2型糖尿病发病风险的升高。虽然我国目前尚缺乏居民水果摄入量与疾病发病风险之间较系统的研究资料，但还是鼓励中国居民增加各类水果摄入量。我国膳食指南推荐每天吃水果200~350g。

（沈秀华）

第七节　坚果的营养价值

学习要求

- 掌握：坚果的分类以及各类坚果的营养特点。
- 熟悉：常见坚果的营养特点。

坚果又称壳果，可分为树坚果和种子两类。前者如核桃、栗子、榛子、松子、银杏，后者如花生、向日葵、西瓜子等。坚果共同特点是外有硬壳，内部可食部分含水量低而热能高，富含各种矿物质和 B 族维生素。按照脂肪含量的不同，坚果可以分为油脂类坚果和淀粉类坚果。前者富含油脂，包括核桃、榛子、杏仁、阿月浑子、松子、腰果、花生、葵花子、西瓜子、南瓜子等；后者淀粉含量高而脂肪很少，包括栗子、银杏、莲子等。富含脂肪的坚果营养素优于淀粉类坚果。

营养学所提的坚果通常是指油脂类坚果，下文所提的坚果均指油脂类坚果。坚果仁经炒、煎炸、焙烤后作为日常零食食用，也可加工制造多种小吃。中医食疗学中将许多坚果作为滋补品，坚果也是很多保健品的原料。食物与健康科学证据共识对坚果与健康的综合评价的结果发现，适量摄入坚果可降低心血管疾病、全因病死亡率、高血压和女性结肠癌发病风险，改善血脂异常，而与 2 型糖尿病的发病风险无关，其中适量摄入核桃可能降低 2 型糖尿病风险。

一、坚果的营养成分

（一）蛋白质

富含油脂的坚果蛋白质含量多在 12%~25%。瓜子类的蛋白质含量更高，如炒西瓜子含 33.2% 和南瓜子含 36.0% 以上。坚果类的蛋白质氨基酸组成各有特点，如澳洲坚果不含色氨酸，花生、榛子和杏仁缺乏含硫氨基酸，核桃缺乏蛋氨酸和赖氨酸。巴西坚果则富含蛋氨酸，葵花子含硫氨基酸丰富但赖氨酸稍低，芝麻赖氨酸不足。总的来说，坚果类是植物性蛋白质的重要补充来源，但其生物效价较低，需要与其他食品营养互补后方能发挥最佳营养作用（见表 2–9）。

（二）脂肪

脂肪是油脂坚果类食品中极其重要的成分，油脂含量可高达 44%~70%，其中澳洲坚果更高达 70% 以上，故而绝大多数坚果类食品所含能量很高，可达 2009~2.93MJ [（500~700）kcal]/100g，过量食用不利于控制体重。坚果类当中的脂肪多为不饱和脂肪酸，富含必需脂肪酸，是优质的植物脂肪。西瓜子、葵花子和核桃富含亚油酸；其中核桃

和松子含有较多的 α-亚麻酸；榛子、澳洲坚果、杏仁、美洲山核桃和开心果中所含的脂肪酸当中，57%~83% 为单不饱和脂肪酸。由于坚果类富含膳食纤维类物质和蛋白质，其中所含的脂肪进入血流的速度比动物性食品要缓慢，对血脂的影响比动物性食品或仅仅摄入橄榄油等富含单不饱和脂肪酸的食品更缓慢和有效。

（三）碳水化合物

富含油脂的坚果中可消化碳水化合物含量较少，多在 15% 以下，如花生为 5.2%，榛子为 4.9%。坚果类的膳食纤维含量较高。例如，花生膳食纤维含量达 6.3%，榛子为 9.6%，中国杏仁更高达 19.2%。其中除去纤维素半纤维素等成分，还包括少量不能为人体吸收的低聚糖和多糖类物质。因此，含油坚果类是与豆类媲美的低血糖指数食品。

（四）维生素

坚果类是维生素 E 和维生素 B 族的良好来源。杏仁中的维生素 B_2 含量特别突出，是核黄素的极好来源。富含油脂的坚果含有大量的维生素 E。很多坚果含少量胡萝卜素，一些坚果中含有相当数量的维生素 C，如欧榛中含维生素 C 达 22mg/100g，杏仁为 25mg/100g 左右，可以作为膳食中维生素 C 的补充来源。

（五）矿物质

由于含水量少，按每 100g 计，坚果中钾、镁、锌、铜、硒等元素含量特别高，在其营养价值中具有重要意义。含钾量在植物中仅次于豆类，而钠的含量普遍较低。镁、锌、铜、硒的含量也在植物类食物中名列前茅。一些坚果含有较丰富的钙，如美国杏仁和榛子都是钙的较好来源。芝麻是补充微量元素的传统食品，其中钾、锌、镁、铜、锰等元素含量均高，黑芝麻更高于白芝麻。南瓜子仁也是矿物质的植物性最佳来源之一。巴西坚果富含硒，而开心果富含碘。

表 2-9　常见坚果的营养成分表

食物名称	蛋白质/g	脂肪/g	碳水化合物/g	膳食纤维/g	钙/mg	钾/mg	铁/mg	锌/mg
南瓜子仁	33.2	48.1	4.9	4.9	16	102	1.5	2.57
西瓜子（炒）	32.7	44.8	14.2	4.5	28	612	8.2	6.76
花生仁（炒）	23.9	44.4	25.7	4.3	284	674	6.9	2.82
杏仁	22.5	45.4	23.9	8	97	106	2.2	4.3
榛子	20	44.8	24.3	9.6	104	1244	6.4	5.83
葵花子仁	19.1	53.4	16.7	4.5	115	547	2.9	0.5
腰果	17.3	36.7	41.6	3.6	26	503	4.8	4.3

（续表）

食物名称	蛋白质/g	脂肪/g	碳水化合物/g	膳食纤维/g	钙/mg	钾/mg	铁/mg	锌/mg
核桃	14.9	58.8	19.1	9.5	56	385	2.7	2.17
松子仁	13.4	70.6	12.2	10	78	502	4.3	4.61
山核桃（熟）	7.9	50.8	34.6	7.8	133	241	5.4	12.59

资料来源： 杨月欣. 中国食物成分表2002年［M］. 北京： 北京大学医学出版社，2002.

二、常见坚果的营养特点

（一）核桃

核桃也称为胡桃、羌桃等。核桃原产欧洲东南部和亚洲西部，在汉代张骞出使西域时带回中国。我国是世界核桃主产国之一，主要产地为山西、陕西、河北、北京等省市。核桃果实为坚果，圆形或椭圆形，外果皮肉质，浅绿到深绿色；内果皮为骨质硬壳，表面有刻沟或浅坑，种仁为其食用部分，呈脑状。果实成熟期为 8~9 月份。核桃含脂肪 60% 以上，蛋白质含量为 15%~22%，但是蛋氨酸和赖氨酸含量不足，其生物效价较低。其脂肪中含亚油酸 47%~73%，并富含亚麻酸和油酸，具有降低血胆固醇的作用。同时，核桃含有大量维生素 E、B 族维生素和丰富的钾、钙、锌、铁等矿质元素，是一种重要的保健坚果。核桃可鲜食作为零食，也是一些传统食品的主要原料，如琥珀桃仁、核桃糕等，并可用做多种食品的配料，如果仁巧克力、果仁糕点等。此外，核桃可用来制作核桃油、核桃乳和核桃酱等。

中医学认为，核桃味甘，性平，可补肾固精、润燥化痰、温肺润肠、强筋健脑。核桃仁对于治疗冠心病和支气管疾病具有较好的作用。其中所含丰富的磷脂和必需脂肪酸具有健脑益智的作用。我国民间传统上用核桃仁作为乌发、润肤、健肌、抗衰的美容食品。

（二）山核桃

山核桃也称为山核、小核桃等。原产中国华东地区，主要分布在浙江、安徽交界处，多为野生或作为林木栽培。山核桃果实为坚果，倒卵形或椭圆状卵形，表面有四棱。果形比核桃小，种仁为其食用部分，其味甜香，油质优良。另有一种山核桃，称为长山核桃、美国山核桃或薄壳山核桃，原产北美洲，我国栽培历史近 40 年。鲜采的果实有涩味，需煮沸后晾干方可食用。

（三）榛子

榛子原产我国，至今栽培历史已达 3000 年。欧洲原产榛子称为欧榛，较我国所产平榛形大质优，我国很多地区已有引种。在我国东北、华北、西北广泛分布，主要产地为东北地区和内蒙古。果实成熟期为 8 月中下旬至 9 月上旬。榛子是营养极其丰富的坚果，其中含有大量维生素 E、B 族维生素和多种矿质元素，其中钾、钙、铁和锌等矿物质含量高于核桃、花生等坚果，为矿物质的极佳膳食来源。中医学认为，榛子味甘，性平，具有补益脾胃、滋养气血、明目、强身的作用。

（四）杏仁

杏仁原产欧洲东南部和亚洲西部，在汉代张骞出使西域时带回中国，至今栽培历史已达 2000 年。我国是世界杏仁主产国之一，主要产地为华北和西北地区，7 月果实成熟即可取仁。市场上的美国大杏仁原产亚洲西部，目前主产地为美国、意大利和西班牙，我国新疆地区也有出产。杏仁的食用部位为种仁，扁圆形或长心脏形，肉白色，质脆。因品种不同，其种仁大小差异较大。杏仁又分为甜杏仁和苦杏仁两类，供食用者主要为甜杏仁。苦杏仁当中含有较高数量的苦杏仁苷，多食会导致氢氰酸中毒。但苦杏仁可用作中药材。现代药理学研究发现，杏仁中含多种活性物质，包括苦杏仁苷、黄酮类、多糖类、挥发油、植物鞣质等。中医学认为，杏仁味苦，性温，可祛痰、止咳、平喘、散风、润肠和消积。

（五）开心果

开心果又称阿月浑子，是乔木阿月浑的种子，俗称为开心果。起源于西亚和中亚山区，唐代传入中国，至今栽培历史已达 1200 年。阿月浑子的主要产国为土耳其、伊朗等西亚国家，我国新疆也有栽培。阿月浑子果实为坚果，卵圆形或长圆形，壳乳白色，硬而平滑，种子淡绿色或乳黄色；种仁为其食用部分。果实 8 月份成熟。中医学认为，阿月浑了味甘性温，可补肾壮阳、润燥滑肠。

（六）松子

松子是乔木松的种子，包括红松、华山松、白皮松等十余种，但我国分布面积较大而经济价值较高的松子为红松和华山松的种子。松子产于松塔当中，呈三角状卵形，优质松子的主要产地为东北地区。松子的食用部位为种仁，味香甜。松子含脂肪极高，每 100g 松子含脂肪 70g 以上。松子可入中药。中医学认为，松子味甘，性温，具有补益气血、润燥滑肠、滋阴生津的功效。皮肤干燥、体瘦气短、燥咳无痰、经常便秘的人适合经常食用松子。我国传统上把松子作为滋补之品，认为它可以令人容颜滋润、轻身不老，但胃虚寒和经常腹泻者不能多食。

（七）腰果

腰果又称鸡腰果、树花生，是乔木腰果的果实。腰果原产西印度群岛和中美洲，广泛栽培于热带地区。我国栽培历史仅 70 多年，主要集中在海南和云南省。腰果为肾形或心形，主要食用部分为种仁，但果梨部分也可食用。果实 5~7 月份成熟。腰果果梨营养也很丰富，可作为水果食用。其碳水化合物含量为 11.6%，维生素 C 含量达 261.5mg / 100g，具有利尿消肿之功效，还能防治肠胃病、慢性痢疾等疾病。

（八）香榧

香榧又称榧、大榧、南榧等，是乔木香榧的果实。香榧原产我国中南部，至今食用历史已达2000年，栽培历史1000年以上。香榧为我国特产坚果，分布广泛，主要产地为浙江、安徽。市面上出售的香榧分为香榧、芝麻榧、木榧等，以香榧品质最佳，木榧最差。中医学认为，香榧味甘性平，有杀虫、消积、滑肠、化痰止咳的作用。香榧对各种肠道寄生虫都具有驱除效果，而且不伤害人体。此外，它具有收缩子宫的作用。经常腹泻者或有痰热者不宜食用香榧。

（九）澳洲坚果

澳洲坚果也称夏威夷果、澳洲核桃、昆士兰坚果，为常绿乔木澳洲坚果的种子。澳洲坚果原产澳大利亚昆士兰州东南部和新南威尔州北部的热带雨林，美国夏威夷栽培数量也较大。我国于1910年引种，1979年在华南七省区推广种植，目前主要产地为云南省和广西壮族自治区。澳洲坚果果实为绿色、球形，直径2.5cm以上，食用部分为果仁。果仁白色，大小如葡萄，果肉口感细腻，烤熟后酥脆，有清香风味。澳洲坚果富含脂肪，维生素E含量丰富。其油脂味清香、不饱和脂肪酸含量高，为天然色拉油。由于澳洲坚果油脂含量高，容易受到氧化，其包装真空度越好，风味品质的保存期越长。

（十）花生

花生又称落花生、落花参、地豆、番豆等，原产南美洲，我国引入栽培历史近500年。目前，花生分布广泛于全国各地，为重要的油料作物，也是植物蛋白质的重要来源。主要产地为山东、河北、河南、江苏等省市。花生的食用部分为种仁。中医学认为，花味甘，性平，可润肺、补脾、和胃、补中益气，是我国传统滋补食品。煮食的花生对燥咳者有益，炒熟的花生可以治疗腹部冷痛。我国民间常用花生作为乳母的增乳食品。花生红衣对各种出血性疾病具有一定效果，但经常腹泻者不可多食生花生。

（十一）葵花子

葵花子是向日葵的种子。向日葵原产北美洲，我国栽培历史200年以上。我国主要产地为黑龙江、内蒙古、吉林、辽宁、河北等省。葵花子的食用部分为种仁。中医学认为，葵花子味甘性平，具有清除湿热、润肠驱虫等作用。

（十二）西瓜子

西瓜子是西瓜的种子，为我国特产壳果之一。西瓜中有专门用来产瓜子的品种，称为“籽瓜”或“打瓜”，其瓜型较小，种子粒大饱满。主要产地为我国甘肃省等西北地区和黑龙江省等东北地区。西瓜子含脂肪与花生相当，但其蛋白质含量高于普通坚果，并富含多种矿质元素，特别是铁、锌等元素含量高，是一种营养价值较高的零食。中医学认为，西瓜子味甘性平，生食或煮食可清肺润肠、和中止渴。西瓜子中还含有一种皂苷样成分，具有降压作用。

（十三）南瓜子

南瓜子是南瓜的种子。中医学认为，南瓜子味甘性平，可驱除肠道寄生虫。但过量食用也会产生暂时性的不良作用，包括腹胀等。

三、坚果的储藏

坚果水分含量低而较耐储藏，但含油坚果的不饱和程度高，易受氧化或滋生真菌而损失变质。因此，坚果应当保存于干燥阴凉处，并尽量隔绝空气。

（沈秀华）

第八节　肉类的营养价值

学习要求

- 熟悉：肉的化学组成与营养特点。
- 掌握：肉类蛋白质的分类及营养特点。
- 熟悉：脂类的分类与各自的营养学特点。
- 掌握：必需脂肪酸、饱和脂肪酸、单不饱和脂肪酸、多不饱和脂肪酸的定义。
- 熟悉：肉类矿物质、维生素含量特点。
- 了解：肉制品分类。
- 熟悉：各类肉制品的主要特点。
- 了解：肉类摄入与健康的关系。

肉类对于人类的营养、生存及发展起着极为重要的作用。因其含丰富的各种营养素，是人类膳食的重要构成部分，是蛋白质、矿物质和维生素重要来源之一，对于人类生存、发展具有重要意义。人类对肉食的依赖，可追溯至远古时期。当人类学会使用火，并使用被烧烤过的肉时，即完成了人类文明史上第一次飞跃。当人们把吃不完的肉任意弃置，自然风干，当没有猎获动物时重新食之，则知道了肉可以风干储藏，以备不时之需。这可能是人类最原始的肉食加工，而烧肉和风干肉则可能是最早的肉类制品。

近代，随着畜牧业和肉食加工业科学技术的飞速发展，以及人类营养健康意识的不断提高，肉类食品在人类膳食中扮演着越来越重要的角色。一定程度上，人均肉类消费量是衡量国民营养状况的重要指标。2000 年，美国、德国、英国、法国、加拿大、澳大利亚等发达国家人均年肉类消费量均在 70kg 以上，膳食中的蛋白质主要来源于肉类。随着我国人民生活水平不断提高，肉类消费量快速攀升。1980 年，我国人均年消费量不到 14kg，到 2000 年已超过 48kg，超过世界平均水平。在肉类消费量上升的同时，人们也越来越关注过多摄入动物脂肪给人体健康带来的危害。培育瘦肉型猪以及发展禽类和食草家畜的生产，在近十几年中一直是畜牧业发展的重点，肉类的动物来源正在趋于多样化，肉类消费也正在由数量型向营养健康型转变。

一、定义与分类

从食物角度讲，肉类是指来源于热血动物且适合人类食用的所有部分的总称。它不仅限于严格意义上的“肉”，即：恒温动物的骨骼肌肉，实际上还包括许多可食用的器官，如心、肝、肾、胃、肠、脾、肺等内脏，舌、脑等器官，以及血、皮、骨。狭义的肉通常指的是含有不等量脂肪的骨骼肌肉。根据动物来源不同，一般将肉类分为畜、禽两大类。畜类主要有猪、羊、牛、兔、马、驴、狗、骡、鹿等哺乳类动物。禽类主要包括鸡、鸭、鹅、鸽子、鹌鹑、麻雀、鸵鸟等鸟类动物。

二、形态结构

通常意义的肉类，包括肌肉组织、脂肪组织、结缔组织和骨组织。

1. 肌肉组织

肌肉组织，也就是“瘦肉”部分，占 40%~60%。在组织学上分为三类，即骨骼肌、平滑肌和心肌。心肌仅来源于动物心脏；构成内脏器官、血管的肌肉多为平滑肌组织，如经常食用的猪肚、鸭胗等；而人们最常食用的瘦肉，就是骨骼肌。肌肉的基本构造单位是肌纤维，肌纤维与肌纤维之间被一层很薄的结缔组织膜隔开，此膜称为肌肉膜；每 50~150 根肌纤维聚集成束，称为肌束，外包一层结缔组织鞘膜称为肌周膜或肌束膜，这样形成的小肌束也称初级肌束。数十条初级肌束集结在一起即形成肌肉块，外面包有一层较厚的结缔组织称为肌外膜。分布于肌肉中的结缔组织起着支架和保护作用，血管、神经通过三层膜穿行其中，深入肌纤维表面，提供营养和传导神经冲动。

2. 脂肪组织

脂肪组织也就是“肥肉”部分，包括内脏脂肪与皮下脂肪，不同的动物种类、产地，动物身体不同部位，以及不同畜龄，体内脂肪含量也完全不同，从 2%~50% 不等。脂肪细胞在年幼时便已存在，随年龄增加而数目却不再增加，只是变大。肌肉内脂肪位于肌束膜（皮下）附近，其量及分布对于造成“大理石状”肉很重要。当脂肪含量多时，肉的嫩度会增加，因其稀释肌纤维及结缔组织的量，则入口后咀嚼力便减少，同时脂肪亦有润滑作用，可降低肉与牙齿间的摩擦力。另外，油脂多时，肉较易热。

3. 结缔组织

结缔组织是围绕在肌肉组织的主要物质，含量比较恒定，大约占 12%，其中骨组织含量 20% 左右。构成结缔组织的蛋白质主要有两种：胶原蛋白和弹性蛋白。胶原蛋白是形成外肌膜的主要物质，且为肌腱的主要组成成分。在胶原蛋白中，含有非常多的脯氨酸和羟脯氨酸。这两种氨基酸的空间结构使得胶原蛋白非常强韧。如果肉中含胶原蛋白多时，肉会较硬。弹性蛋白主要存在韧带中，常用作连接骨骼或关节之用。其外观较黄，似橡胶状，因加热无法使之软化而常被当作软骨丢弃。结缔组织在畜类的分布为前多后少、上多下少，即前腿、肩胛、颈部等较多，而这些部位肉质则较差。

4. 骨组织

骨是一种坚硬的结缔组织，多半不可食用，且骨头的存在常常会影响到肉的切割方式。骨骼中含 20% 左右的不完全蛋白质，可被加工成骨糊添加到肉制品中，以充分利用其中的蛋白质。

三、化学成分

肉类化学成分主要是指肌肉组织的各种化学物的组成，包括：水分、蛋白质、脂类、碳水化合物、含氮浸出物及少量矿物质和维生素。

（一）水分

肉中水的含量与肉种类、pII 值及生长季节有关。越肥的肉，含水量越低，幼畜肉的含水量则较多。肌肉组织的 75% 是水分，分别以结合水、不易流动水和自由水的形式存在。结合水约占肌肉总水分的 5%，与蛋白质分子表面借极性基团与水分子的静电引力紧密结合，形成水分子层；80% 为不易流动水，存在于肌原丝、肌原纤维及肌膜之间；自由水约占总水量的 15%，存在于细胞外间隙，能够自由流动。

肉组织保持水分的力量称为保水力（water-holding capacity），对肉的多汁性非常重要。肉中的水分只有很少部分与蛋白质作用，而被蛋白质紧紧抓住。绝大部分的水位于肌肉纤维间及肌浆内。由于肌肉纤维三度空间的立体构造形态交织成网状，因此可把水机械式地固定在其内。若破坏其构造，则会降低肉的保水性，通常研磨、蛋白质水解、冷冻、盐渍、pH 值改变及加热都会破坏其构造，使保水性降低。而使用磷酸盐或 3% 的食盐可增加保水性。

（二）蛋白质

畜禽类食品是人类最主要的蛋白质供应源，含有人体必需的各种氨基酸，营养价值高，属于优质蛋白。绝大部分蛋白质来自肌肉组织部分，含量约为肌肉总量的 19%；脂肪组织的蛋白质含量仅为 1% 左右。畜禽肉蛋白质含量为 10%~20%，因动物种类、年龄、肥瘦程度及部位而异。牛肉、马肉、鹿肉、骆驼肉、鸡肉、鹌鹑肉的蛋白质含量均达到20%左右，猪肉为15%左右，羊肉的蛋白质含量介于猪肉和牛肉之间，鸭肉、鹅肉、狗肉在16%~18%。不同部位的肉，因肥瘦程度不同，蛋白质含量差异较大。猪通脊肉蛋白质含量约为21%，后臀尖约15%，肋条肉约10%，奶脯仅8%；牛通脊肉的蛋白质含量为22%，后腿肉约20%，腹肋肉约18%，前腿16%；鸡胸肉为20%，鸡翅约为17%。心、肝、肾等内脏器官的蛋白质含量较高，而脂肪含量较少。不同内脏的蛋白质含量也存在差异，畜类肝脏含蛋白质较高，为18%~20%，心、肾含蛋白质14%~17%；禽类的内脏中，胗的蛋白质含量较高，为18%~20%，肝脏和心脏含蛋白质13%~17%。畜禽肉的蛋白质为完全蛋白质，含有人体必需的各种氨基酸，并且必需氨基酸的构成比例接近人体需要。因此，易被人体充分利用，营养价值高，属于优质蛋白质。畜禽血液中蛋白质含量分别为：猪血12%，牛血13%，羊血约7%，鸡血约8%。畜血血浆蛋白质含所有人体必需氨基酸以及组氨酸，营养价值高，赖氨酸和色氨酸含量高于面粉，可以作为蛋白质强化剂添加在各种食品中。血细胞部分可应用于香肠的生产，其氨基酸组成与胶原蛋白相似。用胶原酶水解时，可得到与胶原蛋白水解物同样的肽类。

此外，可以根据功能和溶解性，将蛋白质分为三类：肌原纤维蛋白，或称为盐溶性蛋白质；肌浆蛋白质，或称为水溶性蛋白质；结缔组织蛋白质及膜蛋白质，或称为不溶性蛋白质。

1. 肌原纤维蛋白质

已知构成肌原纤维的蛋白质约有20种，主要是肌球蛋白和肌动蛋白，两者之和约占所有肌原蛋白的65%~70%，其中50%~60%为肌球蛋白，是粗丝的主要成分，另外15%~30%为肌动蛋白，是构成细丝的主要成分。其他肌原纤维蛋白质还包括对肌肉收缩起重要作用的原肌球蛋白、肌原蛋白，以及稳定肌节的细胞骨架蛋白质等。

2. 肌浆蛋白质

肌浆中所含有的蛋白质占肌肉蛋白质总量的2%~30%，由50多种成分组成，大多是酶和肌红蛋白。肌浆酶与糖酵解与磷酸戊糖途径有关。肌红蛋白（myoglobin）是肌肉所特有的一种色素蛋白质，呈红色，约占肌肉固形物的1%，含量多少直接影响肉红色的深浅。肌红蛋白属于含铁蛋白质，基本组成是一条多肽链构成的珠蛋白，其组氨酸残基上结合有一个血红素，而血红素由一个铁离子和卟啉环构成。因此，肉制品是重要的铁来源。此外，红肉与白肉肌红蛋白含量差别很大，红肉含铁量高于白肉。

3. 结缔组织蛋白质

结缔组织蛋白质是构成肌内膜、肌束膜、肌外膜和腱的主要成分，也是动物体皮肤和骨中的主要蛋白质，包括胶原蛋白、弹性蛋白和网状蛋白，其中胶原蛋白和弹性蛋白上结缔组织蛋白质总量的90%以上。

胶原蛋白是结缔组织中的主要成分，占蛋白质总量的20%~25%。胶原蛋白由原胶原聚合而成。原胶原为纤维状蛋白，长度大约为280nm，由3条螺旋状肽链组成。原胶原性质稳定，不溶于水及稀盐溶液，在酸或碱溶液中可以膨胀，不易被一般蛋白酶水解，但可被胶白酶水解。胶原蛋白遇热会发生收缩，哺乳动物胶原纤维的热收缩温度为60~65℃。当加热温度高于热收缩温度时，胶原蛋白就会逐渐变为明胶并且溶于水，冷却后形成胶胨。明胶亦被酶水解，也易消化。胶原蛋白中甘氨酸和脯氨酸含量高，且含有羟脯氨酸和羟赖氨酸，其中羟赖氨酸为胶原蛋白所特有。但胶原蛋白中酪氨酸、组氨酸、色氨酸含量极低。因此，胶原蛋白的氨基酸组成不全面，因而不能作为动物蛋白质的主要来源。弹性蛋白在结缔组织中含量较胶原蛋白少，是构成弹力纤维的主要成分。弹性蛋白属于硬蛋白，对酸、碱、盐都稳定，煮沸不能分解，且不被胃蛋白酶、胰蛋白酶水解，但可被胰液中的弹性蛋白酶水解。弹性蛋白中所含的羟脯氨酸比胶原蛋白少。弹性蛋白同样仅含有极少量的色氨酸、酪氨酸等芳香族氨基酸和含硫氨基酸。网状蛋白是构成肌内膜的主要蛋白，含有约 4% 的结合糖类和 10% 的结合脂。

（三）脂类

脂类是脂肪和类脂（磷脂、糖脂、固醇和固醇酯）的总称。肉的脂类含量与肌肉间脂肪组织的分布与含量有密切关系。不同种类、年龄、肥育状况、部位，脂肪含量差别很大。畜肉中，猪瘦肉脂肪含量最高，为 6.2%；羊瘦肉为 3.9%，牛瘦肉为 2.3%；禽肉中，鹌鹑的脂肪含量不足 3%，鸡和鸽子的脂肪含量类似，在 14%~17%，鸭和鹅的脂肪含量达 20% 左右。肥育过程对脂肪含量的影响较大，肥育良好的牛肉脂肪含量可达 18%，而差的仅为 4%。畜龄越高，含脂量越高。此外，肉的多汁性有两种来源：在入口时，最初咀嚼的水分流出，以及其后肉中适量的脂肪刺激唾液分泌产生水分。因此，造成肉的多汁性除了其保水性外，脂肪亦很重要。

按分布部位不同，动物脂肪分为蓄积脂肪和组织脂肪两大类。蓄积脂肪是动物储能的主要形式，包括皮下脂肪、肾周围脂肪、大网膜脂肪和肌肉间脂肪；组织脂肪为肌肉及脏器内脂肪。

脂肪以油滴微粒形式存在于脂肪细胞内。脂肪细胞可以单独分布在结缔组织中，也可以成群地构成脂肪组织。脂肪组织的中性脂肪含量高达 90%，另外含有 7%~8% 的水分，以及 2%~3% 的蛋白质，以及少量磷脂、糖脂和固醇酯。

中性脂肪即甘油三酯，基本化学结构为一分子甘油结合三分子脂肪酸，其中 3 个脂肪酸的分子结构（R1，R2，R3）各不相同。肉类脂肪所含脂肪酸以饱和脂肪酸为主。

磷脂是一种比较复杂的脂质，因分子中含有磷酸根而得名。此外，还含有脂肪酸、醇（甘油）、鞘氨基酸及其他含氮化合物（胆碱、胆胺）等。磷脂按分子结构中醇基不同，可分为甘油磷脂和非甘油磷脂。食物中具有重要意义的是甘油磷脂，以卵磷脂和脑磷脂为代表。卵磷脂是动植物中分布最广泛的磷脂，主要存在于动物卵、神经组织和植物种子中，分子结构中的脂肪酸为不饱和脂肪酸，因此常用作食品抗氧化剂。卵磷脂还是重要的乳化剂。脑磷脂最早从脑和神经组织中得到，在心脏、肝脏等器官中与卵磷脂并存。

无论是中性脂肪还是磷脂，分子中都具有一个共同的重要结构——脂肪酸。脂肪酸的化学式是 R-COOH，式中的 R 为由碳原子所组成的烷基链，按碳链中是否存在双键，脂肪酸可分为饱和脂肪酸和不饱和脂肪酸，不饱和脂肪酸又可分为单不饱和脂肪酸和多不饱和脂肪酸。组成肉类脂肪的脂肪酸有20多种，其中饱和脂肪酸以棕榈酸和硬脂酸居多，不饱和脂肪酸主要为油酸，其次为亚油酸。按人体自身能否合成，脂肪酸又可分为必需脂肪酸和非必需脂肪酸。人体正常生长之必需且自身不能合成的即为必需脂肪酸，包括亚油酸、亚麻酸和花生四烯酸。动物油脂中必需脂肪酸的含量一般较植物油低，相对而言，猪油比羊、牛脂高，禽类脂肪（鸭、鸡）又比猪油多。动物心、肝、肾和肠等内脏中的必需脂肪酸含量高于肌肉，而瘦肉脂肪含量高于肥肉。一般认为，必需脂肪酸每日摄入量应至少占能量供给量的2%，大约相当于8g/d，婴儿的需要量更大。

广泛存在于动物性食品中的另一种类脂是胆固醇，包括低密度胆固醇和高密度胆固醇。在动物神经组织中含量最为丰富，肝、肾、表皮组织中含量也相当多。胆固醇的生理功能尚未完全清楚，已知是人体正常的组成成分。人体每天应当摄入一定量的胆固醇（300mg/d），但如果太多的话，可能抑制体内胆固醇的合成，并使体内胆固醇的正常调节机制发生障碍，导致血液胆固醇浓度升高，进而可能在血管内壁沉积，造成高胆固醇引发的心血管疾病。

（四）浸出物

浸出物是指除蛋白质、盐、维生素外能溶于水的浸出物质，包括含氮浸出物和无氮浸出物。

1. 含氮浸出物

含氮浸出物为非蛋白质的含氮物质，占肌肉化学成分的1.65%，占总含氮物质的11%，多以游离状态存在，是肉品呈味的主要成分。主要为核苷酸类和胍基化合物类等。核苷酸主要包括三磷酸腺苷（ATP）、二磷酸腺苷（ADP）、一磷酸腺苷（AMP）、次黄苷酸（IMP）；胍、甲基胍、肌酸、肌酐等则属于胍类化合物，其中以肌酸含量相对较多。除上述各种含氮化合物以外，还有嘌呤、游离氨基酸、肉毒、尿素、胺等。这些物质随宰后肉的成熟而增加。

2. 无氮浸出物

无氮浸出物为不含氮的可浸出的有机化合物，包括糖类和有机酸，占肌肉化学成分的1.2%。糖类在肌肉中含量很少，主要有糖原、葡萄糖、葡萄糖-6-磷酸酯、果糖和核糖。动物屠宰后，肌糖原逐渐分解为葡萄糖，并经糖酵解作用后生成乳酸。肌肉中的有机酸主要是糖酵解生成的乳酸。另外，还有羟基乙酸、丁二酸及微量的糖酵解中间产物。

（五）矿物质

肌肉矿物质含量约为1%，包括钾、钠、钙、镁、磷、硫、氯，以及微量的铁、铜、锰、钴、锌。肌肉中钙含量极微；镁以游离形式或螯合物的阳离子状态存在；磷、硫除以无机盐PO_4^{3-}、SO_4^{2-}的阴离子状态以外，还以PO_4^{3-}有机磷酸酯状态存在，SO_4^{2-}主要以糖蛋白结合的形式存在。此外，含硫氨基酸中也含有硫；钠、钾同细胞膜的通透性有直接关系，钙、镁参与肌肉收缩；铁离子为肌红蛋白、血红蛋白的构成成分，参与 O_2 与 CO_2 的运输，并在生物氧化还原过程中起重要作用。

畜肉中矿物质的含量为 1%~2%，其中钾含量居第一，其次是磷。肉制品在加工过程中，由于添加了食盐，因此钠的含量远远高于其他矿物质元素。钠与人体水分平衡和酸碱平衡、神经肌肉的兴奋性、ATP 的生成和利用、心血管功能、糖代谢及氧的利用有着密切关系。然而，过多地摄入钠会引起高血压，因此食盐的添加量应得到控制。畜肉是铁、锌的重要来源，肉类中的铁以血红素铁的形式存在，生物利用率高，吸收率不受食物中各种干扰物质的影响。畜肉中锌、铜、硒等微量元素较为丰富，且其吸收利用率比植物性食品高。家畜的内脏富含多种矿物质，肝脏、肾脏和脾脏中富含磷和铁，且铁含量明显高于畜肉，吸收利用率高。肝脏是铁的储藏器官，含铁量位居各内脏器官之首。此外，家畜内脏也是锌、铜、硒等微量元素的良好来源，铜和硒的含量高于畜肉。畜血含有多种矿物质，吸收利用率高，尤其是膳食铁的优质来源。

禽肉含钾、钠、钙、镁、磷、铁、锰、锌、铜、硒、硫、氯等多种矿物质，总含量为 1%~2%，其中钾的含量最高，其次是磷。与畜肉相同，禽肉中铁、锌、硒等矿物质含量也较高，其中硒的含量高于畜肉。例如：猪、牛、羊瘦肉中硒的含量分别为 9.5 μg/100g、10.55 μg/100g 和 7.18 μg/100g，而鸡、鸭、鹅肉分别为 10.50 μg/100g、12.62 μg/100g、17.68 μg/100g。禽肉含钙量不高。禽类肝脏富含多种矿物质，且平均水平高于禽肉。肝脏和血液中铁的含量十分丰富，高达（10~30）mg/100g 以上，可称铁的最佳膳食来源。禽类的心脏和胗也是含矿物质非常丰富的食物。

（六）维生素

肌肉中所含的维生素有维生素 B_1、维生素 B_2、维生素 A、维生素 E、维生素 B_6、维生素 B_{12}、烟酸、生物素、叶酸、泛酸、胆碱等。其中脂溶性维生素很少，而水溶性维生素较多，尤其是 B 族维生素非常丰富，但维生素 C 含量极微。

畜肉含脂溶性维生素很少，水溶性维生素较多，但维生素 C 含量很低。一般而言，畜肉是 B 族维生素的极好来源，尤其是猪肉中 B 族维生素含量特别高，维生素 B_1 达 0.54mg/100mg，是牛肉的 8 倍、羊肉的近 4 倍。不同家畜肉中维生素 B_2 的含量差别不大，范围在 0.1mg/100mg~0.2mg/100mg。畜肉中含有最高，为 6.3mg/100g。此外，牛肉中的叶酸含量较高，为 10 μg/10g，是猪肉和羊肉的 3 倍多。肉类含泛酸丰富，是泛酸的最佳来源。家畜内脏含有多种维生素。其中，维生素 B_2、生物素、叶酸、维生素 B_{12} 及脂溶性维生素（维生素 A、维生素 D、维生素 E）都不同程度地高于畜肉。家畜的肝脏中各种维生素含量较高，特别是维生素 A、维生素 D、叶酸和维生素 B_{12}，显著高于畜肉。

禽肉中维生素分布的特点与畜肉相同，脂溶性维生素较少，水溶性维生素（除维生素 C），尤其是 B 族维生素含量丰富，与畜肉相当。禽肉中烟酸的含量特别丰富，肌胸脯肉含 10.8ng/100mg，高于一般肉类。此外，泛酸在禽肉等白色肉类中含量较为丰富［（0.4~0.9）mg/100mg］。禽肉中含有一定量的维生素 E，约（90~400）μg/100mg。由于维生素 E 具有抗氧化、提高运动能力和抗衰老的作用，因此食禽肉对中老年人的健康特别有益。禽类的内脏中各种维生素含量均较高，尤其是肝脏，除其硫胺素的含量高于禽肉外，还富含维生素 A，维生素 B_2 的含量也明显高于禽肉。例如，鸡肝中维生素 A 和维生素 B_2 的含量分别为 10414 μg/100mg 和 1.1mg/100mg。此外，肝脏也是维生素 D 和维生素 E 的良好来源。

四、肉类的保存

（一）低温储藏

低温储藏一般依温度分为冷藏和冻藏两种。冷藏是将肉放在 2~4℃，此温度略高于其冰点，此时病原性细菌无法繁殖，但腐败性的嗜冷菌仍可生长。冷藏储藏可保存肉品数天至数周，但一般不采用，只有在肉需熟成时使用。冻藏则是在低于冰点的温度储放，一般使用−18~−23℃。此温度是考虑产品品质与成本双重因素，如是针对抑制微生物而言，只要在−9.4℃以下，微生物便不能生长，但以抑制酶类或氧化作用而言，即使−18℃仍无法完全抑制反应进行，但温度越低，所需成本越高。因此，目前一般公认−18℃为可接受的冻藏温度。冻藏又可以分急速冷冻和慢速冷冻。慢速冷冻是将肉放在冷冻室内，使其自然降温。此方法降温速度慢，同时形成的冰晶粒子极大，在解冻后易对质地造成不良影响。急速冷冻则是将肉浸入低温溶液（−40℃）中，或以冷空气对流方式冷却，在最短时间内使肉品温度降低，产生较小的冰晶，不会破坏肉品组织，而后再移到−18℃的冷冻库中储存。冻藏的另一好处是可以将寄生在猪肉中的旋毛虫杀死，至于杀灭时间长短要视猪肉厚度和冻结温度而定。

（二）烟熏

火腿和某些肉类常利用烟熏以增加风味和延长储存期限。熏材不同时，所产生的风味也不同，而在烟熏成分中含有酚和酸类，有抑制微生物的作用，而且烟熏也会造成肉品的干燥，可以延长储存期限。

（三）干燥和冷冻干燥

干燥作用是将肉品中的水分减少，以延长储存期限，如牛肉干、肉松等。而冷冻干燥的使用则可以保持肉品原有品质，并达到延长储存期限的目的。冷冻干燥是将肉品先冷冻后，再使冰晶直接升华的方法，此方法不会过度加热，因此产品品质非常好，复水性佳，一般速食面中的肉干即以冷冻干燥制得。

（四）腌渍

腌渍是将肉加入食盐、硝酸盐、香辛料等佐料经一段时间放置后的一种处理方式。在腌渍期间，硝酸盐会还原成亚硝酸盐，而后与肌红蛋白作用形成漂亮的肉色。这种颜色是由亚硝酸盐来的一氧化氮与肌红蛋白作用，形成不稳定的红色色素——一氧化氮肌红蛋白。

当腌渍肉加热时，可形成具有变性球蛋白而更温度的粉红色色素——一氧化氮血色质。这种色素便是一些腌渍肉类如火腿、腊肉、腌牛肉所表现出的颜色。其中亚硝酸盐是一种发色剂，可以引起特殊风味的同时也是重要的抑菌剂，能有效抑制肉毒杆菌。但是，研究也发现，亚硝酸盐在酸性条件下与胺类反应生成N-亚硝基化合物，具有很强的致癌性。

五、肉类的选择

在购买新鲜肉时，应先考虑用途，因各个部位肉有其特征，应先认识各部位肉的质地特性，才能买到理想的肉。猪、牛肉的前腿肉，肉块小，筋、腱较多，适合卤和煮；背脊肉、腿肉的脂肪少，质地细致，宜炸和炒；腹肋肉的脂肪多，肉较嫩，宜卤、烤，尤其是牛的腹肋肉有红、白腩肉之分，红腩即胸腹肉，白腩则为腹肋肉，筋以红腩多，但两者均适于卤。

一般判断肉新鲜度，应先观察其颜色。新鲜的猪肉为鲜红色，牛、羊肉为深红色。若肉色呈灰白或黄褐色，表示肉已不新鲜了。正常水牛肉比黄牛肉色暗；绵羊肉坚实色暗红，肉组织细而软，肌肉夹杂脂肪少；山羊肉色较浅，肌肉或脂肪有特殊膻味，肉质不如绵羊。其次应判断其质地。一般可有视觉及触觉判断。视觉判断脂肪的分布情况，尤其是牛肉及猪里脊肉时，应观察脂肪是否呈大理石纹状的分布，而弹性则靠触觉，通常肉的弹性随着时间增长，会逐渐消失，此时保水性也较差。另外，新鲜肉也不应有异味，如腐臭味、脂肪酸败味或氨味等。有异味产生多半表示肉的品质已开始改变，食用后容易导致食物中毒。选购时应注意肉是否有淤血或放血不全，否则肉易腐败。

六、常用畜禽类

（一）猪

猪的品种繁多，我国就有100种左右。猪肉营养丰富，可炖、炒、烧、烤、炸、爆、溜、扒、熏、肴、酱、腌，各有风味。猪的可食部位很多，包括肉、皮、骨、血、脑、心、肝、肾、大肠、舌、蹄、尾、耳等。其中肉可按部位分为：后腿肉、前夹心肉、前腿肉、肋排、肋条肉、排骨（即脊柱两边通脊）、里脊肉和蹄髈等。不同部位蛋白质、脂肪含量差别很大，但总体而言脂肪含量较高，即使是纯瘦肉，脂肪含量亦达6%左右，是牛瘦肉的3倍，羊肉的1.5~2倍。猪肉脂肪以饱和脂肪酸为主，因此多食可能与心血管疾病发生有关。需要指出，猪肉中的必需脂肪酸含量高于其他禽畜类，这是有益的一方面。猪骨含丰富骨胶原蛋白，含钙量尤高，但需要加工成骨粉添加入其他食品中才能发挥作用。猪内脏的胆固醇含量很高，尤其是猪脑，有的品种可高达3000mg/100g以上。猪蹄、猪尾、猪耳的主要可视部分为皮肤，但皮下薄层脂肪组织的含脂量较高，猪耳、猪尾还含有大量软骨成分，因此骨胶原蛋白含量丰富。猪肝含有丰富血红蛋白铁，可被人体肠道直接吸收，不受其他因素影响，因此是很好的补铁食品。

（二）牛

牛分为黄牛和水牛，肉用牛多为黄牛。牛的常食部分包括：肉（按部位可分为：腿肉、牛胸、牛腩、里脊、牛排、肋排、肘子等）、牛肚、牛尾等。除牛肚外，一般较少食用牛内脏（西餐中有食用小牛胸腺）。牛肉的脂肪含量较低，但也和分布部位有关，牛腩中脂肪含量较高；牛瘦肉的脂含量仅为2.3%。日本的松坂牛肉又称为雪花牛肉，含脂量很高，达18%以上，肉的横切面呈现大理石样，风味质地绝佳，是牛排的上好原料。

（三）鸡

供食用的鸡品类繁多，烹调方法多样，全身各部分几乎均可食用。鸡肉蛋白质含量近猪肉的3倍，而脂肪含量仅为猪肉的5%，还含有不饱和脂肪酸及钙、磷、铁、钾、钠、氯、硫，维生素 B_1、维生素 B_2、维生素C、维生素E和烟酸等。另外，还含有甾醇、3-甲基组氨酸。鸡肉的硒含量高于许多畜肉类。鸡肉的烟酸含量特别丰富，鸡胸脯肉含10.8mg/100g，高于一般肉类。鸡肉含一定量维生素E，90~400 μg/100g，由于维生素E的抗氧化、提高运动能力和抗衰老作用，食禽肉对中老年人的健康特别有益。鸡肝中维生素A和维生素 B_2 含量很高，分别达到10 414 μg/100mg和1.1mg/100mg。

（四）其他

鸭肉蛋白质含量略低于鸡肉，而脂肪及碳水化合物均略高于鸡肉，还含有无机盐、钙、磷、铁和维生素 B_1、维生素 B_2。

鸽子肉含丰富的血红蛋白，蛋白质总含量高于猪肉的9.5%，营养作用与鸡相似，但比鸡更易消化吸收，含脂肪量很低。

鹌鹑含大量蛋白质，比鸡肉高1/5，维生素A、维生素 B_1、维生素 B_2、维生素C、维生素D、维生素E、维生素K、卵磷脂，铁、芦丁含量高于鸡肉。

七、肉类制品的工艺与简介

肉制品指以肉类作为主要原料，经过进一步加工而制成的产品。我国的肉类加工与烹调经过几千年的发展，已形成具有民族特色的中国传统风味肉制品家族。近代，随着西方肉类加工技术的传入，我国的肉制品种类获得了极大丰富。目前市场上的肉制品，既有传统制品，也有西式制品及中西式结合肉制品（即中式配方、西式加工工艺），品种繁多，风味各异。

根据加工工艺，肉制品可分为九大门类。

（一）腌腊制品类

属于我国传统风味肉制品之一，是经过腌制、酱渍、晾晒、烘烤或熏烤等工艺（或其中某些工艺）制成的生的或半生肉制品，食用前还需热加工。包括咸肉类、腊肉类、酱（封）肉类和风干肉类制品。其特点是含盐量上升，水分含量明显下降。由于水分减少，脂肪和蛋白质含量相对增高。在储藏过程中，由于盐、酱和脂肪氧化作用，产生特殊风味。

（二）酱卤制品类

源于中式肉类菜肴，包括白煮肉类、酱卤肉类和糟肉类，产品为熟肉制品。酱卤肉制品制作中并不额外添加脂肪，且肉类本身所含脂肪部分溶解于卤汤，从而降低了肉品脂肪含量。长时间炖煮可增加游离脂肪酸，并降低饱和脂肪酸含量，但也使 B 族维生素有明显损失。

（三）熏烧烤制品类

指肉品经腌、煮后，再以烟气、高温空气、明火或高温固体作为介质进行干热加工而制成的一大类熟肉制品，包括烟熏肉类和烧烤肉类。经过熏制，肉品水分含量下降，并产生酚类、有机酸等物质，因而易较长期储存。但是，300℃以上高温熏制可产生较多多环芳烃类致癌物；明火或 200℃以上高温可使蛋白质分解产生杂环胺类致癌物和多种致突变物质，其中色氨酸和谷氨酸的裂解产物致癌性最强。此外，含硫氨基酸、色氨酸等较为敏感的氨基酸部分分解，又降低了肉类的营养价值。因此，食品加工中应注意降低熏烤温度。

（四）干制品类

瘦肉经热加工处理后再成型干燥，或者先成型再经热加工制成的一大类水分含量很低的熟肉类制品。包括肉松、肉干和肉脯类制品。经过加工过程，水分含量大幅下降，并伴有部分脂肪损失，含量下降蛋白质含量相应显著增高，未额外添加脂肪的肉松和肉干是补充蛋白质的良好来源。在炒制和干制过程中，B 族维生素相对含量减少，但因为脱水浓缩效应，成品中维生素的绝对含量与原料相当。

（五）油炸制品类

由经过调味（挂糊或不挂糊）后的肉（包括生原料、半成品、熟制品）或只经干制的生原料，以食用油脂为加热介质进行高温炸制（或烧淋）而成。油炸食品的脂肪含量大幅增加，如果挂糊后油炸，吸油量更多，产品脂肪含量往往提高 20%~30%，且碳水化合物含量也有增加，能量大幅度提高。更重要的是，用于炸制食物的植物油在高温条件下会发生热氧化聚合、环化、水解后聚合等多种化学反应，生成大量有毒物质和多环芳烃类致癌物质，且必需脂肪酸含量下降；若烹饪用油是动物油脂，更增加了食物饱和脂肪酸和胆固醇的含量。此外，肉蛋白在过热环境下也会发生一系列化学反应，产生多种致癌物质；挂糊淀粉中的碳水化合物还是高热后丙烯酰胺致癌物的反应物。因此，应当尽可能减少油炸食品的食用，如果食用，也应注意在制作过程中尽可能避免过高油温，以免油脂加热劣变对食物营养价值的不良影响。

（六）香肠制品类

经腌制（或不腌制）、绞切、斩拌、乳化成肉馅（肉丁、肉粒、肉糜或其混合物），添加调味料、香辛料或在加入填充料，充入肠衣中，经烘烤、蒸煮、烟熏、发酵、干燥等工艺（或其中几个工艺）制成的一类肉制品，包括中国传统风味的腊肠类和熏煮肠类。中式香肠需要加入较多肥肉丁，以在低水分活度下保持较好口感，其脂肪含量往往高达40% 以上，蛋白质含量同样高于西式灌肠，在 20% 以上，各种维生素和矿物质含量与原料肉水平相当。由于灌肠制品在制作过程中需要用亚硝酸盐进行腌制，企业需要采取添加抗坏血酸等措施控制亚硝酸盐残留量。西式香肠含水量较高，达 50% 左右，脂肪含量 20%~30%，蛋白质含量为 10%~15%，与中式香肠相比，西式灌肠的能量密度较低，且具有相对较高的营养价值。

（七）火腿制品类

指用大块肉经腌制和进一步加工而成的生或熟的肉制品。在我国，可分为中式火腿和西式火腿两大类。中式火腿经长期的细菌和真菌作用，游离氨基酸含量大大提高，并发生一定程度的脂肪氧化，因此游离脂肪酸含量增加，也在一定程度上降低了脂肪量。西式火腿脂肪含量更低，而蛋白质更丰富，含盐量也大大低于中式火腿，因而具有较高的营养价值。

（八）肉类罐头制品类

指用密封容器包装并经高温（如 121~100℃等）杀菌的肉类制品，包括清蒸类罐头、调味类罐头、腌肉类罐头、烟熏类罐头、香肠类罐头和内脏类罐头。肉类罐头须经高温长时间加热处理，其中 B 族维生素溶入汤汁，并有一定破坏损失。含硫氨基酸在加热中可能受到损失，所产生的硫化氢还可能与罐头中的金属发生反应而变色。

（九）其他制品类

包括肉糕和肉冻两大类产品。肉糕制品是以畜禽的肉、肝脏、血或舌为主要原料，经绞碎、切碎或斩拌，以洋葱、大蒜、西红柿、蘑菇等蔬菜为配料，并添加各种敷料混合，装入模子后，经蒸煮或烧烤等工艺制成的熟食制品。肉冻制品是以畜禽肉和皮为主要原料，调味煮熟后充填入模子中，或添加各种经调味、煮熟后切丁的蔬菜，而后用融化的使用明胶作为黏结剂，充填入模子中与原料混合，经冷却后制成的具有半透明的凝冻状熟肉类制品。

八、肉类摄入与健康的关系

过多摄入畜肉可增加2型糖尿病和结直肠癌的发病风险，然而未发现畜肉与全因死亡有关系，但性别分层结果发现畜肉可导致男性全因死亡风险增加。在畜肉与心血管疾病的研究中，也未发现畜肉与心血管疾病风险的关联。但过多摄入加工过的畜肉（processed meat），即对畜肉进行烟熏、腌渍或添加化学防腐剂等制成的咸肉、腊肠、香肠、热狗、午餐肉等，可增加冠心病发病风险，每天摄入加工畜肉每增加50g可导致冠心发生风险增加42%，其原因可能与加工过程中使用的某些化学物品，如高钠、硝酸盐等有关。有研究发现，每天摄入50g畜肉者肥胖发病风险升高。与不摄入畜肉相比，每天摄入250g畜肉的人群每年体重增加422g，5年后体重增加大于2kg。但也有一些研究未发现畜肉与肥胖的关联。此外，增加畜肉的摄入可降低贫血的发病风险。研究发现，每天摄入畜肉的人群比不摄入畜肉的人群血清铁蛋白高36%。与每周摄入两次及两次以上畜肉的儿童相比，几乎不摄入畜肉的儿童缺铁性贫血的发病风险增加。

2009年发表在《美国营养学会杂志》上的一项研究证实了食用如牛肉、羔羊肉等红瘦肉对肌肉的影响。列克星敦市肯塔基大学老年医学研究中心的研究者开展了一项有关瘦牛肉中的高质量蛋白是否有益于帮助老年人预防肌肉衰减症的研究。这是一种常发生在老年人群中的肌肉块、肌肉力量减少的功能障碍。这种症状通常在40岁以后开始出现并在75岁之后加速。虽然这种疾病经常发生在不常参与体育运动的人身上，但是对于那些老年时期仍然坚持锻炼的人也同样会出现这种状况。这说明其他因素对这种病症有重要的影响，其中的诱因之一是蛋白质合成的减少。之前的研究显示，老年人的肌肉蛋白质合成水平低于青年人，从而导致了体重的减少。研究人员测试了各种瘦牛肉中肌肉蛋白质合成对于老年人及年轻人的影响。在两组被试者中，每天食用113g瘦牛肉使得肌肉蛋白质合成比率上升了50%。研究者指出："食用高质量蛋白质对于老年人肌肉数量与功能保持具有重要性"。

综合研究结果显示，禽肉的摄入，包括加工类禽肉与结直肠癌的发病风险无关，与2型糖尿病的发病风险亦无关。但与不吃炸鸡者相比，每周吃炸鸡≥2次者，患糖尿病病风险大大增加。其原因可能与加工烹饪方式（煎烤、烘烤）有关。加工过的鸡肉（炸鸡等），尤其是食用带皮鸡肉中，也可增加前列腺癌的发病风险。考虑到烤焦禽肉含有大量杂环胺和多环芳烃化学物，杂环胺和多环芳烃化学物已被证实对人体有致癌和致突变作用，因此应控制加工禽肉的消费。

（冯　一）

第九节　水产品的营养价值

学习要求

- 了解：水产品的定义和分类。
- 了解：鱼加工制品与储存。
- 熟悉：鱼虾新鲜度的判定。
- 熟悉：常见鱼类食品的营养特点。
- 掌握：水产品的化学组成和腐败因素。
- 掌握：贝类和甲壳类营养特点。
- 了解：鱼肉摄入与健康的关系。

地球表面积为5.1亿平方千米，海洋约占地球表面积的70%，为3.61亿平方千米。在30%的陆地上，还分布着江河湖泊。海洋和陆地水域都是资源宝库，千百年来为人类提供了丰富的食物资源和营养素。

一、水产品的定义和分类

水域中蕴藏的经济动、植物（鱼类、软体类、甲壳类、海兽类和藻类）的群体数量，统称为水产资源。由水域中人工捕捞、获取的水产资源称为水产品。由可以供人类食用的水产资源加工而成的食品，称为水产食品。

按照获取的水域的不同，水产食品资源可以分为淡水水产资源和海水水产资源两种。有些特殊的鱼类，如鲑鱼、香鱼等，具有溯溪性，或称为洄游鱼类，它们出生在淡水，而后在海水中成长、觅食，最后再回到它们的出生地产卵、交配。按照生物学分类，可以分为水产动物和藻类。在水产动物资源中，又可以细分为鱼类、软体类、甲壳类、海兽类等；植物界分为低等植物和高等植物，有的生活在陆地，有的生活在水中，前者称为陆生植物，后者称为水生植物。藻类属于低等水生植物，是生长在水域中（主要是海域中）的孢子植物，其种类繁多，也具有相当的资源价值。而鱼的种类至少有两万种以上，大可大到50尺，如鲸鲛，小可小到只有半吋的鰕虎鱼。有些鱼可能只能活数周到数月，但大多数其生命约10~20年。通常鱼的年龄可由鱼鳞上的年轮算出。

二、水产品的化学组成

（一）蛋白质和含氮浸出物

鱼、虾等水产类原料的肌肉组织含量比较高，可达到15%~20%；肌肉纤维细短，通常为3cm左右，间质蛋白含量少，水分含量高，组织柔软细嫩，比畜、禽类肌肉更容易消化、吸收。鱼类肌肉蛋白质属完全蛋白质，利用率可达85%~95%。鱼肉蛋白质亦可制成鱼浆制品，这些鱼浆制品主要靠肌肉本身的肌动凝蛋白形成网状的立体结构而且具有构造稳定的凝胶性质。一些鱼类制品，例如鱼翅，虽然蛋白质的含量也很高，但主要以结缔组织蛋白，如胶原蛋白和弹性蛋白为主，这两种蛋白质中氨基酸的组成不符合人体的需要，缺乏色氨酸，属不完全蛋白质。水产动物的必需氨基酸含量与组成都略优于禽畜产品。主要水产动物和畜类肌肉的各种必需氨基酸之间的比值基本上与全蛋模式相似，因此是人类理想的优质蛋白或完全蛋白（含有人类所需的各种必需氨基酸）或平衡蛋白（不仅含有多种必需氨基酸，而且相互比例与全蛋模式相似）。主要水产动物的赖氨酸、精氨酸和谷氨酸等呈味氨基酸的含量与牛肉、羊肉、猪肉相似或更高（牡蛎与鱿鱼较差）。因此，肉味鲜美，特别是中国对虾、鲢鱼、鲫鱼、中华鳖与牛肉的呈味氨基酸含量明显高于其他种类，因此它们的肉味更鲜美。

鱼类的含氮浸出物比较多，占鱼体质量的2%~3%，主要包括三甲胺、次黄嘌呤核苷酸、游离氨基酸和尿素等。氧化三甲胺是鱼类鲜味的重要物质，三甲胺则是鱼腥味的重要物质，还有一些有机酸常常与磷结合成磷酸肌酸，此物常略带苦味。

（二）脂类

水产类的脂肪含量各不相同，通常，在冬季产卵和放精前，为储存较多能量，脂肪含量相对较高。同样是鱼类，脂肪的含量也有很大的差异，可在0.5%~11%，一般在3%~5%。银鱼、鳕鱼的脂肪含量只有1%左右，而河鳗的脂肪含量可高达28.4%。鱼类的脂肪呈不均匀分布，主要存在于皮下和脏器的周围，肌肉组织中含量很少。不同部位以及肌肉颜色也会影响脂肪的分布。在腹鳍附近的红色肌肉，所含的脂肪最多，其次为靠近头部的肌肉，而近尾部的白色肌肉，所含的脂肪最少。虾类的脂肪含量很低，蟹类的脂肪主要存在于蟹黄中。

鱼类的脂肪多呈液态，熔点比较低，消化吸收率比较高，可达到95%。其中不饱和脂肪酸占70%~80%，特别是在海产鱼中，不饱和脂肪酸的含量高，用海产鱼油来防治动脉粥样硬化，具有明显的效果。但也因为鱼油中脂肪酸可含有1~6个不饱和双键，很容易氧化酸败。贝类、虾蟹类、鱼类和爬行类等水产动物的脂肪酸组成与禽畜产品的主要区别是饱和脂肪酸含量占总脂肪比例低于30%，单不饱和脂肪酸含量低于或与禽畜肌肉相似（5.2%~37.5%）、高度不饱和脂肪酸的含量高（20%~50%），畜类肌肉则低（11%）。水产动物脂肪酸组成的最突出特点是二十碳五烯酸（EPA）和二十二碳六烯酸（DHA）的含量很高，分别为2.7%~20.4%和1.3%~33.7%，而禽畜类肌肉则几乎不含有。EPA为前列腺素的前驱物之一，前列腺素有抑制血浆凝固的作用。同时，这些多不饱和脂肪酸可降低血液中中性脂肪的含量及胆固醇浓度，有益于预防动脉硬化。

食品的胆固醇含量也是评价营养价值的指标之一。胆固醇与磷脂和蛋白结合是构成细胞膜、核膜、线粒体膜和神经髓鞘的重要组成部分，而且具有助消化的作用，并能转变成类固醇激素。但是，人体内胆固醇过多时，血液中低密度脂蛋白（LDL）能把胆固醇堆积于血管壁上，形成动脉粥样硬化斑，管壁增厚，失去弹性和血流受阻，血压增高。鱼肉的胆固醇含量不高，每 100g 鱼肉中含有胆固醇 60~114mg；但鱼子中的含量比较高，每 100g 鱼子中约含胆固醇 354~934mg；虾和蟹肉中胆固醇含量也不高，但每 100g 虾子中胆固醇可高达 940mg；每 100g 蟹黄中胆固醇含量也高达 466mg。

（三）矿物质

鱼类矿物质的含量比较高，可达到 1%~2%，磷的含量最高，约占矿物质总量的 40%。此外，钙、钠、氯、钾、镁等含量也比较高：钙在小虾皮中的含量特别高，可达到 2%；海产品含有丰富的碘，有的海鱼中碘的含量可达到 500~1 000 μg；而淡水鱼的碘含量只有 50~400 μg；很多海产品中还含有丰富的微量元素。例如，每 100g 牡蛎含锌量高达 128mg，是人类很好的摄入锌的食物来源。

（四）维生素

所有水产类都含有丰富的维生素，脂溶性维生素则与脂肪含量有关。鱼类是维生素 B_2、烟酸的良好来源。高脂含量鱼类，如鲑鱼、鲭鱼，是维生素 A 的良好来源，特别是海产鱼的肝脏中维生素 A 和维生素 D 的含量特别高，因而常作为生产药用鱼肝油的来源。但有些鱼体内含有硫胺素酶，新鲜鱼如果不及时加工处理，鱼肉中的硫胺素则被分解破坏。

（五）色素

鱼有红肉鱼和白肉鱼之分，红肉鱼体内的肌红蛋白较多，其需要较大的运动量。而在鱼体内发现的色素主要为肌红蛋白、血红蛋白及脂溶性的类胡萝卜素。类胡萝卜素中，以还原虾红素最为重要，它是构成鲑鱼及虾等红色的主要物质。其余淡水鱼如鲤鱼、鳟所含的黄体素，及海鱼如鲔鱼所含的鲔黄质及斑蝥黄质等，亦很重要。鱼皮主要的色素为黑色素。墨鱼、章鱼等吐出的墨汁即含黑色素，食品工艺中常将此墨汁加入面粉中制成墨鱼面，有一种特殊的风味。还原虾红素在虾外壳中，因与蛋白质结合，所以呈蓝紫色，一旦受热使蛋白质变形后，就立刻恢复其本色。但斑蝥黄质与蛋白质结合时，是呈现黄、橘或红色，这也是有些虾或螃蟹，其外壳本身便为红色的原因。此外，沙丁鱼有一种黄色色素，叫作海藻黄质。

三、鱼类的腐败因素及储存防腐方法

（一）腐败因素

肉、鱼、禽蛋等富含蛋白质的食品，主要是以蛋白质分解为其腐败变质特征。由微生物引起蛋白质食品发生的变质，通常称为腐败。蛋白质在动、植物组织酶以及微生物分泌的蛋白酶和肽链内切酶等的作用下，首先水解成多肽，进而裂解形成氨基酸。氨基酸通过

脱羧基、脱氨基、脱硫等作用进一步分解成相应的氨、胺类、有机酸类和各种碳氢化合物，食品即表现出腐败特征。一般情况下，鱼类比肉类更易腐败，这是因为通常鱼类在捕获后，不是立即清洗处理，多数情况下是带着容易腐败的内脏和鳃一道进行运输，这样就容易引起腐败。其次，鱼体本身含水量高（70%~80%），组织脆弱，鱼鳞容易脱落，细菌容易从受伤部位侵入，而鱼体表面的黏液又是细菌良好的培养基，因而造成了鱼类死后很快就发生了腐败变质。鲜鱼迅速腐败的原因可以归结于微生物、生理学和化学方面。

1. 微生物学方面

目前一般认为，新捕获的健康鱼类，其组织内部和血液中常常是无菌的，但在鱼体表面的黏液中，鱼鳃以及肠道内存在着微生物。当然，由于季节、渔场、种类的不同，体表所附细菌数有所差异。存在于鱼类中的微生物主要有：假单孢菌属、无色杆菌属、黄杆菌属、不动杆菌属、拉氏杆菌属和弧菌属。淡水中的鱼还有产碱杆菌、气单孢杆菌和短杆菌属。另外，芽孢杆菌、大肠杆菌、棒状杆菌等也有报道。

2. 生理学方面

捕鱼时，鱼因挣扎而实际上耗尽了其肌肉所有的糖原，因此鱼被宰杀后，体内能转化成乳酸的残留糖原极少，这样肌肉中能够抑制细菌繁殖的乳酸防腐作用受到了限制。

3. 化学方面

鱼脂肪中的磷脂富含三甲胺。由于细菌和天然鱼体酶的作用而从磷脂中分裂出的三甲胺具有强烈的鱼腥味。脂肪降解产生的异味进一步增加了三甲胺释放的鱼腥味。鱼的脂肪是高度不饱和的，易氧化，因而另外产生了氧化酸败异味。

（二）储存防腐方法

新鲜鱼买回家后应立即冷藏，并在当日或最迟第二天便应处理。若在两三天内不打算食用，则应加以冷冻。冷冻期限不宜超过 6 周，在前三周内品质仍能保持，三周后鱼的品质开始下降。不新鲜的冷冻鱼组织往往烂烂的呈海绵状，是由于变性的蛋白质相互联结造成，而氧化三甲胺受酶的作用产生甲醛，也会造成鱼肉蛋白变性而产生相互联结作用。

在低温下储存的鱼类，常会有变色的现象产生。比如鲔鱼常有肉呈黑色或褐色的情况发生。尤其当鲔鱼储放在-3~-4℃时，表面肉的变色速度最快，而在-6~-7℃时，则内部肉变色最显著，故称此为最大变色温度带。其变色原因时由于肌红蛋白氧化成变性肌红蛋白而造成的。即使在-20℃储存时，仍会有变色问题产生。

鱼体表（尤其是海水鱼）易受细菌污染，而体内则容易有寄生虫的滋生，通常在 60℃加热 1min 或-20℃冷冻 24h 即可杀死寄生虫。为避免食入这些生物，鱼肉以熟食为宜。

由于鱼类极易腐败，因此在过去的几年中人们发展了许多防腐败方法。最基本的方法是熏制和盐腌后加以干制，这是有效的防腐方法，但因为添加了一些防腐的化学成分，所以并不为所有人接受。苯甲酸钠或山梨酸之类的化学防腐剂可以延长鱼类的储藏期，但目前这种方法只能限制地使用。采用能达到巴氏杀菌效果剂量的 γ 射线照射作为延长新鲜冻鱼储藏期的有效手段，近年来已引起人们的很大兴趣，这种方法可以使储藏期延长 2~3 周。但目前保持鲜鱼品质的最重要方法仍然是冷藏、冷冻和罐藏。

四、鱼加工制品

随着渔业的迅速发展和养鱼技术的不断进步，鱼产量大幅度提高，鱼类的保鲜与加工就越来越引起人们的重视。同时为了满足广大消费者的需要，开发了许多鱼类的加工制品。如鱼干片、鱼松等。它们制造工艺简单、营养丰富、风味独特、携带和食用方便，深受广大消费者的喜爱。

（一）鱼干片

一般选用捕获新鲜的或冷冻淡水鱼如鲢鱼、鳙鱼、草鱼、鲤鱼等为原料，去除鳞片、鳍、内脏后，用毛刷洗刷腹腔，去除血污和黑膜。然后进行开片、检片和漂洗以提高鱼片质量。配置调味液，一般水 100 份、白糖 70~80 份、精盐 20~25 份、料酒 20~25 份、味精 15~20 份。将漂洗沥水后的鱼片放入调味液中腌渍。调味温度为 15℃左右，不高于 20℃。要使调味液充分均匀渗透。将调味腌渍后的鱼片，摊在烘帘或尼龙网上，采用烘道热风干燥，烘干时鱼片温度以不高于 35℃为宜。将烘干的鱼片从网片上揭下，即得生鱼片。将生鱼片的鱼皮部朝下摊放在烘烤机传送带上，经 1~2min 烘烤，温度 180℃为宜，注意烘烤前将生片喷洒适量的水，以防鱼片烤焦。烘烤后的鱼片经碾片机碾压拉松即得熟鱼片，用人工揭去鱼皮，检出剩留骨刺（细骨已脆可不除），再行称量包装。

淡水鱼片的成品应放置于清洁、干燥、阴凉通风的场所，底层仓库内堆放成品时应用木板垫起，堆放高度以纸箱受压不变形为宜。

（二）鱼松

鱼松是鱼类的肌纤维制成的绒毛状金黄色调味干制品。营养价值高，老幼皆宜。

将鱼去头、鳞和内脏，洗净，沥干。把鱼放入垫了纱布的蒸笼内蒸熟，趁热抖下肉，拣出骨、筋、皮，并将肉撕碎。锅内放入生猪油等，熬熟后即可将鱼肉倒入，用竹刷子充分炒松，鱼肉变松后即可撒入酱油、白糖、葱姜、花椒、桂皮、茴香、味精等调味品，随时搅拌直到味道合适。

五、贝壳类

贝壳类一般是指真正的贝类（如牡蛎和蛤）及甲壳类（如龙虾和蟹）（上面有贝壳类的分类）。贝壳类营养极为丰富，含有丰富的蛋白质、脂肪、糖原、矿物质等。

（一）蛋白质与氨基酸

1. 蛋白质与氨基酸

贝类含有动物体所需的全部必需氨基酸，氨基酸含量丰富而且平衡，其中酪氨酸和色氨酸含量比牛肉和鱼肉的含量都高，是不可多得的优质蛋白食品。表 2-10 为一些贝类的一般营养成分分析。

表 2—10　几种贝类的一般营养成分

名称	蛋白质/（g/100g）	水分/（g/100g）	粗脂肪/（g/100g）	碳水化合物/（g/100g）	胆固醇/（mg/100g）
扇贝（干）	55.6	27.4	2.4	5.1	348
贻贝（鲜）	11.4	79.9	1.7	4.7	123
鲍鱼（干）	54.1	18.3	5.6	13.7	—
牡蛎	5.3	82	2.1	8.2	100
蛤蜊	10.1	84.1	1.1	2.8	156
生蚝	10.9	87	1.5	0	94

扇贝柱与贻贝的氨基酸组成与 FAO/WHO（1973）推荐的理想氨基酸模式比海珍品刺参更为接近，更易为人体吸收利用。在鸡蛋蛋白为参考蛋白所得的化学评分中，贻贝与扇贝柱的得分远高于刺参，并且动物生长实验结果表明，饲料中加入贻贝和扇贝柱的体重增加明显高于加入刺参的。

甲壳类如蟹的营养也十分丰富，内含谷氨酸、甘氨酸、脯氨酸、组氨酸、精氨酸等多种氨基酸。

贝类肉质中除含有蛋白质氨基酸类营养物质外，还有一个非常显著的营养特点，即含有丰富的具有特殊保健作用的非蛋白氨基酸——牛磺酸。它是一种含硫的非蛋白氨基酸，在体内以游离状态存在，虽然不参与体内蛋白的生物合成，但它与胱氨酸、半胱氨酸的代谢密切相关。人体主要依靠摄取食物中的牛磺酸来满足机体需要，在某些情况下由于供应减少或消耗增加也会出现缺乏。1975 年，Hayes 等报道，猫的饲料中若缺少牛磺酸，会导致其视网膜变性，长期缺乏，终致失明。在所有的海产品中，贝类中牛磺酸的含量普遍高于鱼类，而其中尤以海螺、毛蚶和杂色蛤中为最高，每百克新鲜可食部分中含有 500~900mg。

2. 矿物质

微量元素如碘、铜、锰、锌、镍等在体内与酶、激素、维生素、核酸等一样参与生命代谢过程，它们在贝类中的含量非常丰富，如扇贝柱的微量元素含量与刺参不相上下。然而，贝类具有富集重金属污染的能力，在污染水域所产贝类的安全性需要加以高度注意。

甲壳类产品中也含有丰富的钙、磷和铁等。

（二）甲壳类

甲壳类动物没有脊椎骨，身体分为几个部分，每个部分都有一双联结腿和一个龟壳一样的外壳，外壳覆盖并保护着身体。这类动物与人类有着十分密切的关系，在我国海洋渔业捕获物中产量相当大，特别是对虾、毛虾、梭子蟹等，营养丰富，产值很高，地位更为重要。我国的虾蟹种类非常多，通过大量的调查研究，目前已发现的约有 1 000 多种，其中虾类 400 多种，蟹类 600 多种。

虾蟹的肉质结构同鱼类一样，为横纹肌，其营养丰富，内含脂肪、蛋白质、多种维生素和矿物质。甲壳类特有的甘味性来自肌肉中较多的甘氨酸、丙氨酸、脯氨酸、甜菜碱等甜味成分，主体呈味成分为甘氨酸。虾肉中水溶性蛋白含量高，并带有一定的黏稠性，鲜味得以增强。加热之后，虾的味道变差，是水溶性蛋白变性凝固的缘故。

甲壳类动物的壳中含有甲壳质，广泛存在于自然界无脊椎动物的甲壳、脊椎动物的蹄、角、昆虫的鞘翅、真菌的细胞壁中，在水产动物的虾、蟹中含量丰富。一般虾蟹甲壳中蛋白质 25%，碳酸钙 40%~45%，甲壳质 15%~20%。甲壳质是唯一的动物性膳食纤维物质，具有多方面的生理活性。研究发现，甲壳质具有降低胆固醇、调节肠内代谢、调节血压的生理功效，并且具有排除体内重金属毒素的作用。

常见的虾包括龙虾、草虾、斑节虾、白虾、沙虾、剑虾、樱花虾、北极甜虾等。龙虾肉质较粗，由于血液中含有血蓝蛋白，故其血液为青绿色，当其血加入米酒中，因变性现象产生，因此会转成如牛奶般的白浊现象。草虾、斑节虾、白虾、沙虾通常为养殖虾类。新鲜虾应头尾完整，虾身挺而有一定的弯曲度，且肉质结实有弹性，虾壳发亮（草虾为灰绿色，斑节虾有红褐色斑纹）。不新鲜的虾头易脱落，虾壳色暗淡，肉质松软无弹性，且头部有黑变的现象。冷冻虾类的黑变是由于虾体内的酪氨酸在多酚酶及酪氨酸酶的存在下，氧化形成黑色素所造成的。这种黑变可以用亚硫酸盐类处理，也可在虾捕获后立即降低温度（−2~−6℃）储存。但亚硫酸盐使用过多时，会使虾壳失去光泽，甚至出现白斑。

常见的蟹类包括青蟹、旭蟹、梭子蟹和毛蟹等。新鲜的蟹壳青腹白，腿肉结实，以手捏有硬感，肉质紧密无气味。不新鲜者则肢节断裂，腹部呈灰白色，分量轻，出现异味。

六、鱼虾类新鲜度的判定

鱼虾受到微生物的污染后，容易发生变质。如何鉴别其新鲜度呢？一般是从感官、物理、化学和微生物等方面来进行鉴别。

（一）感官鉴定

感官鉴定是以人的视觉、嗅觉、触觉、味觉来查验食品初期腐败变质的一种简单而灵敏的方法。初期腐败时会产生腐败臭味，发生颜色的变化（褪色、变色、着色和失去光泽等），出现组织变软、变黏等现象以及不正常的气味产生，如氨、三甲胺、乙酸、硫化氢、乙硫醇和粪臭素等具有腐败臭味。其口味也发生变化，比较容易分辨的是酸味和苦味。在选择一般整条新鲜鱼时，应注意下列几项。

（1）鱼目：鱼目光亮透明且凸出为新鲜。

（2）鳃色：鳃色鲜红为新鲜。

（3）皮肤状态：鱼皮肤光润，肉色透明，肉质坚挺有弹性，鳃或口紧闭，鳞片平整固着且有光泽者为新鲜。

（4）腹部：腹部应有弹性，无伤痕。

（5）臭味：新鲜鱼应无恶臭。

分切鱼肉则应肉色鲜明，且具有光泽，无淤血及伤痕，切口不呈现干燥状。

（二）物理鉴定

物理指标主要是根据蛋白质分解时低分子物质增多这一现象，来先后研究食品中浸出物量、浸出液电导度、折光率、冰点下降、黏度上升等指标。其中肉浸液的黏度测定尤为敏感，能反映腐败变质的程度。

（三）化学鉴定

一般氨基酸、蛋白质类等含氮高的食品，如鱼、虾、贝类及肉类，在需氧性败坏时，常以测定挥发性盐基氮含量的多少作为评定的化学指标。

（1）挥发性盐基总氮（totalvolatilebasicnitrogen, TVBN）是指肉、鱼类样品浸液在弱碱性下能与水蒸气一起蒸馏出来的总氮量，主要是氨和胺类（三甲胺和二甲胺），常用蒸馏法或 Conway 微量扩散法定量。该指标现已列入我国食品卫生标准。例如，一般在低温有氧条件下，鱼类挥发性盐基氮的量达到 30mg/100g 时，即认为是变质的标志。

（2）三甲胺因为在挥发性盐基总氮构成的胺类中，主要的是三甲胺，是季胺类含氮物经微生物还原产生的。可用气相色谱法进行定量，或者三甲胺制成碘的复盐，用二氯乙烯抽取测定。新鲜鱼虾等水产品、肉中没有三甲胺，初期腐败时，其量可达（4~6）mg/100g。

（3）组胺鱼类、贝类可通过细菌分泌的组氨酸脱羧酶使组氨酸脱羧生成组胺而发生腐败变质。当鱼肉中的组胺达到（4~10）mg/100g，就会发生变态反应样的食物中毒。

（4）K 值（K value）是指 ATP 分解的肌苷和次黄嘌呤低级产物占 ATP 系列分解产物的百分比，K 值主要适用于鉴定鱼类早期腐败。若 $K \leqslant 20\%$，说明鱼体绝对新鲜；$K \geqslant 40\%$ 时，鱼体开始有腐败迹象。

（四）微生物鉴定

对食品进行微生物菌数测定，可以反映食品被微生物污染的程度及是否发生变质，同时它是判定食品生产的一般卫生状况以及食品卫生质量的一项重要依据。在国家卫生标准中常用细菌总菌落数和大肠菌群的近似值来评定食品卫生质量，一般食品中的活菌数达到 108cfu/g 时，则可认为处于初期腐败阶段。

七、水产类的制备与其对营养价值的影响

鱼类在食用前，需经宰杀、刮鳞、去内脏及清洗等处理。一般鱼类的结缔组织较

少，故烹煮时间比禽畜肉短许多。当鱼肉熟时，蛋白质开始凝固，而鱼肉呈雪片状，此时可以试探是否已熟，一旦熟后，便应将火关掉并起锅，以免过度加热使肉变硬，且造成肉汁流出。由于鱼肌节处易断裂，故烹煮时可加些醋或柠檬汁，同时水滚后应立即关之小火，避免大滚而破坏鱼肉组织。因酸可加速蛋白质的凝固，且可防止含硫及氨物质的产生。这是因为在鱼肉中有胺类存在，在加热过程中会与氢离子形成氨并溶在水中，若水中有足够的酸，则可中和此氨。在食用海鲜后，用含柠檬片的洗手水可以去腥即是这个原理。

以干热及湿热法都可制备鱼肉，但其中以蒸鱼的方法最能保持鱼的鲜味。干热法中常见的为烤。有些烤法是直接置于炭火上烤，边烤边涂佐料，如烤鱿鱼、秋刀鱼等；另一种则是将材料调味好，以铝箔包好，放入烤箱中烤熟，此法可保持产品的鲜嫩。若用油炸，则最好裹上面粉再炸，较能保留鱼的嫩度。

鱼类在烹调加工过程中，蛋白质含量的变化不大，而且经烹调后，蛋白质更有利于消化吸收。矿物质和维生素在用煮的方法时，损失相对不大；在高温制作过程中，B 族维生素损失较多。

八、人造海产品

近年来，世界各国的食品行业为了满足广大消费者的需要，竞相开发出许多不同类型而又营养丰富的“人造食品”——即仿生食品（或从营养上，或从风味、形态上仿天然食品）。

人造海洋食品的种类如下。

（一）人造海蜇皮

人造海蜇皮的主要制造原料为褐藻酸钠，也称为海藻酸钠，是褐藻的细胞成分褐藻酸的钠盐，其主要成分为 β-D-甘露糖醛酸钠和 α-L-古罗糖醛酸钠。

褐藻酸是一种极性高分子化合物，含有羟基和羧基，不溶于水，在水中能吸收大量的水而膨胀至原体积的 30~40 倍，而成为网状持水结构。酸性条件下亲水性低，碱性条件下则溶解成黏稠液体，碱金属盐如褐藻酸钠易溶于水。与二价金属钙离子的钙盐反应后，可形成不溶于水的褐藻酸钙。这种不溶于水、在水中具有致密网状结构的钙盐，就是人造海蜇皮食品的主要物质，通过调节褐藻酸钠和钙离子的溶液浓度和置换时间，就可以得到口感软硬程度不同的仿生海蜇食品。

（二）人造蟹腿肉

仿生蟹腿肉食品是以海杂鱼肉、面粉、鸡蛋、盐、豆粉、土豆泥、酒和色素为主要原料，加上螃蟹壳熬制的浓汁，搅拌均匀后，在用成型机压制成柔软的蟹肉样。其色、形、味与真螃蟹肉几乎一样，而成本却远低于螃蟹肉，而且易于储存和运输。

（三）仿生鱼翅食品

鱼翅是海味八珍之一，是人们喜庆筵席上有名的美味佳肴。鱼翅的食疗价值得到确认后，来源奇缺的鱼翅需求量越来越大。由于海洋资源有限，鱼翅的仿真食品越来越受欢迎。用鱼肉和从海藻中提取出来的物质为主要原料，再加上面粉、鸡蛋白、色素及人体必需的其他营养成分制成仿鱼翅食品，虽药理价值不及真品鱼翅，但基本营养优于天然鱼翅，口感宜人且味美价廉，烹制方便。

（四）仿生虾样食品的制造

虾的肉质细腻，脂肪含量较低，味道鲜美可口，食感特别。天然虾肉组织是由直径为几微米甚至几百微米的肌肉纤维紧密结合合成的，而且组成虾肉的肌肉纤维，在食用时的破断力分强弱两种，它们相互作用产生虾肉独特的食感。

美国已研制生产一种外形、颜色、口味均可与同天然对虾媲美的人造对虾，以小虾为主要原料，加入浓缩大豆蛋白、马铃薯淀粉、面粉、调味素香料、食盐等，混合物送入成型机中挤压成型，然后喷上一层钙液、色素作为“外衣”即成。

（五）利用乳蛋白生产的仿生乌贼肉

以乳蛋白与鱼糜配合制成的仿乌鱼肉不仅口感风味与乌鱼相似，而且因其均为优质蛋白质原料，营养价值也不逊于真正乌鱼。

（六）仿生乌鱼干

仿生乌鱼干产品制造的关键在于使制品具有乌鱼干特有的口感及蛋白纤维性，因而其所选用的能形成口感的原料为活性面筋，它具有韧性的面筋蛋白的大分子结构，通过压延拉伸，可使其纤维化。

（七）仿生鱼子食品

鱼子即鲑鱼与鳟鱼之卵，由于资源紧缺，数量稀少，加之该品含有丰富的卵磷脂、脑磷脂、维生素等营养成分，对皮肤、眼睛干燥者有益，是一种很好的滋补、明目保健佳品，因而非常珍贵。以多种海藻胶类多糖为主要原料模拟其食感，添加各种营养调味因子如磷脂、胡萝卜素等，制成的口感类似于天然鱼子，经营养强化后可制成多种仿生鱼子食品。

（八）仿生蟹仔食品

天然的蟹仔在食用时有其独特的粒状齿感及润滑的食感。以禽、蛋、鱼类卵巢、海藻胶等为原料，经精细加工制成细粒胶状物质，再以禽类的蛋白、蛋黄、鱼类的卵巢为黏合剂，通过加热凝固作用，把细粒状胶体质粒连成一体，可制出很像天然蟹仔的人造食品。

（九）仿生海胆风味食品

海胆黄为海产珍味食品，自古以来就深受人们的喜爱。用粒状植物蛋白，食用油脂及鱼肉糜为原料，可配制加工成外观、食感都与海胆黄相似的仿生食品。

九、常见鱼类食品的成分

（一）鲤鱼

鲤鱼的营养价值较高。含有多种维生素、组织蛋白酶、谷氨酸、甘氨酸、组氨酸等。另外还含有挥发性含氮物质、挥发性还原性物质以及组胺等成分。因此，鲤鱼营养丰富，颇有药用功能，鲤鱼对门静脉性肝硬化腹水或水肿、慢性肾炎水肿均有利水消肿的效果。

（二）鲫鱼

鲫鱼又名鲋鱼，从非洲引进的鲫鱼称黑鲫鱼、罗非鱼。鲫鱼中含蛋白质量高，仅次于对虾，鱼肉中含有16种氨基酸，其中人体所必需的赖氨酸和苏氨酸含量较高。鱼油中含有大量维生素A等，这些物质均可影响心血管功能，降低血液黏稠度，促进血液循环。鲫鱼对慢性肾小球肾炎水肿和营养不良性水肿等病症有较好的调补和治疗作用。

（三）青鱼

青鱼又名黑鲩、青鲩、乌鲭，历来被奉为营养上品，有增强体质等作用。另外，还发现青鱼含硒等微量元素。

（四）黑鱼

黑鱼学名鳢鱼，又名生鱼、乌鱼、乌鳢、蛇皮鱼等。黑鱼蛋白质含量甚高，并含有少量脂肪和人体不可缺少的钙、磷、铁和多种维生素，其营养价值与青鱼相近。

（五）鳗鱼

鳗鱼又名白鳝或白鳗、蛇鱼、青鳝、鳗、鲡、河鳗。鳗鱼含钙和磷较高，维生素A也很丰富。中医学认为鳗鱼有抗结核作用。

（六）鳝鱼

鳝鱼又名黄鳝、长鱼、无肠子。鳝鱼蛋白含量较高，铁的含量比鲤鱼、黄鱼高1倍以上，并含有多种矿物质和维生素，尤其是微量元素和维生素A的含量更丰富。

（七）带鱼

带鱼又名鞭鱼、海刀鱼、牙带鱼、鳞刀鱼等。富含蛋白质、脂肪，也含较多的钙、磷、铁、碘以及维生素 B_1、维生素 B_2、维生素 A 等多种营养成分。带鱼鳞含较多的卵磷脂，卵磷脂可以延缓脑细胞的死亡，故吃带鱼可不去鳞，也许对人体更有益。此外，带鱼鳞的丰富油脂中还含有多种不饱和脂肪酸，它能增强皮肤表面细胞的活力，使皮肤细腻、光洁。由于带鱼肥嫩少刺，易于消化吸收，更是老人、儿童、孕妇和患者的理想食品。

（八）黄花鱼

黄花鱼又名石首鱼、黄鱼等。黄花鱼磷碘含量尤高。由于其味鲜美，可增进食欲。此外，黄花鱼的白脬可炒炼成胶，再焙黄如珠，称鱼鳔胶珠，具有大补真元、调理气血的功效。

（九）银鱼

银鱼又名银条鱼、面条鱼、面丈鱼等。银鱼的可食率为100%，被誉为“鱼参”。银鱼含较高蛋白质和丰富的钙、磷、铁和多种维生素等，特别是经干制后的银鱼含钙量尤高，超过其他一般鱼类的含量，为群鱼之冠。近年，已有资料证实，食用富钙食品能有效地预防大肠癌的发生。

（十）乌贼鱼

乌贼鱼为软体动物乌贼科乌贼鱼的肉或全体，又名缆鱼、墨斗鱼。新鲜乌贼鱼含有5-羟色胺及多肽物质，具有抗病毒、抗放射线作用。近年发现多食乌贼鱼，对提高机体免疫力、防止骨质疏松、治疗倦怠乏力和食欲不振等有一定的辅助作用。

（十一）甲鱼

甲鱼又名鳖、团鱼、鼋鱼。多生活于湖泊、小河及池塘的泥沙中，全国各地均有。甲鱼中的20-甲烯戊酸是抵抗血管衰老的重要物质。甲鱼壳含动物胶、角蛋白、碘及维生素 D 等。近年来，发现甲鱼肉能抑制肿瘤细胞生长，提高机体免疫力，从而有防癌功能。

（十二）虾

也称为海米、开洋，主要分为淡水虾和海水虾。前者包括青虾、河虾、草虾、小龙虾等；后者包括对虾、明虾、基围虾、琵琶虾、龙虾等。虾的肉质内嫩鲜美，食之既无鱼腥味，又没有骨刺，老幼皆宜。虾的营养极为丰富，除富含蛋白质外，还含有丰富的镁，镁对心血管系统具有重要的调节作用，并能减少血液中胆固醇含量，防止动脉粥样硬化。尤其值得一提的是，虾皮中富含钙，老年人经常食用，可预防自身因缺钙所致的骨质疏松症。

（十三）蟹

蟹分为海蟹和河蟹两种，是一种营养丰富的特种水产品，不仅具有丰富的营养价值，而且具有较高的药用价值，其蛋白质和脂肪的含量高于大多数的鱼类和虾类。蟹肉还富含牛磺酸。此外，所含钙、磷、铁的量是绝大多数水产品无法可比的。据《本草纲目》等载：螃蟹具有舒筋益气、理胃消食、通经络、散诸热、散淤血之功效。蟹肉味咸性寒，有畏寒症者最好控制摄入量。易患过敏性皮炎、荨麻疹等过敏体质的人，在食用蟹肉特别是蟹肉酱时，需要特别注意。由于蟹体内常有沙门氏菌，食用时要彻底加热杀死，否则易导致急性胃肠炎或食物中毒，甚至危及人的生命。

十、鱼肉摄入与健康的关系

虽然鱼肉中营养价值较高，但是由于鱼类受生活水域的环境影响，可通过食物链的生物积累和生物放大作用将重金属积聚在体内。例如，汞污染水域后，可通过微生物的作用在鱼类体内转变为甲基汞，鱼类吸收甲基汞的效率极高，而清除速度却很慢，其体内的甲基汞大部分都蓄积在肌肉组织中。鱼的营养级越高、鱼龄越大，甲基汞在鱼肉中的含量也越高。对人类而言，食用这些甲基汞含量过高的鱼类将大大增加人体的甲基汞暴露风险并对健康产生不利影响。例如，20 世纪 50 年代发生在日本的“水俣病”事件。

（一）鱼肉摄入与心脑血管疾病

摄入鱼肉对心血管疾病影响的机制，一般认为是由于鱼肉中含有大量的不饱和脂肪酸（EPA、DHA 等）的作用，可降低心血管疾病的风险，还有最新的研究显示二十二碳五烯酸以及 EPA、DHA 转换的中间代谢产物也可降低心血管疾病相关事件的结局的发生风险。n-3 多不饱和脂肪酸的保护作用和消退因子可以降低炎症反应，从而稳定易损斑块，改善动脉粥样硬化的进程。此外，n-3 多不饱和脂肪酸还可以通过调节肝脏极低密度脂蛋白（内脏甘油三酯的主要来源）和乳糜微粒的代谢来降低甘油三酯的含量，从而改善心血管疾病。有研究发现鱼和长链 n-3 多不饱和脂肪酸的摄入量与缺血性脑卒中病死率呈负相关，这可能与其可减少血小板聚集有关。而关于出血性脑卒中的相关机制尚未清楚，女性可能是与长链 n-3 多不饱和脂肪酸对内皮功能影响、炎症和血脂水平的保护作用有关。

（二）鱼肉摄入与阿尔茨海默病及认知功能障碍

众多研究结果显示增加鱼肉摄入可能降低痴呆及认知功能障碍的发病风险。鱼肉中含有大量 DHA 等 n-3 多不饱和脂肪酸，主要可能通过以下途径对阿尔茨海默病患者的神经退行性症状起到一定保护作用：①调节神经元细胞膜，从而影响信号传导的速度、神经传递以及脂肪筏的形成；②减少血浆可溶性淀粉样蛋白 β 的水平；③通过增强脂类（甘油三酯）分解对心血管系统其保护作用；④大部分 DHA、EPA 的介质具有抗炎作用，进而对神经退行性变化起到保护作用。此外，还可以通过调节氧化应激、参与细胞核相关受体转录等改善阿尔茨海默病患者的神经退行性症状。

（三）鱼肉摄入与老年黄斑变性

研究发现，每周使用 1 次以上鱼肉与每月食用少于 1 次相比，老年黄斑变性发病风险降低。DHA 是视网膜特定膜结构的重要组成部分。外层视网膜光感受器细胞片段在正常视觉周期内不断脱离，以及缺乏这类 n-3 多不饱和脂肪酸可能会引起老年黄斑变性。也有证据表明，这样的长链 n-3 多不饱和脂肪酸可防止老年黄斑变性的可能致病因素，如氧化损伤、炎症和与年龄有关的血管与神经视网膜的病理改变等。

（冯 一）

第十节 蛋类的营养价值

学习要求

- 掌握：蛋的结构与组成。
- 掌握：蛋的主要成分和营养价值。
- 了解：蛋的分级与选择方式。
- 熟悉：蛋的贮存和加工过程中对营养价值的影响，蛋的功能性，蛋类加工品的制成原理。
- 了解：蛋类摄入与健康的关系。

蛋是鸟类、爬虫类和两栖动物所生的带有硬壳的卵，受精之后可孵出小动物。从古到今，蛋类既是人类主要的蛋白质来源，又是自然界给予人类的最好的蛋白质之一。对于家庭食用而言，蛋类不仅能单独食用，且能与其他食物配合，同时容易消化，具有显著的健康效益。对食品企业而言，因其具有多种功能性，如乳化性、起泡性、增稠性等，因此在加工制品中有着广泛的应用。鸡蛋是所有蛋类中最重要的，其他还有鸭蛋、鹌鹑蛋、鹅蛋、鸽蛋、鸵鸟蛋、火鸡蛋和海鸥蛋等。它们在营养上具有共性，都是蛋白质、B 族维生素的好来源，也是脂肪、维生素 A、维生素 D 和微量元素的较好来源。

一、蛋的结构

各种禽鸟的蛋结构十分类似，主要由蛋壳、蛋清和蛋黄三部分组成。蛋的结构与其运输和储存有很大关系。表 2-11 为各种蛋的重量和所占比例。

表 2—11　各种蛋的重量和所占比例

蛋种类	全蛋重/g	蛋壳/%	内容物/%	蛋白/%	蛋黄/%
鸡蛋	57.1	12.1	87.9	56.2	31.7
鸭蛋	78.1	14.0	86.0	53.2	32.7
鹅蛋	137.4	12.0	88.0	50.0	38.0
火鸡蛋	85	11.8	88.2	55.9	32.3
鸵鸟蛋	1400	14.1	85.9	53.4	32.5
鹌鹑蛋	10.3	10.2	89.8	58.7	31.1
鸽蛋	17.0	8.1	91.9	74.0	17.9

（一）蛋壳

蛋壳位于最外层，是保护蛋不受外力伤害的最主要物质。在蛋壳里层有两层保护膜：内蛋壳膜和外蛋壳膜。这两层膜有助于阻止穿透蛋壳的物质进入蛋体内。

蛋壳约占全蛋重量的 10%，绝大部分是碳酸钙，以及少量的碳酸镁、磷酸钙、磷酸镁，和黏多糖。蛋壳表面呈颗粒状，且有许多小孔。这些小孔一方面是蛋内胚胎的呼吸通道，另一方面也是许多微生物借以进入蛋中的途径，而水分和二氧化碳也可由此逸出。在蛋壳的外层有一层角皮层，是输卵管所分泌的黏液物，能迅速干燥并黏附于蛋壳表面，造成粗糙感，当水洗或擦拭时，易被除去。

蛋壳膜的主要成分是角蛋白，外蛋壳膜与蛋壳相接，内蛋壳膜则与卵白相连。两层蛋壳膜在蛋的钝端包围出一个空间，称为气室。气室会随蛋的存放时间延长导致水分蒸发而变大。

一般而言，受气温影响，禽类在气温较高时的食欲减低，食料摄取减少，以致形成蛋壳所必需的钙摄入不足。因此，夏季蛋的蛋壳较薄，而冬季蛋的蛋壳较厚，春秋两季者则居中。如禽类营养不佳，那么所产蛋的蛋壳也较薄。此外，蛋壳的颜色与禽类的品种有关而与其营养价值无关。如有些品种的鸡产下白色壳的蛋，有些则产下褐色壳的蛋，但其营养价值是相同的。

（二）蛋清

与内蛋壳膜有直接接触的就是蛋清。蛋清为白色半透明黏性溶胶状物质。分为三层：外层稀蛋清、中层浓蛋清和内层稀蛋清。它们含水量分别为 89%、84% 和 86%。新鲜鸡蛋清 pH 值为 7.6~8.0。

（三）蛋黄

蛋黄由上述三层蛋清所包围，为浓稠、不透明、半流动黏稠物，由蛋钝端和尖端两侧的蛋黄系带固定在内层稀蛋清和浓蛋清之中。蛋黄系带是一种卵黏蛋白，并结合较多溶菌酶，有助于将蛋黄固定在蛋的中央，防止其移动。蛋黄由无数富含脂肪的球形微胞所组成，外被蛋黄膜。蛋黄膜具有一定弹性，其中主要为蛋白质。蛋黄内最中心处为白色的卵黄心，周围为相互交替的深色蛋黄层和浅色蛋黄层。蛋黄上侧表面的中心部分有一个 2~3mm 直径的白色小圆点，称为胚胎。

二、蛋的主要成分和营养价值

同肉类和蔬菜类一样，蛋是人们常吃的副食品之一，营养价值较高，方便易得。蛋中的营养素含量总体上基本稳定，各种蛋的营养成分有共同之处。蛋清与蛋黄含有禽类生长发育所需要的全部营养素，其一般组成如表 2-12 所示。

表 2-12　蛋清与蛋黄的相对重量与组成

蛋成分	重量/g	水分/%	蛋白质/%	脂肪/%	糖类/%	灰分/%
全蛋	50	73.7	13.0	11.6	1.0	0.7
蛋清	33	87.6	10.9	0.1	0.9	0.5
蛋黄	17	51.1	15.9	30.6	0.6	1.8

（一）蛋白质

以鸡蛋为例，每枚鸡蛋平均可提供 6g 蛋白质。鸡蛋蛋白质为优质蛋白质的代表，其生物价高达 94，易被人体消化吸收。

1. 蛋清蛋白质

蛋清中含大量的水分（占 87%）和蛋白质。其含有的蛋白质超过 40 种，其中主要蛋白质包括卵清蛋白、卵伴清蛋白、卵球蛋白和卵黏蛋白等糖蛋白。

卵清蛋白含磷糖蛋白最多，占 54%，是蛋白中唯一具有游离硫氢基的蛋白质。当此蛋白质变性时，为烘焙食品的重要结构组成物。蛋在存储过程中，卵清蛋白会转变成对热较为稳定的 S-卵清蛋白，此转变是不可逆的。S-卵清蛋白的组成及分子量与卵清蛋白相似，蛋分子构造有所不同。碱性和温度较高时此转变速率较快。由于高温存储后的蛋白含 S-卵清蛋白较多，用于制作糕饼制品容积会较小，因此可添加新鲜蛋清来改善此缺点。

卵伴清蛋白占 13%，具有与二价或三价金属离子作用的特性。如与铁结合，会产生粉红色的复合物。蛋以生锈容器保存时产生红色，就是此原因。与铁结合，亦具有阻止需铁细菌生长的作用。卵伴清蛋白是容易变性的蛋白质，然而与金属离子结合形成复合物后，即可增加其对加热、酶类分解以及各种变性处理的抗性。因此，利用此特性可用来提高蛋白加热的温度。

卵球蛋白占 8%。其中溶菌酶因可水解某些细菌细胞壁中的多糖类，故具有抑菌作用。球蛋白与蛋的起泡性有关，如将球蛋白加入鸭蛋中（因鸭蛋缺乏球蛋白），则可促进鸭蛋白的起泡性。

卵黏蛋白是一种糖蛋白，与蛋白的黏度有关。在浓蛋清中，卵黏蛋白的含量为稀蛋清中的 4 倍。实验发现，卵黏蛋白与溶菌酶会相互作用形成复合物，其中溶菌酶有降低趋势，这可能与蛋白储藏的水样化（蛋白变稀）有关。

其他少量蛋白质包括：卵酶抑制剂（一种蛋白酶抑制剂）、黄素蛋白（脱辅基蛋白与核黄素结合者）、抗生物素蛋白（可与生物素结合，使其失去生理活性）。

2. 蛋黄蛋白质

蛋黄比蛋清要浓，其主要蛋白质是与脂类相结合的脂蛋白和磷蛋白，其中低密度脂蛋白占 65%，卵黄球蛋白占 10%，卵黄高磷蛋白占 4%，高密度脂蛋白占 16%。蛋黄中的中低密度脂蛋白使蛋黄具有良好的乳化性质，有受热形成凝胶的性质。卵黄磷蛋白具有抗氧化能力且有助于起泡和乳化。

（二）脂肪

鸡蛋清中含脂肪极少，98% 的脂肪存在于蛋黄中。鸡蛋黄中脂肪含量 30%~33%，其中中性脂肪量约 62%~65%，磷脂占 30%~33%，固醇占 4%~5%，还有微量脑苷脂类。蛋黄中性脂肪的脂肪酸中以单不饱和脂肪酸油酸最为丰富，约占 50%，亚油酸约占 10%，其余主要是硬脂酸、棕榈酸和棕榈油酸，含微量花生四烯酸和 DHA。蛋黄是磷脂的极好来源，所含卵磷脂具有降低血胆固醇的效果，并能促进脂溶性维生素的吸收。各种禽蛋的蛋黄中总磷脂含量相似，它们使蛋黄具有良好的乳化性状，但因含有较多不饱和脂肪酸，容易受到脂肪氧化的影响。鸡蛋中的固醇含量较高，其中 90% 以上为胆固醇，含有少量植物性固醇。

（三）碳水化合物

鸡蛋中的碳水化合物含量极低，约为 1%，有两种状态存在：一部分与蛋白质相结合，含量为 0.5%；另一部分游离存在，含量约 0.4%。后者中 98% 为葡萄糖，其余为微量的果糖、甘露糖、阿拉伯糖、木糖和核糖。这些微量的葡萄糖是蛋粉制作中发生美拉德反应的原因之一，因此生产上在干燥工艺之前采用葡萄糖氧化酶除去蛋中的葡萄糖，使其在加工储藏过程中不发生褐变。

（四）矿物质

蛋中的矿物质主要存在于蛋黄部分，蛋白部分含量较低。蛋黄中含矿物质 1.0%~1.5%，其中磷最为丰富，占 60% 以上，钙占其中 13%。蛋黄中包括铁、硫、镁、钾、钠等。蛋中所含铁元素数量较高，但以非血红素铁形式存在。由于卵黄高磷蛋白对铁的吸收具有干扰作用，故而蛋黄中铁的生物利用率较低，仅为 3% 左右。蛋中的矿物质含量受饲料因素影响较大。不同禽类所产蛋中矿物质含量也有所差别，如鹅蛋的蛋黄和鸭蛋的蛋白中含铁较高，鹌鹑蛋含锌量高于鸡蛋，而鸵鸟蛋各种矿物质含量和鸡蛋相近。

（五）维生素和其他微量活性物质

蛋中维生素含量十分丰富，且品种较为完全，包括所有的 B 族维生素、维生素 A、维生素 D、维生素 E、维生素 K 和微量的维生素 C。其中，绝大部分的维生素 A、维生素 D、维生素 E，大部分的维生素 B_1，都存在于蛋黄中。蛋黄的颜色是由类胡萝卜素而来，主要为叶黄素，尤以黄体素和玉米黄质为主，其受饮食影响甚大。欧美国家常以玉米及苜蓿作为提供蛋黄色素的食物，因其色素可迅速转移至蛋黄中。蛋黄颜色的深浅与所含营养多少及种类无关，与饲料内所含成分有关。鸭蛋和鹅蛋的维生素含量总体高于鸡蛋。在 0℃保藏鸡蛋 1 个月对维生素 A、维生素 D、维生素 B_1 无影响，但维生素 B_2、烟酸和叶酸分别有 14%、17% 和 16% 的损失。如表 2-13 所示。

表 2-13　几种禽类蛋白和蛋黄中的维生素含量（可食部分 100g）

种类	维生素当量/μg	维生素B_1/mg	维生素B_2/mg	烟酸/mg	维生素E/mg
鸡蛋黄	438	0.33	0.29	0.1	5.06
鸡蛋白	微量	0.04	0.31	0.2	0.01
鸭蛋黄	1980	0.28	0.62	—	12.72
鸭蛋白	23	0.01	0.07	0.1	0.16
鹅蛋黄	1977	0.06	0.59	0.6	95.70
鹅蛋白	7	0.03	0.04	0.3	0.34

（六）抗微生物保卫系统

鸡蛋具有天然的抗微生物保卫系统。该系统可以分为物理及化学两方面。物理上为角皮层、蛋壳及蛋壳膜。化学上，蛋清的黏度具有保护作用。蛋清含有一些抗微生物因子，如溶菌酶、卵伴清蛋白、抗生物素蛋白、黄素蛋白、卵酶抑制剂等。这些抗微生物因子的存在，使其具有良好的保卫系统。

三、蛋的分级与选择

（一）蛋的分级

一般蛋的分级可用品质或重量来分级，两者之间无绝对的关系。以品质分级时（以美国为例），主要依据外表和内部两个因素。

蛋的外表因素包括：形状，清洁或有污染，是否破损及颜色。其中，颜色与蛋的品质毫无关系。内部因素则一般是使用非破坏性的照光检查方式。将蛋经过一光源，利用透过的光进行观察：气室的大小；蛋黄的位置与移动情况、大小、颜色等；是否有异物存在，如血块、虫体、微菌等；是否孵化或腐败。内部因素最明显者为气室及蛋黄：品质好的蛋的气室较小，并因蛋清的黏度较高，其蛋黄位于正中且轮廓朦胧；而品质差的蛋，不仅气室大，蛋黄会移向蛋壳，且轮廓清楚。

蛋黄指数，即将蛋内容物摊于平面，且在蛋白和蛋黄不分离的状态下，测定蛋黄的高度和直径，以高度除以直径所得的值即为蛋黄指数。此值越大则品质越好。一般新鲜蛋为0.361~0.442。也可观察蛋清稀化程度。

我国鲜鸡蛋的品质分级方式，也考虑外观检查（蛋壳）、透光检查（气室、蛋清、蛋黄）、内容物检查（蛋黄、浓蛋清、稀蛋清）等因素。分为二级：特等和优等。如气室深6mm以下者为特等，6~10mm为优等。鸭蛋则分为特级、甲级、乙级与等外四级。

蛋也可以根据重量分级。我国及美国的重量分级如表2-14所示。蛋的重量虽然差异很大，然而蛋黄重量的差异并不大，其差异主要来自蛋清。

表2-14　鲜蛋重量分级标准

分类	中国		美国
	鸡蛋/g	鸭蛋/g	鸡蛋/（OZ/打）
超级			30
特大号	66~72	>76	27
大号	60~66	68~76	24
中号	54~60	60~68	21
小号	48~54	50~60	18
特小号	42~48	<52	15

（二）蛋的选择

1. 外观

挑选蛋主要观察外表，蛋壳表面若粗糙无光泽则为新鲜蛋；若表面光滑甚至有油渍，则不新鲜。

2. 振动法

可将蛋摇一摇。新鲜蛋因内容物紧密，不会有声；不新鲜蛋则可听到轻微的振动声。

3. 比重

新鲜蛋比重为1.08~1.09，越陈旧的比重越低，故可用6%~10%（比重1.03~1.07）的盐水试验。若蛋下沉表示新鲜；若上浮表示不新鲜。

4. 照光法

可用照光检查法观察蛋的气室和蛋黄位置。气室大则不新鲜，蛋黄未位于蛋中央而有上浮现象则表示不新鲜。

四、蛋的储存

（一）蛋的储存

蛋生出后，其品质便随着时间的推移而下降。这种改变可借良好的储存来降低，但无法完全阻止。不过蛋本身含有极佳的保护层，加上现代的保存技术，仍可使蛋储存数月之久。

在略微高于鸡蛋冰点的温度储存是最好的。理想的做法是在-1℃的仓库内储存，为减少鸡蛋中水分的丧失，相对湿度须高达 80%。鸡蛋产出后，二氧化碳通过多孔蛋壳逸出，使得鸡蛋更加呈碱性。二氧化碳的逸出与鸡蛋陈腐过程有关。因此，将鸡蛋储存于二氧化碳中以减少二氧化碳的流失，也使储存稳定性得以延长。此外，更常见的方法是储存前用一种轻质矿物质油喷涂鸡蛋，这样就封闭了鸡蛋壳孔，阻止了二氧化碳和水分的流失。另一种延长储存时间的方法是热稳定法。鸡蛋用热水也可以杀死蛋壳表面的一些细菌。

（二）储存时蛋品质的变化

蛋在储存过程中角皮层开始收缩，造成气孔暴露至空气中，因此蛋内水分及二氧化碳逐渐跑出蛋外。由于这两者的逸失，会导致气室变大。气室增大的速率视储存状况及蛋壳上是否有保护膜而定。一般家庭中蛋的储放多是在冰箱。因冰箱中有风扇以促进空气循环，蛋储放时多为开放形式，因此水分丢失略多。水分除了由蛋壳逸失外，也会由蛋清移向蛋黄。在 30℃下放置 50d 的蛋，其黄中水分由原来的 49% 上升至 50%。此水分的转换造成蛋黄变大及黏度降低，并减弱蛋黄膜的强度。此外，储存期间因浓蛋清中卵黏蛋白的双硫键减少，形成解聚作用，加上卵黏蛋白与溶菌酶的相互作用而造成浓蛋清变稀。当蛋清黏度降低后，蛋黄容易移动，出现上浮的倾向，同时蛋黄膜也变得较为脆弱。当把蛋打在平面上时，可以看到蛋清因水化而形成一大片，无法包住蛋黄，而蛋黄则偏扁，无法形成圆形，甚至蛋黄会整个散掉。

储存也会影响到蛋的风味。若储存时未加以防范，则蛋将吸收外界不良的风味。而长期储存时，蛋本身也会有老化的风味产生。储存温度对蛋制品风味亦有影响，生蛋以冰温储存，其品质可以保持 6 个月之久，但在前 3 个月时，品质下降较快。此外，蛋在生下时，其内容物处在无菌状态，但随后微生物可能会由气孔进入蛋内，尤其是蛋在清洗后，存在水中的微生物会借机进入，但是蛋本身亦有其防御系统，一定程度上可阻止微生物入侵。但若污染严重，蛋本身无法抑制细菌生长时，便会开始腐败。

五、加工、烹调和储藏对蛋的营养价值影响

鸡蛋吃法多种多样，就营养的吸收和消化率来讲，煮蛋为 100%，嫩炸为 98%，炒蛋为 97%，沸水、牛奶冲蛋为 92.5%，老炸为 81.1%，生吃为 30%~50%。由此来说，煮鸡

蛋是最佳的吃法，但鸡蛋煮的时间过长，蛋黄中的铁离子与蛋白中的硫离子化合生成难溶的硫化铁，很难被吸收。一般认为，鸡蛋以沸水煮 5~7min 为宜。油煎鸡蛋过老，边缘会被烤焦，鸡蛋清所含的高分子蛋白质会变成低分子氨基酸，这种氨基酸在高温下常可形成有毒的化学物质。对儿童来说，蒸蛋羹、蛋花汤最适合，因为这两种做法能使蛋白质松解，极易被儿童消化吸收。

日常生活中，鸡蛋久置会变臭，或有裂缝，随着蛋清中的杀菌素逐渐减少，通过蛋壳气孔或裂缝侵入的细菌大量繁殖，产生甲烷、氮、氨、二氧化碳等物质，发出恶臭。臭蛋经烹调后，其中的胺类、亚硝酸盐、细菌毒素等依然存在，食后会引起恶心、呕吐等中毒症状。

六、蛋的功能性

在加工食品中常会添加蛋作为配方之一，主要目的在于利用蛋的功能性来调整食品的性质，如表 2-15 所示。

表 2—15　蛋的功能性与食品的关系

食品	功能性
蛋糕	起泡性，成形性，颜色
煮蛋、炒蛋	成形性，凝固性
蛋黄酱	乳化性
蛋白霜饰	起泡性，成形性

（一）提供色调及风味

当食物中加入蛋黄时，可提供悦人的颜色，并增加风味，比如柠檬派，其内馅的黄色便是由蛋黄给予的。

（二）乳化性

蛋黄的乳化性归因于其所含的卵磷脂，它能介于水和油脂之间，使两者不会相互分离。同时卵磷脂会在乳化层之间形成一单分子层，以保证乳化，不使分子间相互合并或破坏乳化。蛋清的蛋白质亦具有乳化性。

（三）增稠性与凝固性

当蛋的蛋白质因加热而变性时，其溶解度改变，而有增稠的功用。由于蛋清与蛋黄所含的蛋白质不同，因此加热时显示出来的特性也不相同，但两者都有增稠的能力。使用蛋做增稠剂时，温度的控制与使用淀粉糊化产生增稠不同。蛋糊必须加热到最大的黏稠度但没有凝块产生。此时，便应立即食用或将其冷却，否则就会过度受热而产生凝块。这种现象在淀粉制品中是不会发生的。

蛋的凝固与其增稠性有关。蛋清在62℃时开始变性，到65℃便无法流动，到70℃便完全凝固成块。蛋黄变性的温度较蛋清高，它在65℃时开始变性，至70℃时失去流动性，凝固并不会很快发生，而是要等一段时间，温泉蛋即利用此性质以制成蛋白软、蛋黄凝固的产品。因为凝固是种吸热反应，所以含蛋量高的食物在凝固发生时，会在同一温度稍微滞留。食品的组成也可决定加热的温度。例如，含蛋清的布丁馅比含蛋黄的在较低温下即可变稠。蛋中含的少量天然存在的盐会促进凝固性，糖的添加则使凝固温度上升，酸性则凝固温度降低。一般布丁即利用蛋的凝固性所得到的产品。当在蛋中添加奶、糖等配料，以边煮边搅拌方式所得的称为软布丁；若以烘烤方式制作，则为烘烤布丁。

（四）成形性与起泡性

当蛋的蛋白质完全变性后，将变得很硬。因此，可提供食物所需的结构强度与质地，尤其是含大量蛋的食物。例如脆皮酥饼，其质地便和一般面包不同，这是因为它含有大量蛋成分的缘故。

蛋清的起泡性对许多食品来讲是很重要的。蛋清的泡沫是一种胶状悬浮液，利用白蛋白将空气包住，而在空气与蛋清液体交接面的蛋白质受到延伸及干燥而有部分变性，此变性可以稳固泡沫的持久性。球蛋白对泡沫的形成也很重要，因为它提供了黏度并降低表面张力。变性的蛋白质分子无折叠性而与泡沫表面平行。若打搅过度，使过多空气进入，则会造成过度变性，反而使蛋白膜变薄且缺乏黏弹性。对泡沫而言，黏弹性是必须的，尤其在烘焙时，它会与空气一起涨大，适当的黏弹性可使蛋白质在凝固前维持气泡的完整性，不致因破裂而崩溃。

1. 蛋的起泡

通常在打蛋时，会有四个阶段：起始扩展期，湿性发泡期，硬性发泡期和干性发泡期。每一期都有其功用及特征。

（1）起始扩展期。最初，蛋白在搅打时，会有少数大的泡沫，而蛋液仍保持液态透明，此时为起始扩展期。在这个阶段，可加入酒石酸、柠檬汁等，有助于稳定泡沫。也可加糖，但应逐次加入，且不可一次加入太多。

（2）湿性发泡期。继续搅打后蛋液黏性逐渐增加，变成不透明，组织亦变得较细致均匀，但仍为液体，同时泡沫较硬，仍不能站稳，此时为湿性发泡期，可以逐渐加入所需的糖。

（3）硬性发泡期。若继续搅打，蛋白则发生凝结，且打起的泡沫可以站立稳定，气泡细小且白，用打蛋器挑起时，泡沫能附着在上面，不易落下，此时为硬性发泡期。蛋白酥皮、冰激凌等食物都要打到此时期。

（4）干性发泡期。若蛋清打到硬性发泡期，仍继续搅打，则泡沫会形成棉花状的碎块，并且干燥无光泽，为干性发泡期，已经不适合制作任何食物了。造成这种情况的发生是因为蛋白质因机械作用而变性。如果搅打过度，且情况不严重时，可加入一些糖，能使干性泡沫略微变为硬性泡沫期，但这可能导致食物过甜。打蛋的4个时期的外观、特征和用途如表2-16所示。

表2-16 蛋打起泡后4个阶段的外观、特征与用途

阶段	外观	用途
第一个阶段 起始扩展期	一般打均匀的蛋液，有少数粗大泡沫浮于液面，仍为液体透明状	1. 蛋皮、炒蛋 2. 西点、面包的面糊混合剂 3. 乳化剂、黏稠剂
第二个阶段 湿性发泡期	富有光泽湿润的中型泡沫形成，但仍为半流体泡沫。继续打蛋泡沫渐硬，但不能完全站稳，成为光亮雪白的泡沫	软式蛋白霜剂
第三个阶段 硬性发泡期	蛋白受酸、糖和强力作用而凝结，打起的泡沫站立稳定，气泡细小，富有光泽，如用打蛋器轻轻挑起，雪白的泡沫即竖立于空中，打发后的体积为原蛋液5~6倍	蛋糕、硬式蛋白霜饰、蛋白软糖、冰激凌
第四个阶段 干性发泡期	蛋白失去弹性，产生干燥无光泽的泡沫，且出现像棉花般的碎块，可用橡皮刮刀将之切断或切碎。蛋白已有变性和脱水现象，如果再打，蛋白泡沫坍塌，体积缩小。久置后有出水现象。一般蛋黄和全蛋都不能打到干性发泡期	煎蛋，在烘焙上无利用价值

2. 影响起泡的因素

影响泡沫形成的因素很多，包括搅打的方式，搅打的温度与时间，蛋白本身的特性、pH值，以及其他物质如水、脂肪、盐、糖、蛋黄等是否存在。

（1）搅打的方式。实验发现静止的打蛋碗所打出泡沫的体积要较搅打时略微旋转者为大。在泡沫体积达最大前，有最大的安定性。

（2）搅打的时间与温度。搅打的时间与速度成反比，速度越快，则起泡所需时间越短。随着时间的增加，泡沫的体积及稳定性会增加。但若时间太长，反而又会下降。此时泡沫变小，但不稳定，同时放一阵子后会破裂成大泡沫。

在室温下搅打的时间要比在冷藏温度下短，因为高温下表面张力较小。而冷藏过的蛋需要较长的搅打时间才能得到与新鲜蛋相同的体积。泡沫的安定温度为20℃~34℃，蛋清在58℃以上的起泡性较差，但将pH值调为8.75后，在58℃ 3min后，起泡性增加。加热也可将蛋清与蛋黄形成的复合物加以分离。在54℃下加热15min，可以改进含蛋黄的蛋清泡沫体积。

（3）均质化。蛋白经均质化后可缩短起泡时间，但制成蛋糕的体积减小。

（4）蛋清本身的特性。将浓蛋清和稀蛋清分开后，可发现稀蛋清较易打发，同时其

所产生的泡沫体积亦较大。而蛋清中溶菌酶较多者，所形成的泡沫体积要比含溶菌酶少者的体积小些。

（5）pH 值。蛋白的 pH 值对泡沫的形成有重要影响。当添加酒石酸、醋酸或柠檬酸时，发现对泡沫的稳定性能有所改进，其中又以酒石酸的效果最好。降低 pH 值可改变液体与气泡界面间蛋白质的浓度，因此酸应在搅打前加入。鸭蛋白添加柠檬汁后，其起泡性也可增加，主要是因为卵黏蛋白的稳定性增加。

（6）水与脂肪。蛋白加水能增加泡沫的体积，但稳定性会略减，同时水量不可超过 40%，否则流体将从泡沫中分离出。添加棉籽油量在 0.5% 以下时，会降低泡沫体积，但不影响稳定性，若在 0.5% 以上，则稳定性降低。

（7）食盐。在蛋白及全蛋中加入盐能降低泡沫的稳定性，且泡沫柔软。

（8）糖类。糖对泡沫的影响在海绵蛋糕等糕点中非常重要。糖会减缓蛋白质的变性，因此加 5% 的蔗糖时，起泡所需时间延迟 1 倍，但所形成的泡沫较柔软，可塑性高，且较稳定。蛋白若在加热前添加蔗糖、乳糖及葡萄糖，能减少加热所致的不良影响。

（9）蛋黄。即使非常少量的蛋黄存在，也会降低蛋白泡沫的体积。其原因可能是因为蛋黄中脂肪抑制了球蛋白的作用，使体积受影响。卵黄低脂磷蛋白不会降低使用不含溶菌酶的蛋白所做出蛋糕的体积，但如用正常蛋白时，则发现体积会明显下降。这表明卵黄低脂磷蛋白及溶菌酶会形成一种复合物，导致其体积降低。

（10）蛋白酶。使用蛋白酶如木瓜蛋白酶、凤梨蛋白酶、胰蛋白酶等，可减少搅打的时间，增加泡沫的体积，并能维持较久，不过做出的蛋糕组织较粗糙，且较黏。

七、蛋的制备

（一）带壳蛋

带壳蛋的制备方式可分为两种：软煮蛋及硬煮蛋。一般做法时将蛋放入沸水中，保持 85℃，煮到所要的程度。软煮蛋的时间为 3~5min，此时蛋清已开始凝固，而蛋黄则变稠，但未凝固；而硬煮蛋为 18min，蛋黄完全凝固。此时间只作为参考，正确时间仍要视蛋本身的初温来决定。加热以 85℃的温度最合适，因为可使热有足够的时间穿透到蛋黄中，使蛋黄凝固，而又不至于使蛋清有加热过久而变得太硬。若加热温度太低，如 72℃，则即使加热 90min，蛋清仍不会凝固得很硬。

另外，煮蛋的温度及时间也要考虑蛋是放在冷水加热或是放入热水中加热。一般蛋若急速放入沸水中，则可能造成蛋壳破裂，其内容物流失并破坏美观，这主要是因为气室中的空气突然受热而膨胀，在无处可去时，转而由蛋壳上突破而出所造成的。如要解决这个问题，可将蛋放在汤勺中，部分浸入沸水中，此时空气可由气孔中逐渐逸失，便不会有突然膨胀的情况发生。而在硬煮蛋煮好后，应由热水中取出并立即浸入冷水中，可保持其品质。

较好的软煮蛋其蛋白应柔软但已凝固，而蛋黄仍为液状。而硬煮蛋则在凝固的蛋白中央，有一个完全凝固且外圈没有变色的蛋黄。软煮蛋需要使用品质良好的蛋，且时间控制相当重要。而硬煮蛋其蛋的品质尤为重要。不新鲜的蛋气室较大，且蛋黄偏向一边，在将蛋对切时，两边的蛋黄不均匀。因此，出生 4 天的蛋比放置 11 天的蛋做出的硬煮蛋品质要好。硬煮蛋品质不好也会造成蛋黄外圈出现一层由硫化铁形成的绿褐色物质。铁来自蛋黄，而硫则都可以由蛋黄和蛋清提供，但通常是蛋白在加热后产生硫化氢而来。实验显示，当蛋黄单独在较高的 pH 值下加热，也会产生硫而形成绿褐色表面。当 pH 较高时，则硫化铁产生越多。通常放置时间较长的蛋的 pH 值较高，因此可借此作为判断蛋的品质的参考之一。其他影响硫化铁产生因素包括加热时间越久，则产生越多，因此不良的加热及冷却方式也会增加硫化铁的产生。故煮蛋的时间不可过长，同时煮好后不可放在原液中放冷，应立即以冷水冷却，这样才不至于加热过度。另外，若蛋壳予以涂覆，在水煮后也较不易发生此变色现象，主要是蛋中的二氧化碳不易逸出蛋外，其 pH 不易升高。

煮熟的带壳蛋较易腐败，原因是水煮时覆于蛋壳上的角皮层脱落，易导致耐热性微生物的侵入，同时水煮加热后冷却时，存在水中的微生物也可能侵入蛋内，而一旦微生物进入，蛋白的抗菌性物质却因加热而已失去活性。

（二）不带壳蛋

1. 煎蛋

煎荷包蛋非常简单，在锅中加些油，油热后加入蛋煎到熟即可，但良好的煎蛋应小心控制加热温度，以免煎出的蛋太硬。要做出良好的煎蛋，首先蛋要新鲜，才有足够的黏性，以保持形状的完整。同时注意温度，油温过低，则蛋白会散开而失去美观性；油温太高，则煎出的蛋过熟，会变硬。所以理想的温度为 126~137℃。用油也不可过多，否则油多且太热时，蛋一下锅，边上便会起泡且凝固，导致成品过硬。

2. 渥蛋

只需将水煮沸，将蛋整个打到水中，并将火关掉，盖上锅盖，使蛋焖热即可。水的热度可使蛋白变性而变硬，而蛋黄则可能只是变黏或变硬，视温度而定。煮时不可使水保持在沸腾，因水的扰动会使蛋组织破碎而不美观。做渥蛋的蛋新鲜度应高些，以免蛋白水化，在打蛋下锅时易散掉。若在水中加些盐或醋，可使蛋白较易凝固。

3. 蒸蛋

蒸蛋所用蛋与水的比例约为一个蛋半碗水。将蛋与水搅匀后，待水煮沸后放入蒸，蒸时改为文火，且锅盖要留些缝隙，蒸蛋的表面才会光滑。

（三）其他

西点类中使用到蛋的非常多，如奶油布丁，使用牛乳，并加入糖，而用蛋作为增稠剂，但其成型主要利用淀粉的糊化作用。

蛋白霜饰则是每个蛋白加入 2~2.5 汤勺的糖加以搅打至湿性发泡。搅打时糖应在起始扩展期加入，若超过此期才加糖，打出泡沫的体积与质地都不佳。以此法打出的蛋白霜饰为软式，打好后应立即涂在所要装饰的食品上，并送入已预热（177℃）的烤箱中，烤至表面金黄色（约 15min）。烘烤可促使蛋白质凝固而成型。

硬式蛋白霜饰因其糖含量为软式的 2 倍，因此较硬，常需要电动搅拌才能打好，并需要打至硬性发泡。烘烤时应用较低温度（100~120℃），时间较长（1~2h），以避免外表过分褐变。

八、蛋类的加工品及利用

蛋加工品包括：鲜蛋、液蛋、腌制蛋品、调理蛋品、乳化蛋品以及蛋粉。

（一）鲜蛋

鲜蛋由于有蛋壳，不利于运输、储存，因此有时会去壳后制成液体蛋，或以冷冻、干燥等方式利用，也有将蛋黄、蛋清分开利用。不论哪种方式，由于蛋中微生物含量较多，尤其是沙门氏杆菌，有引起食物中毒的可能，因此要以巴氏杀菌或其他方式防止。一般巴氏杀菌的条件为 56℃~63℃，视蛋的部位及添加物而定。

（二）液蛋

液蛋是一种最主要的去壳蛋品，是将鸡蛋打破取出内容物后，以使用目的分成全蛋、蛋黄及蛋清，以冷藏或冷冻方式保存的总称。生产液蛋的优点包括：节省打蛋所需的劳力；免去处理蛋壳的问题；可根据加工要求选择不同比例的蛋黄与蛋清；无须打蛋作业的空间与设备；使用较简单。

1. 冷藏液蛋

未杀菌的液蛋最常发现来自鸡蛋本身及液蛋制造工厂的机械设备的大肠杆菌、沙门氏杆菌及葡萄球菌。因此，必须杀灭这些微生物。其中，蛋黄的杀菌条件较蛋清为高，是因为蛋黄的固形物比蛋清高，沙门氏杆菌在水分高的蛋白内对热的抗性较低；蛋黄 pH 约为 6，蛋清 pH 则为 9，沙门氏杆菌在 pH5~6 时对热的抗性较大；蛋黄内的油脂对沙门氏杆菌的热抗性有保护作用。

杀菌过的液蛋，4℃储存下全蛋与蛋黄可保存 5 天以上，蛋白可保存约 10 天。低温杀菌会影响液蛋功能性，尤其是蛋清或全蛋。蛋清在 pH9 时，加热至 57℃黏度会增加，加热至 60℃则呈白浊化逐渐凝固。低温杀菌蛋清的起泡性较差，起泡所需时间也较长，泡沫稳定性则较差。全蛋在加热至 60~68℃时，制成的蛋糕容积会减少。低温加热处理对于蛋黄的乳化性则无多大影响。加盐或加糖蛋黄在经 60~64℃加热后亦不影响其加热凝固性，但 pH 值的改变会造成影响。

2. 冷冻液蛋

对以蛋为原料的加工食物而言，使用冷冻蛋可节省许多原料处理的时间，其产品包括冷冻蛋白、冷冻蛋黄以及冷冻全蛋。主要供食品加工用。

冷冻蛋白不需要添加任何添加物，但冷冻蛋黄则必须添加糖或食盐，以防止其在解冻后胶化。造成蛋黄冷冻凝胶现象的原因是脂蛋白凝聚，形成网状结构而将水绊住。全蛋冷冻时，也会发生这种现象，故应加糖或盐。至于添加何种添加物，应考虑用途，如要做饼类，应以添加糖为宜；如要做炒蛋等菜肴，则以添加盐较为合适。添加蛋白酶也具有抑制凝胶的作用。由于冷冻会造成蛋白质变性，故冷冻蛋的起泡性与乳化性较新鲜蛋为差。

（三）腌制蛋品

1. 皮蛋

皮蛋为我国特产，也称松花蛋、变蛋、彩蛋等。

传统皮蛋制法是用碱、食盐、茶叶、草木灰和黄丹粉等将鸭蛋腌制成皮蛋。在最初腌制的数天，蛋白的黏性会降低成水状，其后黏性开始增加并逐渐凝结，使蛋白形成有弹性的胶状物，颜色亦会增深。此种变化达到一定程度后即不再改变。此时应终结腌制过程，否则蛋体会逐渐溶解，蛋白也将再次水化。

成熟后皮蛋的蛋白表面平滑而有光泽，为透明凝胶状，呈现棕褐色或绿褐色，此因蛋中微量的葡萄糖与蛋白质在强碱下发生美拉德反应而褐变。接近蛋白表层或里层的凝胶，有时会呈现松针状结晶花纹，俗称“松花”，可能是酪氨酸的结晶所致。

蛋黄在最初会因蛋白的稀化而上浮至接近蛋壳（这也是为何皮蛋传统上都是以鸭蛋制作的原因之一，因鸭蛋蛋白较稠，蛋黄上浮的情况较不严重；另一个原因是其蛋壳较厚，不易破裂），之后从近蛋壳的部分开始凝固，而蛋黄内部则变成呈现深浅不同的墨绿色或草绿或茶色糨糊状固体，称之为“溏心”。若继续加以浸渍，蛋黄会逐渐凝固，变成实心皮蛋。蛋黄的色泽其外表为深绿或绿色，向内依次为黄绿色或粉绿色及墨绿色，中心应为墨绿色。此颜色来源为蛋黄中含硫氨基酸在强碱下分解成硫离子后，与蛋黄中金属离子结合所形成。

皮蛋加铅或加铜是为了帮助皮蛋化，且蛋凝固后不会再变成液状，提高蛋的品质。传统方法腌制的皮蛋含铅量可达 2.5~4.0mg。但铅会造成中毒现象。现在采用提高碱浓度至 11%~13%，或使用铜、锌、铁、锰等多种矿物质替代铅生产无铅皮蛋。用新工艺生产的皮蛋中所含铅能够降至百万分之三的国家标准以下。

皮蛋的营养成分与一般的蛋相近，并且腌制的过程经过了强碱的作用，所以使蛋白质及脂质分解，变得容易消化吸收，胆固醇也减少。但皮蛋经碱处理，其中的维生素 B_1 和维生素 B_2 受到严重破坏，含硫氨基酸含量下降，镁、铁等微量元素生物利用率下降，钠和配料中所含的矿物质含量上升。

选购皮蛋时，以蛋壳无裂痕，无或少斑点，剥皮时不粘壳，蛋白上有松花，蛋黄呈溏心者为佳。

2. 咸蛋

咸蛋是鸡蛋或鸭蛋用盐腌渍后制成的产品，用鸭蛋制作者较多。具体方法有添加调味品的盐水密封腌渍、表面裹盐粉袋装密闭腌渍、加盐和草木灰的黄泥包裹鸭蛋表面腌渍等。在腌渍过程中，食盐通过蛋壳的气孔和蛋壳膜渗入鸡蛋中，越过蛋白膜和蛋黄膜，使蛋中水分含量下降、氯化钠浓度上升、水分活度下降而具备一定的保藏性能。

由于盐的作用，蛋黄中蛋白质发生凝固变性并与脂类成分分离，蛋黄中的脂肪聚集形成出油现象。腌渍水中加入白酒可使咸蛋出油增加，可能是因为酒精促进蛋白质的变性。蛋黄的颜色主要来自禽类饮食中所含的类胡萝卜素。

咸蛋制作过程中对蛋中的营养价值影响不大，只有钠含量大幅度上升。需要控制食盐摄入量的高血压、心血管疾病和肾病患者应注意不要经常食用咸蛋。

3. 糟蛋

糟蛋是鲜蛋经糯米酒腌渍而成的产品，主要用鸭蛋作为加工原料，腌渍配料为糯米酒糟、食盐，有时需要加入红糖。

糟蛋的加工原理是酒精和鸡蛋内容物发生作用，使蛋白和蛋黄的蛋白质变性凝固，并抑制微生物生长。加工过程中加入的食盐也具有防腐和调味的作用，促进蛋白和蛋黄的凝固，并帮助蛋黄出油。因此，糟蛋可以不经加热而直接食用，其营养素含量与鲜蛋差别不大。

（四）蛋粉

蛋清、蛋黄和全蛋经巴氏消毒后，可用喷雾干燥、冷冻干燥等方法脱水制成蛋粉，用于各种食品的配料，也可用于提取蛋黄油、卵磷脂等成分。

蛋粉的大致成分为：水分4.5%，蛋白质40%，脂肪42%，游离脂肪酸4.5%，磷脂20%。

制作蛋粉对蛋白质利用率无影响，但如果蛋粉在室温下储藏9个月，其中的维生素A可损失75%以上；维生素B_1有45%的损失，其他维生素基本稳定。

（五）冰蛋

冰蛋是将蛋液杀菌后装罐冷冻的蛋类产品，分为冰全蛋、冰蛋白和冰蛋黄3种。它可用于糕点、饼干、面包、面食品、冰激凌、糖果及肉制品等的生产中。其营养价值与鲜蛋差别不大。

（六）卤蛋类产品

卤蛋是将鹌鹑蛋或鸡蛋经预煮、去壳或敲壳和卤制后，装罐或装袋灭菌制成。卤蛋产品生产中加入多种调味料，如食盐、味精、白糖、酱油、茴香、桂皮、花椒、丁香等，渗入蛋体内，使产品具有独特的香味。卤制过程中主要造成B族维生素的损失和钠含量的增加，蛋壳中钙和部分微量元素部分溶出，提高了蛋白部分的矿物质含量，但蛋白质和脂类等营养素基本保持稳定。

九、各组蛋类的食物成分

（一）鸡蛋

鸡蛋中含丰富的蛋白质，氨基酸完整且平衡，含有各种维生素，如维生素A、维生素B_1、维生素B_2、维生素D和维生素E。富含钙、磷、铁、镁、锌、铜、碘和硒，以及叶酸等。鸡蛋黄的胆固醇含量高。蛋黄中除了胆固醇的含量很高外，卵磷脂和卵黄素的含量也很高。

（二）鸭蛋

鸭蛋所含的营养成分与鸡蛋相似，其蛋氨酸和苏氨酸含量较高。鸭蛋有补阴清热之功，用于阴虚肺燥而致咳嗽、咽干，肺胃津伤而致渴、大便干结。

（三）鹅蛋

鹅蛋中的脂肪含量高，相应的胆固醇和热量也高，并含有丰富的铁元素和磷元素。

（四）鸽蛋

鸽蛋所含的营养成分与鸡蛋相似，其蛋白质和脂肪含量虽然稍低于鸡蛋，但所含的钙和铁元素均高于鸡蛋。

（五）鹌鹑蛋

鹌鹑蛋所含的蛋白质、脂肪与鸡蛋相似。维生素 B_1、维生素 B_2、卵磷脂及铁含量均高于鸡蛋，而胆固醇含量低于鸡蛋，并含芦丁及对脑有益的脑磷脂、激素等。鹌鹑蛋性平味干，有补益气血之功。

十、蛋类摄入与健康的关系

以动脉粥样硬化为病例基础的心脑血管疾病是世界广泛关注的健康问题，早期人们认为来源于食物的胆固醇进入体内后转化为血液中的胆固醇，过多来自食物的胆固醇摄入将导致过多的胆固醇沉积在血管壁引发心脑血管疾病。因此，鸡蛋中较高的胆固醇含量（每 100g 鸡蛋可食部约含胆固醇 585mg，相当于 1 枚鸡蛋约含胆固醇 200~300mg）引发了长期的争论，一直到现在仍然有大部分的人群，尤其是患有心血管疾病的老年人，不敢吃鸡蛋特别是蛋黄，因为其中含有较高的胆固醇。

然而，关于膳食胆固醇摄入后直接导致血清胆固醇水平升高的假设并不正确，已经证实膳食胆固醇对血清胆固醇水平的影响很微弱。人群中只有 15%~25% 的人属于膳食胆固醇的高反应者，而近 70% 的人属于过量膳食胆固醇摄入的低反应者。这是因为包括种族、基因、激素以及体重指数等因素影响人群对膳食胆固醇的吸收和转化，决定了人群对于膳食胆固醇摄入的反应不同，高反应者在摄入膳食胆固醇后血清胆固醇水平的变化是低反应者的近 3 倍。对健康个体而言，一个鸡蛋所带来的营养效益远高于其中所含有的胆固醇的影响。澳大利亚、加拿大、新西兰、韩国、印度及一些欧洲国家在他们的膳食指南中均未规定胆固醇摄入量的上限。而美国膳食指南咨询委员会也发布了技术报告，其中一个重要的改变即是建议不再继续设定膳食中胆固醇摄入量的限定标准。

（冯　一）

第十一节　乳及乳制品的营养价值

学习要求

- 了解：乳制品分类及各类乳制品的特点。
- 熟悉：乳的理化结构。
- 掌握：牛乳的各种营养成分的组成、特点及主要作用。
- 熟悉：全脂乳、低脂乳、脱脂乳脂肪含量、蛋白质含量要求。
- 熟悉：婴儿配方乳的定义与特点。
- 了解：乳和乳制品摄入与健康的关系。

乳和乳制品是营养价值最高的食品之一，是其他任何食物所难以代替的。所有哺乳动物生命的最初几个月，都完全依靠吸吮乳汁获取生长发育所必需的养分。乳的种类非常多，因为只要是哺乳动物就有乳。常被人们食用的为牛乳、羊乳。另外，较罕见的如猪乳、水牛乳亦有。因为牛乳产量大且容易获得，故目前所称的乳多指牛乳。牛乳所含的营养素非常充裕，各种营养，包括糖类（尤其是乳糖）、脂肪、蛋白质都有。因此，不仅是对人类，对微生物而言亦是营养充裕的，所以牛乳非常容易腐败。

一、乳与乳制品的定义和分类

乳是哺乳类雌性动物乳腺分泌的液体，以乳作为主要原料生产的各种产品称为乳制品。牛乳是最主要的原料乳。以乳汁制成的乳制品品种繁多，在饮食生活当中也起着重要的作用。

乳品的分类可以按来源和产品种类两种。按照动物品种的分类可以分为牛乳、羊乳、马乳等，由于后者产量和产品都较少，所以通常按照乳制品的产品形态和特点分类。乳制品的产品形态多种多样，按照我国食品工业标准体系，可划分为液体乳制品、乳粉、乳脂、炼乳、干酪、冰激凌和其他乳制品等六大类。日常生活中常见的酸奶类产品被划分为液体乳门类中，婴儿配方乳被列入乳粉当中。乳制品分类如表 2-17 所示。

表 2-17　乳制品的分类（按制造工艺划分）

分类	品　种	定　义
液体乳	全脂乳	乳汁经加工制成的液态产品，未脱脂
	脱脂乳	乳汁经加工制成的液态产品，分离除去部分脂肪，包括半脱脂乳和全脱脂乳

（续表）

分类	品　种	定　义
液体乳	调制乳	以乳为原料，添加调味料、糖和食品强化剂等辅料制成的调味乳，以及为特殊人群制作的配方乳
	发酵乳	以乳为原料，添加或不添加调味料等添加成分，接种发酵之后经特定工艺制成的液态奶产品
乳粉	全脂乳粉	以乳为原料，不添加食品添加剂及辅料，不脱脂，经浓缩和喷雾干燥后制成的粉状产品
	脱脂乳粉	以乳为原料，不添加食品添加剂及辅料，脱脂，经浓缩和喷雾干燥后制成的粉状产品
	调制乳粉	以乳为原料，添加食品添加剂及辅料，脱脂或不脱脂，经浓缩和喷雾干燥后制成的粉状产品
乳脂	稀奶油	以乳为原料，离心分离出脂肪，经杀菌处理制成的产品，呈乳白色黏稠状，脂肪球保持完整，脂肪含量为25%~45%
	奶油	以乳为原料，破坏脂肪球使脂肪聚集得到的产品，为黄色固体，脂肪含量达80%以上
	无水奶油	以乳为原料，分离得到黄油之后除去大部分水分的产品，其脂肪含量不低于98%，质地较硬
炼乳	淡炼乳	以乳为原料，真空浓缩除去水分之后不加糖，经装罐灭菌制成的浓缩产品，质地黏稠
	甜炼乳	以乳为原料，真空浓缩除去水分之后，加糖达产品重的45%~50%，制成的浓缩产品，质地黏稠
干酪	原干酪	在原料乳中加入适当量的乳酸菌发酵剂或凝乳酶，使蛋白质发生凝固，并加盐、压榨排除乳清之后的产品
	再制干酪	用原干酪再加工制成的产品
冰激凌	乳冰激凌	乳脂肪不低于6%，总固形物不低于30%的冰激凌
	乳冰	乳脂肪不低于3%，总固形物不低于28%的冰激凌
其他乳制品	乳清粉、干酪素、浓缩乳清蛋白、乳糖	如酪蛋白或乳清蛋白浓缩产品等，主要用于食品工业生产的原料，基本不直接食用

二、乳的组成和营养成分

乳的成分与理化成分与其他食品有很大差别，具有独特的蛋白质结构和特殊的风味与口感。各种动物的乳汁在营养成分上具有类似性。影响牛乳组成的因素包括：品种、个体间差异、泌乳期、年龄、季节、饲料、环境温度、健康情况等。因此，即使同一头牛，在不同情况下，所产生的牛乳成分亦不可能完全一样。

乳是一个复杂的系统，各种成分与水之间有不同的关系，譬如牛乳是一种溶液，因为乳糖及矿物质都溶在水中；它亦是悬浮液，各种蛋白质悬浮在水中，形成胶体；它也是一种乳化液，一种油与水形成的乳化态。

乳为水包油的乳状液，其连续相中有酪蛋白胶体微束，也有真溶液；乳脂肪以乳化微球形式分布。除去乳脂肪和酪蛋白胶束的水相称为乳清。牛乳中水分含量占85%~88%，此外含有丰富的蛋白质、脂肪、碳水化合物、维生素和矿物质（见表2-18）。各种成分中，以乳糖和矿物质的含量较为恒定，也是维持牛乳渗透压的主要物质，牛乳渗透压与血浆渗透压相同。

表2-18 乳制品的一般组成（100g）

种类	水分/%	蛋白质/g	脂肪/g	糖类/g	钙/mg	维生素A/IU
全脂牛乳	87.99	3.29	3.34	4.66	119	126
低脂牛乳（2%）	89.21	3.33	1.92	4.80	122	205
炼乳	27.16	7.91	8.70	54.40	284	328
蒸发乳（全脂）	74.04	6.81	7.56	10.04	261	243
蒸发乳（脱脂）	79.40	7.55	0.20	11.35	290	392
乳粉（全脂）	2.47	26.32	26.71	38.42	912	922
乳粉（脱脂）	3.16	36.16	0.77	51.98	1257	36
乳油	57.71	2.05	37.00	2.79	65	1470
cheddar干酪	36.75	24.90	33.14	1.28	721	1059
Cottage干酪	78.96	12.49	4.51	2.68	60	163

乳汁成分受乳牛品种和各种环境因素的影响有所波动。在各种乳汁成分中，乳脂肪变动幅度最大，蛋白质次之，而乳糖和钙的含量变化较小。在同一品种奶牛中，产乳量高、挤奶频繁的奶牛所产乳汁脂肪含量较低，反之则较高。

母牛分娩后1周内的牛乳称为初乳（colostrum），其成分与常乳有较大差异。初乳黏度大，有异常的气味和苦味，乳清蛋白含量高，乳糖含量低，其中钙、磷、镁、氯等元素含量高，铁含量比常乳高10倍以上。初乳中含有较多初生牛犊所必需的各种免疫球蛋白。以后免疫球蛋白含量逐渐下降，乳糖含量上升到常态。母牛泌乳期即将结束时所分泌的乳质量变劣，其蛋白质热稳定性低，pH 值上升。初乳和泌乳结束期乳均不适宜作为加工原料。

（一）蛋白质

牛乳中的蛋白质含量比较恒定，在 3.0%~3.5%，含氮量的 5% 为非蛋白氮，消化率高达 90% 以上。牛乳蛋白质可分为酪蛋白和乳清蛋白两类。酪蛋白酪蛋白为一群蛋白质的组合，约占总蛋白质的 80%，是牛乳蛋白质中最主要的物质。乳清蛋白约占总蛋白质的 20%。牛乳蛋白质为优质蛋白质，生物价为 85，容易被人体消化吸收。羊奶的蛋白质含量为 3.5%~3.8%，略高于牛乳，而酪蛋白含量略低于牛奶，且以 a-2S 酪蛋白为主，在胃中形成的凝块小而细软，容易消化。婴儿对羊奶的消化率可达 94% 以上。牦牛奶和水牛奶的蛋白质含量明显高于普通牛奶，为 4.56%。水牛奶酪蛋白胶粒体积大于乳牛奶。

1. 酪蛋白

酪蛋白为白色，不溶于水及酒精，但可溶于碱性溶液。凡在 20℃、pH4.6（酪蛋白的等电位）的条件下能够沉淀的牛乳蛋白即为酪蛋白，不论加酸或加碱使 pH 远离 4.6，都会使其再度溶解。酸奶和乳酪制作过程中发生沉淀的蛋白质主要是酪蛋白。它们是牛乳中疏水性最强的蛋白质。牛乳中 80% 的蛋白质为酪蛋白，它赋予牛乳独特的性质和营养。酪蛋白含有大量磷酸基，能与钙离子发生相互作用，并具有特定的三级和四级结构。

2. 乳清蛋白

全乳蛋白在除去酪蛋白后残留者即为乳清蛋白。当加热到 60℃以上时，乳清蛋白会变性，同时变性后的乳清蛋白亦会有凝结现象发生。乳清蛋白可分为 α-乳白蛋白，β-乳球蛋白，血清白蛋白及免疫球蛋白及蛋白-蛋白胨。β-乳球蛋白是乳清蛋白中最主要的物质，约占乳清蛋白的 50%。在乳的正常温度下，乳清蛋白溶解于乳清中。然而，如果在 90℃下加热 5min 再将 pH 调至 4.6，则乳清蛋白随着酪蛋白而沉淀。

（二）脂类

天然牛乳脂肪含量为2.8%~4.0%。水牛奶脂肪含量在各种奶类中最高，为9.5%~12.5%。随饲料不同、季节变化，乳中脂类成分略有变化。乳脂肪以微细的脂肪球状态分散于牛乳中，每毫升牛乳中约有脂肪球 20~40 亿个，平均直径 3μm。羊奶中的脂肪球大小仅为牛奶的脂肪球的三分之一，而且大小均一，容易消化吸收。乳脂肪是脂溶性维生素的载体，对乳的风味和口感也起着重要的作用。乳脂肪的香气成分包括各种挥发性烷酸、烯酸、酮酸、羟酸、内酯、烷醛、烷醇和酮类等。

乳脂肪主要以脂肪球的形式存在，其直径在 1~10 μm。脂肪球表面有一层脂蛋白膜，可防止脂肪球发生凝聚，也阻碍了脂酶对乳脂肪的水解。这层蛋白膜来自分泌细胞的细胞质和细胞质膜，主要成分为磷脂和糖蛋白。

牛乳脂肪最主要成分为甘油三酯，另外还有少量的甘油单酯和二酯、磷脂、鞘脂、固醇类，还有角鲨烯、类胡萝卜素和脂溶性维生素等，其中磷脂含量为（20~50）mg/100ml，胆固醇含量约为 13mg/100ml。磷脂主要存在于脂肪球膜中或以蛋白质复合物形式存在于脱脂乳中，两种形式约各占一半。约3/4的胆固醇溶解于乳脂肪中，另有1/10组成脂肪球膜结构，其他的和蛋白质结合，溶于脱脂乳中。牛乳中已被分离出来的脂肪酸达400种之多，其中包括碳链长度从2~28的各种脂肪酸，奇数碳原子和偶数碳原子的脂肪酸，直链和支链脂肪酸，饱和脂肪酸和多不饱和脂肪酸，以及酮酸、羟酸、环状脂肪酸等。偶数碳原子直链中长脂肪酸在如脂肪酸中占绝对优势，主要包括肉豆蔻酸、棕榈酸、硬脂酸、油酸等。奇数碳原子、支链脂肪酸和其他罕见脂肪酸的含量极低。

乳牛为反刍动物，细菌在瘤胃中分解纤维素和淀粉可产生挥发性脂肪酸，故牛乳脂肪中短链脂肪酸（4~10个碳原子）含量较高，14碳以下的脂肪酸含量达14%，挥发性、水溶性脂肪酸达8%。其中丁酸是反刍动物乳汁中的特有脂肪酸。这种组成特点赋予乳脂肪以柔润质地和特殊香味。牛乳中的脂肪酸一部分直接来源于血脂，其他的则在乳腺中合成。乳腺中合成的脂肪酸多为短链或中链脂肪酸，而血液来源的脂肪包括部分16碳脂肪酸和全部的18碳脂肪酸。

乳脂肪在食品中主要以3种形式被利用：在全脂牛奶中被均质化；被离心分离成奶油；或分离制成黄油。由于乳脂肪的比重比乳本身轻，具有上浮的趋势。乳脂肪经均质化可防止脂肪分层。经均质化的乳脂肪不仅脂肪球数目增加，散射光的能力增强，使牛奶显得更白，而且脂肪球表面积增加，具有高表面自由能，能将酪蛋白和少量乳清蛋白吸收于表面，防止微脂肪球的相互聚集。低温下将牛乳离心，对脂肪球破坏较小，获得的奶油较稠，且含有较多免疫球蛋白。搅拌奶油造成脂肪球膜破坏，失去脂肪球膜保护的乳脂肪便发生凝聚而上浮，同时失去其乳白色，表现乳脂肪中所溶解的类胡萝卜素的黄色，即黄油的颜色。

（三）碳水化合物

牛乳含有4.6%的乳糖（O-β-D-吡喃半乳糖基-（1→4）-D-吡喃葡萄糖），占牛乳碳水化合物总量的99.8%，有调节胃酸、促进胃肠蠕动和促进消化液分泌的作用。羊奶中的乳糖含量与牛奶基本一致。由于乳糖可促进钙等矿物质吸收，也为婴儿肠道内双歧杆菌的生长所必需，对于幼小动物的生长发育具有特殊意义。但是，有部分不经常喝奶的成年人，肠道内乳糖酶活性不足，大量食用乳制品可能发生乳糖不耐症，表现为进食牛奶或其他奶制品后出现腹痛、腹胀、腹泻等胃肠道不耐受症状。普通牛乳经体外固体乳糖酶水解，部分乳糖可水解为半乳糖和葡萄糖，从而改善肠道的耐受性，同时产品甜度也有所提高。

（四）矿物质

牛乳矿物质主要包括钠、钾、钙、镁、氯、磷、硫、铜、铁等，大部分与有机酸结合形成盐类，少部分与蛋白质结合后吸附在脂肪球膜上。其中成碱性元素略多，因而牛乳为弱碱性食品。乳矿物质含量因品种、饲料、泌乳期等因素而有所差异。例如，初乳含量最高，常乳含量略有下降；发酵乳中钙含量高并具有较高的生物利用率，为膳食中最好的天然钙来源。牛乳中钠、钾和氯离子几乎完全溶于水相，而钙、磷分布在溶液和胶体两相中。钙离子浓度与酪蛋白稳定性有关。羊奶中的矿物质含量比牛奶略高，达0.85%，其中钙、磷含量丰富，也是钙的最佳天然补充物之一。羊奶铁含量与牛奶相当，钴含量比牛奶高6倍。

（五）维生素

牛乳含有几乎所有种类的维生素，包括脂溶性维生素A、维生素D、维生素E、维生素K，各种B族维生素和极少量的维生素C。各种维生素的含量差异较大。总的来说，牛奶是B族维生素的良好来源，特别是维生素B_2。寄生于瘤胃内的微生物是乳B族维生素的主要制造者，因此B族维生素含量较少受饲料影响。但叶酸含量受季节影响明显，而饲料中钴含量则直接影响乳维生素B_{12}浓度。乳维生素D含量与紫外光照时间相关，与饲料密切相关的还有维生素A和胡萝卜素含量。放牧乳牛的奶维生素含量通常高于舍饲乳牛。

脂溶性维生素存在于乳脂肪部分，而水溶性维生素存在于水相。乳清所呈现的淡黄绿色便是核黄素的颜色。脱脂奶的脂溶性维生素含量显著下降，需要进行营养强化。由于羊饲料中青草比例较大，所以羊奶维生素A和维生素E含量高于牛奶。羊奶中多数B族维生素含量丰富，但叶酸及维生素B_{12}不足，所以不适合作为1岁以下婴幼儿的主食。如果用羊奶作为婴幼儿主食，易造成生长迟缓及贫血。而成年人的饮食品种丰富，可以从其他食物中获得充分的叶酸及维生素B_{12}，因此可放心饮用羊奶。

（六）酶类

牛奶蛋白质部分来源于血浆蛋白质，含有大量活性酶，如氧化还原酶、转移酶和水解酶。水解酶中包括了淀粉酶、脂酶、酯酶、蛋白酶、磷酸酯酶等。各种水解酶可以帮助消化营养物质，对幼小动物的营养吸收具有意义。溶菌酶对牛奶的保存最为重要，牛奶中溶菌酶含量约为（10~35）μg/100ml，由于溶菌酶的抗菌能力，新鲜未经污染的牛奶可以在4℃下保存36h之久。乳过氧化物酶是一种含血红素的糖蛋白，也具有一定的抗菌作用，它与过氧化氢和硫氰酸盐共同组成了牛乳抑菌和杀菌作用体系，能够抑制革兰氏阳性菌生长，并杀灭大肠杆菌等革兰氏阴性菌。牛奶中碱性磷酸酯酶是重要的热杀菌指示酶，牛乳加热后测定此酶活性可推知加热效果。酯酶是乳脂肪发生缓慢水解而酸败的原因。而蛋白酶则会分解蛋白质成肽类，造成加工不完全的牛乳呈现苦味。

（七）有机酸

牛乳pH值约为6.6左右，有机酸含量不高，其中90%为柠檬酸，有助于钙的分散。乳牛营养状况和泌乳期是影响柠檬酸含量的主要因素。此外，牛乳中尚含有微量的丙酮酸、神经氨酸、尿酸、丙酸、丁酸、醋酸、乳酸等。牛乳中的丁酸也称酪酸，是牛奶脂肪的代表性成分之一，含量约为（7.5~13.0）mol/100ml，相当于每三分子甘油酯含一分子酪酸。丁酸具有抑制乳腺癌和肠癌等肿瘤细胞生长、分化的作用，诱导肿瘤细胞凋亡，抑制癌细胞转移，促进DNA的修复，抑制促肿瘤基因的表达，并促进肿瘤抑制基因的表达。某些肠道细菌发酵碳水化合物可以产生丁酸，对预防大肠癌的发生有益。目前，已有一系列丁酸衍生物有望用于癌症的临床治疗中。丁酸与乳脂中的其他抗癌成分相互作用之后有明显增效作用。1, 25-二羟维生素 D、视黄酸、白细胞介素-2 和某些酶抑制剂都可与丁酸协同作用，抑制癌细胞增殖及分化。牛乳核酸含量低，痛风患者可以食用。牛乳中大部分核苷酸以乳清酸形式存在，含量约为 60mg/L，有研究证明它具有降低胆固醇浓度和抑制肝脏中胆固醇合成的作用。

（八）其他生理活性物质

乳中含有大量生理活性物质，其中较为重要的有乳铁蛋白（lactoferrin）、免疫球蛋白、生物活性肽、共轭亚油酸（conjugated linoleic acid）、激素和生长因子等。

1. 激素样物质

牛乳所含激素和生长因子对新生儿可能具有重要意义。牛乳中某些生长因子的浓度甚至超过血浆水平，如雌激素、促性腺激素、胰岛素样生长因子等。羊乳中尚含有表皮生长因子。

2. 活性肽类

牛乳中含有一些具有生物学活性的肽类，是乳清蛋白质在人体肠道消化过程中产生的蛋白酶水解产物。其中包括具有吗啡样活性或抗吗啡活性的镇静安神肽，抑制血管紧张素 I 转移酶的抗高血压肽，抑制血小板凝集和血纤维蛋白原结合到血小板上的抗血栓肽，刺激巨噬细胞吞噬活性的免疫调节肽，促进吸收的酪蛋白磷肽，促进细胞合成 DNA 的促进生长肽，抑制细菌生长的抗菌肽等。

3. 乳铁蛋白

乳铁蛋白是牛乳中一类重要的生理活性物质，含量为 20~200μg/ml。除了铁代谢调节、促进生长作用之外，还具有强力抑菌杀菌、调节巨噬细胞和其他吞噬细胞的活性、抗炎、抗病毒的作用，预防胃肠道感染；促进肠道黏膜细胞分裂更新，阻断氢氧自由基形成；刺激双歧杆菌生长等多种作用。乳铁蛋白经蛋白酶水解之后形成的片段也具有一定的免疫调节作用。

4. 共轭亚油酸

牛乳脂肪含有某些具有肿瘤防治作用的物质，其中最重要的是共轭亚油酸（CLA）。共轭亚油酸是一族以共轭双键存在的 18 碳二烯酸的各种异构体，双键多位于 9、11 碳位或 10、12 碳位。在反刍动物中，瘤胃中的细菌 *Butyrivibrio fibrisolvens* 产生的亚油酸异构酶，可将亚油酸转变成为 CLA。乳脂是自然界 CLA 的最丰富来源，含量为（240~2810）mg/100g，夏季比冬季高 2~3 倍。牛奶中的 CLA 几乎都是生物活性最高的异构体——顺-9-反-11-十八碳二烯酸。CLA 具有多种特殊生理活性，如预防动脉粥样硬化、调节免疫系统活性、促进生长、促进肌肉增长、防治糖尿病、抗癌等，其中又以抗癌作用最为引人注目。动物实验证明，在动物饲料中添加 0.5%~1% 的 CLA，可以显著地抑制小鼠上皮细胞癌和大鼠乳腺癌的发生，降低结肠癌前病变发生率。细胞培养实验也证明，CLA 可以抑制人乳腺癌、肠癌、肺癌、黑色素瘤、白血病、间皮瘤、成胶质细胞癌、卵巢癌、结肠癌、前列腺癌和肝癌等细胞株的生长和增殖。

5. 神经鞘磷脂

乳脂中磷脂的含量为（0.2~1.0）g/100g，其中神经鞘磷脂约占1/3。神经鞘磷脂的代谢产物N–酯酰基鞘氨醇和神经鞘氨醇在跨膜信号转导和细胞调控中起着重要的作用，前者还是参与细胞生长调控有关的信号串联中的第二信使，参与调控抗肿瘤免疫过程中抗原专一性T细胞和B细胞株的活化与复制，因此被称为“肿瘤抑制脂类”。

三、牛乳的物理性质

（一）酸碱度

牛乳为微酸性，在25℃时，其pH值在6.5~6.7。由于具有蛋白质及一些盐类，特别是磷酸盐，使其成为良好的缓冲液。但其酸度亦因温度不同而改变。当温度升高时，因溶解的二氧化碳被释放，其pH值会上升，但其后因磷酸钙沉淀释放出氢离子使pH值又下降，这样一升一降将造成平衡，使牛乳的pH值在加热期间不致变化太大。

（二）黏度

对浓度较低者，如鲜乳，其黏度主要与相对湿度有关，同时因全脂乳中的固形物含量较高，所以黏度较脱脂乳大。对于浓度较高者，如炼乳、乳油等，则不仅黏度与湿度有关，同时亦与测量时的剪切率有关。

（三）表面张力

液体有一种缩小本身表面积的倾向，此种为减少单位表面积所做的功叫作表面张力。因球体的表面积最小，所以单一滴液体时，常形成球状。在牛乳中，因有脂肪、蛋白质、游离脂肪酸、磷脂等物质，使其表面张力大为降低。

（四）颜色

牛乳的颜色，其白色是因为酪蛋白钙的存在，使光线折射的缘故，而呈现出不透明的颜色。乳脂肪因含维生素A，因此颜色较黄。全脂乳的白色度较弱而黄色度较强。至于乳清，因含有核黄素（维生素B_2)，故颜色呈现黄绿色。

（五）起泡性

含有蛋白质的食物都能形成泡沫，此泡沫是一薄层所包围的微小气泡，欲形成气泡应先减低牛乳的表面张力，且薄层本身应强固。在形成泡沫时，部分的蛋白质会发生变性的现象，有助于薄层的稳固，同时在薄壁上的脂肪球会部分固化，从而可防止薄壁的破裂。但过多的脂肪存在时，则会因为重量过重，使泡沫变小，终至破裂，同时卵磷脂的存在，也会降低起泡性。

（六）风味

风味并不属于物理性质。牛乳脂肪中，含有很多C4~C12的短链脂肪酸，如丁酸、己酸、辛酸、癸酸等其他食物中所没有的脂肪，故具有特殊风味。牛乳的不良风味包括下列因素。

1. 加热

加热会引起牛乳的风味改变，包括烹煮风味、焦糖味、焦味和加热味。牛乳在加热时会产生硫化及“烹煮”风味，尤其在行高温杀菌时更明显。这也就是为何使用UHT处理的鲜乳风味特殊的缘故。烹煮风味可能是加热产生硫化氢或其他含硫化合物，或是酮酸受热产生甲基酮造成。

2. 光照

牛乳经光照后会产生燃烧味及日光味，此风味是由于含硫化合物及脂肪氧化所形成的。尤其甲硫氨酸及维生素 B_2 存在时。在光照下会使甲硫氨酸分解产生硫氧基甲烷，是日光味的来源之一。

3. 脂肪氧化

脂肪氧化会造成酸败味，是由于脂肪受酶类、光、氧气、热等因素而氧化形成的挥发性醇、醛及酮类造成的。

4. 传达及吸收的不良风味

牛乳可能由环境或接触的物品中传达或吸收而产生不良风味。例如，由食物传达的饲料味、杂草味，母牛本身罹患疾病所产生的气味，由环境中吸收的如牛舍味、化学药品味等。

四、牛乳的保存

牛乳及乳及制品因为营养丰富，为微生物生长的温床，所以小心处理以避免造成食物中毒。可由牛乳引起的疾病包括肺结核、猩红热、伤寒、肠胃炎及白喉。这些致病性微生物，有些是由牛体直接感染到牛乳中的，有些则可能是在处理时造成污染。

为防止可能的感染，应确定牧者及生乳处理者处于健康状态。同时应不时对牛群做检查，看其是否感染细菌。平时应随时保持牛舍清洁，挤乳时则应将所有器具清洗后再使用，取乳后应立即冷藏，以抑制微生物滋长的速度。

（一）加热杀菌

保护牛乳安全最重要的方法是巴氏杀菌法（pasteurization）。此方法为法国科学家巴斯德（Louis Pasteur）在1860年代发展出的，用以抑制饮料中致病性细菌。由母牛取得的生乳无可避免地含有某些微生物，因此需要进行杀菌，以减少微生物造成的损害。

生乳的巴氏杀菌可采用不同的方法，如加热至63℃，持续30min，再迅速降温至

7.2℃以下，此法为低温长时法（low temperature long time, LTLT）。最常用的方法为高温短时法（high temperature short time, HTST），将牛乳加热至72℃并维持15s，然后降温至10℃以下。另一方法为超高温灭菌法（ultra high temperature, UHT），将牛乳迅速加热到137.8℃持续2s，再降温。此处理可使牛乳储存在杀菌过的容器中于室温放置时不致腐败。若不打开，其保存期限可长达6个月。一旦打开后，应放在冰箱中保存以免腐败。以UHT处理的牛乳会有轻微“烹煮风味”产生，但不需要冷藏的优点足以弥补此缺点，此风味主要因β-乳球蛋白的双硫键在加热过程中变性成硫化氢所致。

（二）均质化

牛乳中的乳油比重较低，因此可能浮在牛乳表面。严重时，甚至可以容易地将乳油与脱脂乳分开。为了防止此现象发生，需要将牛乳经均质化（homogenization）。牛乳在高流速、高压力条件下从极细的孔径喷出，使乳脂肪颗粒从3~10μm减小到2μm以下，同时使脂肪颗粒表面积大幅增加。新增的表面积具有高表面自由能，吸收一部分的酪蛋白和少量乳清蛋白，因此可避免微脂肪球的再聚集。此外，微脂肪球数目增加，对光的散射能力也增强，牛乳显得更白。凝乳酶处理、酸化处理和过度加热等原因均可引起酪蛋白凝聚，可使脂肪球发生重聚。因此，与非均质化牛乳相比，均质化牛乳热稳定性较低，再次加热易发生蛋白质沉淀和脂肪聚集。例如，如果用均质奶调配热咖啡，处理不当易出现牛乳絮片样变。此外，均质化后的脂肪微球膜还可能结合了一些酶蛋白如酯酶等，可能加速乳脂肪的水解和氧化，使保存期限缩短。

（三）延长储存寿命（extended shelf life, ESL）技术

鲜乳的鲜度除与生乳本身消毒杀菌有关，更与杀菌后充填包装过程有关。鲜乳杀菌后再污染有35%来自充填的管路、原料储存容器，另外65%来自充填时的环境。因此，ESL技术即为利用技术改进方式与改善环境方式，使生产的鲜乳可加强其保鲜度，以此方式所生产的鲜乳则称为ESL乳。

五、乳制品

以乳作为原料生产的各种产品统称为乳制品（dairy products），其中液态乳类产品和乳粉类产品在膳食结构组成中具有重要营养意义。由于冷链运输技术的发展，液态乳类产品消费数量迅速上升。

乳制品的产品形态多种多样，按照我国食品工业标准体系，可划分为液体乳制品、乳粉、乳脂、炼乳、干酪、冰激凌和其他乳制品等6个大类。日常生活中常见的酸奶类产品属于液体乳类，婴儿配方乳则被列入乳粉类，但由于它们具有重要的健康和营养意义，因此我们将它们列出，作专门介绍。

（一）液态奶（消毒牛奶，灭菌牛奶）

液态乳是从健康乳牛或乳羊的乳房中挤出或吸取的乳汁经加工制成的液态产品。包括全脂乳、脱脂乳、调制乳和发酵乳四类产品。

1. 全脂乳和脱脂乳

按脱脂程度，液态乳可分为全脂产品和脱脂产品。脱脂产品又分为半脱脂和全脱脂产品。离心法是脱脂的最常用方法。全脂乳多经过均质及杀菌过程，其非脂乳固体不得低于8.1%，蛋白质含量不低于2.9%，脂肪含量不低于3.1%；半脱脂奶（低脂奶）的脂肪含量为1.0%~2.0%，全脱脂牛乳的脂肪含量在0.5%左右，蛋白质标准仍为不低于2.9%。虽然脱脂乳的脂肪含量低，但仍需经过均质化、杀菌、强化维生素（2000 IU的维生素A和400 IU的维生素D）等步骤。目前，市场上还有所谓“精品奶”和“浓厚奶”，其乳脂肪含量可达3.6%~4.5%。

按照杀菌程度来划分，没有经过调配的液态奶可以分为生鲜奶、消毒奶和灭菌奶。生鲜奶未经过消毒和灭菌，完全保留牛奶的天然状态；消毒奶经过巴氏杀菌处理，但其中的细菌芽孢并未失活，只能在0℃~4℃下运输和保存。灭菌奶包括超高温灭菌乳和保持灭菌乳（UHT），前者先经超高温杀菌，然后在无菌环境下进行灌装；后者则是在灌装密闭后，经连续15~40min的110℃以上灭菌处理，达到商业无菌水平，可在室温下保存6个月以上。

消毒处理对牛奶营养价值的影响不大，其中蛋白质、乳糖、矿物质等营养成分基本上与原料乳相同，仅B族维生素有少量损失，但保存率仍在90%以上。

液态乳中还有一类相对特殊种类——调味奶，即以乳为原料，添加调味料、糖和食品强化剂等辅料，经加工制成的液态奶。市售调味乳品种日益增多，如巧克力奶、可可奶、麦芽奶、早餐奶、果汁奶等。调味乳标准要求蛋白质含量不低于2.3%，全脂型产品脂肪含量不低于2.5%，低脂型产品脂肪含量为0.8%~1.6%，全脱脂型产品脂肪含量不高于0.4%。糖与其他风味成分的添加允许范围在10%左右。这类产品碳水化合物含量通常在12%~14%，高于未经调制的液态奶。

2. 发酵乳（酸奶）

发酵乳（fermented milk）是以乳为原料，添加或不添加调味料，接种发酵剂后经特定工艺制成的液态或凝乳状酸味乳制品。这类产品为细腻的胶胨状或黏稠液体，其中特征乳酸菌菌数不低于1×10^{8}cfu/ml的产品为活性发酵乳，低于这个数字或不含特征菌的发酵乳称为非活性发酵乳。

发酵乳中最普遍的产品为酸奶（yogurt），由牛奶经乳酸菌发酵而成，其中必须含有足量的活乳酸菌，不得含有任何致病菌。

普通酸奶常用发酵菌有保加利亚乳杆菌和嗜热链球菌，通常每毫升酸奶含有活性乳酸菌10^{8}cfu/ml左右，不得低于10^{6}cfu/ml。一些特殊保健型酸奶含某些特殊有益菌，如各种双歧杆菌、嗜酸乳杆菌、干酪乳杆菌鼠李糖亚种等，这些菌具有在人体肠道内定植进而抑制有害菌生长的保健效果。酸奶添加菌还包括酵母菌、乳球菌属、明串珠菌属和片球菌属等。

按成品组织状态不同，酸奶分为凝固酸奶（set yogurt）和搅拌型酸奶（stirred yogurt）两种。前者发酵形成蛋白质凝胶后未经过搅拌，后者则经过慢速搅拌，并可能添加 10% 左右的果汁和少量增稠亲水胶体等配料。根据发酵微生物的菌株不同，以及添加配料不同，酸奶产生的风味以及口感略有差异。

按成品脂肪含量，酸奶可分为全脂酸奶、部分脱脂酸奶和脱脂酸奶三类，供需要控制脂肪和胆固醇的消费者选择食用。按照成品的口味，酸奶又分为天然酸乳、加糖酸乳、调味酸乳和果料酸乳几类。天然发酵乳以脱脂或全脂乳作为主料，添加调味剂等辅料后发酵而成。非脂乳固体不低于 6.5%，蛋白质含量不低于 2.3%。果料发酵乳则添加了天然果料等配料后，再经发酵制成，产品标准与调味发酵乳相同。

3. 乳粉

乳粉是以鲜奶为原料，添加或不添加食品添加剂辅料，脱脂或不脱脂，经过浓缩和喷雾干燥后，去除乳中几乎全部自由水分制成的粉状产品。奶粉类产品水分含量在 5% 以下，具有携带方便、体积小、耐储存等优点。

牛奶经预热、均质和杀菌之后，经过薄膜浓缩，使干物质达到 40%~50%，温度 45~50℃，然后经喷嘴喷出，形成 10~200 μm 的微小液滴，接触热气流而快速干燥，其中包含了无定形态的乳糖、蛋白质胶束、脂肪球和其他小分子成分。喷雾干燥需时约 10~15s，环境温度为 150~200℃，但由于水分蒸发迅速，奶粉颗粒的实际温度仅 50~65℃，最高不超过 70℃。干燥完成后，经流化床等进行快速降温处理至 30℃以下后，即可进行真空充氮包装成品。现代奶粉生产工艺可以很好地保护乳清蛋白不发生变性，对奶粉的色香味和营养成分影响很小，并能够保持某些酶的原有活性。原料乳中的蛋白质、无机盐、脂肪等主要营养成分损失不大。维生素 B_1、维生素 B_2 可有 10%~30% 的损失，其中维生素 C 破坏较大。目前市场上销售的奶粉多为“速溶奶粉”。未经处理的奶粉颗粒表面有很多脂肪球，不易下沉和润湿，在生产过程中需添加占乳粉固体物质总量 0.2%~0.3% 的卵磷脂作为乳化剂，以利于奶粉的溶解，使之在冷水中就具有良好分散性。

按照脂肪含量和配料不同，奶粉可以分为全脂奶粉、脱脂奶粉和调制奶粉。全脂奶粉保存了原料乳中的所有脂肪成分，1g 全脂奶粉的营养成分相当于约 7g 左右原料牛乳所含的固体物质，其中脂肪含量不低于 26.0%。脱脂奶粉脂肪含量不超过 2.0%，其原料乳脂肪含量仅 0.1% 左右。脱脂乳中乳清蛋白稳定性差，加热时容易发生热变性而降低产品溶解度，乳清蛋白巯基暴露可产生“加热臭”，因此杀菌温度应设定为 80℃，持续 15s，控制变性率在 5% 左右；脱脂乳粉中的乳糖吸湿性强，因此易发生结块现象，储存中需注意。调制奶粉是一类以乳或乳粉为原料，添加其他辅料，经浓缩干燥或干混制成的粉末状产品，包括全脂加糖奶粉、营养素强化乳粉和配方乳粉，按我国规定，调制乳粉的配方须经调整以适合特殊人群食用，其中乳固体不低于 8.0%。配方乳粉主要是婴儿配方奶粉，其成分与普通奶粉差异较大，以下会有详述。经过营养强化，可弥补奶粉加工过程中的维生素损失，并改善牛乳本身铁、锌、铜等矿物质含量低的问题。针对不同消费人群，还可进行不同营养素的强化。

4. 婴儿配方乳

婴儿配方乳粉属于调制乳粉类。婴儿配方乳粉是在乳和乳制品中添加婴儿必需的各种营养素而干燥制成的乳粉。通过添加营养素或调整牛乳中某些成分，使之尽可能地接近母乳成分，因此比普通乳粉更适用于婴儿。婴儿配方乳粉的生产工艺与普通奶粉相似，只是在均质杀菌之前增加了配料混料工序。受热易破坏的维生素如维生素 B_1、维生素 C 等则在奶粉干燥过筛之后混合添加，以避免营养物质损失。

婴儿配方奶具有以下主要特点。

（1）调整酪蛋白和乳清蛋白比例。牛奶中 80% 蛋白质为酪蛋白，而母乳中酪蛋白比例较低。通过添加脱盐乳清粉或大豆蛋白，使酪蛋白比例降低至 40%。

（2）调整脂肪组成，尤其是亚油酸和饱和脂肪酸比例。母乳中亚油酸含量高达 12.8%，而牛乳以饱和脂肪酸为主，亚油酸含量仅 2.2%，需添加顺式亚油酸至 13%，同时分离除去部分饱和脂肪酸；此外，改善脂肪分子排列，使不饱和脂肪酸尽量排列在三酰甘油分子的 Sn−2 位上，可减缓不饱和脂肪酸的氧化。

（3）添加乳糖和低聚糖等碳水化合物成分。母乳中乳糖含量为 7% 左右，其中 α−乳糖和 β−乳糖比例为 4∶6。通过添加乳糖，婴儿配方乳可达到这一比例。

（4）牛乳中总无机盐含量是母乳的 3 倍以上，钠和钙含量超过婴儿肾脏处理能力，因而采用连续脱盐工艺，可减少普通牛乳无机盐含量，保持 Na:K=2.88、Ca:P=1.22 的平衡状态。此外还需要添加铁、铜、锰等原牛乳含量不足的微量元素。

（5）添加多种维生素和其他有益成分，如维生素 C、叶酸、牛磺酸等。

2008 年，中国发生在奶粉中添加三聚氰胺（melamine）的毒奶粉事件，主要原因为牛乳中最重要的成分为蛋白质，而一般测定蛋白质的标准是测其分解所产生氮的多寡。三聚氰胺含有较多氮，添加在乳粉中检验时，一样可测出氮，便可减少牛乳用量，降低成本。而且三聚氰胺为无味的白色粉末，加在奶粉中不容易被发现。由于三聚氰胺是一种工业原料，如食用后会导致肾结石发生，可能对肾脏造成不可恢复的损伤。

5. 乳脂

乳脂（milk fat）是以乳为原料，分离出脂肪成分，经杀菌、脱水等加工处理（有的产品还需发酵）制成的产品，包括黏稠状的稀奶油和固态的奶油和无水奶油。

稀奶油（cream）是牛奶经过离心分离上层脂肪部分得到的产品，其中脂肪含量为 25%~45%。原料乳中脂肪比重为 0.93，其他成分比重为 1.043，经离心后，脂肪很容易与其他成分分离获得。为了保证稀奶油 pH 值接近中性，避免储藏过程中的水解和所含残留蛋白质凝固，分离后需加入熟石灰或碳酸钠中和酸度，这一工艺过程同时可增加稀奶油的钙含量。稀奶油所含脂肪球仍维持完整状态，保持了原来对光的散射能力，因此呈现为乳白色。

奶油（butter）也称为黄油，由稀奶油搅拌压炼而成，其中脂肪含量达 80%~85%。

在机械力搅拌作用下，稀奶油的脂肪球膜破裂，形成脂肪团粒，失去乳状液结构。搅拌时分离出液体，称为酪乳，搅拌温度在 8~14℃，随季节不同有所变化。搅拌后的奶油，还需经过 2~3 次低温洗涤，再经过压炼，奶油中的水分和盐分达到均匀分布，即可成型无菌包装。奶油脂肪以饱和脂肪酸为主，所以在室温下呈现固态。所含类胡萝卜素则是奶油呈现淡黄色的原因，如果色泽过浅则需要添加天然色素胭脂树橙（annatto），用量为稀奶油的 0.01%~0.05%。奶油可分为加盐和不加盐两类，加盐奶油的盐分是在低温洗涤时添加的，可增加奶油的保藏性。奶油经乳酸菌发酵可制成酸奶油，采用的菌种包括乳酸链球菌、乳油链球菌、嗜柠檬链球菌、丁二酮乳链球菌等，发酵温度为 18℃~20℃，发酵后冷却至 8℃~10℃，后熟 8~12h 即可。

无水奶油（dehydrated butter）为奶油熔融后经离心和真空蒸发除去大部分水分的产品，其脂肪含量不低于 98%，水分含量可低达 0.1%，质地较硬，保藏性好，可储藏 1 年以上。

人造奶油（margarine）是以奶油加植物油，或其他动物油加植物油制成，亦有使用纯植物油制成的，且目前以后者较常使用。由于植物油含不饱和脂肪酸较高，因此比较软，需要多次氢化过程以增加硬度并借以改善产品性质。但部分氢化过程产生反式脂肪（trans fat），其有造成人体冠心病与动脉硬化增加的风险，故目前相关法规已要求标识食品中反式脂肪的含量。

乳脂类是烹调和佐餐、糕点、焙烤类食品制作的重要原料。在 0℃下可储藏 2~3 周，−15℃下可储藏 6 个月以上。乳脂类产品脂肪含量高，是能量的良好来源。稀奶油中含有较多水相成分，包括蛋白质、B 族维生素、钙等。奶油和无水奶油其他营养成分含量较低，制作过程除去了绝大部分 B 族维生素，但浓缩后的乳脂肪是维生素 A 和维生素 D 的良好来源。

6. 炼乳（evaporated milk）

炼乳是以乳为原料，除去水分之后经装罐灭菌制成的浓缩产品，质地黏稠，按是否添加其他成分，可分为淡炼乳和调制炼乳两类。原料乳加热至 85℃~100℃持续 10~25min 杀菌，在 40~80℃下真空浓缩除去约 2/3 水分后，经均质、装罐、115℃~120℃高温高压灭菌 20min，即为成品淡炼乳，其中含固形物 25%~50%，蛋白质不低于 6.0%，脂肪不低于 7.5%。调制炼乳包括加糖甜炼乳、调味炼乳和配方炼乳。原料乳在 110℃~130℃短暂加热之后添加蔗糖，令其浓度达产品重的 45%~50%，即成为甜炼乳，甜炼乳蔗糖含量不超过 45%，乳固体不低于 28%，蛋白质不低于 6.8%，脂肪不低于 8.0%，甜炼乳水分活度较低，储藏性能较好，不需最后的灭菌步骤。调味炼乳可添加其他风味成分如巧克力等，也可以改变其营养成分，其中乳固体不得低于 25%。

7. 干酪

干酪（cheese）也称为奶酪，是一类营养价值很高的发酵乳制品，品种超过 2 000 种，著名品种近 400 种。联合国粮农组织（FAO）和世界卫生组织（WHO）制定的国际通用干酪定义为：干酪是以牛乳、奶油、部分脱脂乳、酪乳或这些产品的混合物为原料，经凝乳并分离乳清而制得的新鲜或发酵成熟的乳制品。

各种干酪含水量和营养素含量差异较大。按含水率分，干酪可分为特硬质干酪（extra-hard cheese）、硬质干酪（hard cheese）、半硬质干酪（semi-hard cheese）、软质干酪（soft cheese）。特硬质干酪水分含量为30%~35%，硬质干酪为30%~40%，半硬质干酪的水分含量为38%~45%，软质干酪为40%~60%，农家干酪的水分含量高达70%~80%。硬质干酪的能量和脂肪含量高，是钙的最浓缩来源，软干酪所含蛋白质和钙稍低。但总体而言，干酪的蛋白质、脂肪含量丰富，而碳水化合物含量很低。

制造干酪的主要步骤包括凝乳、切割、反复搅拌与乳清排出、压榨成型、加盐，最后发酵成熟。其中凝乳和发酵成熟过程需分别添加凝乳酶和发酵剂。

凝乳酶通过水解酪蛋白微胶束表面的κ-酪蛋白，使酪蛋白微束之间通过钙桥发生凝聚，产生凝胶体，形成奶酪凝块，而部分乳清蛋白溶解于水相乳清中，在进一步的压榨过程中流失，但也有一些白蛋白和球蛋白在凝乳过程中，被机械包被入凝块。因此成品奶酪所含蛋白质绝大部分为酪蛋白，原料乳中酪蛋白的保留率接近100%，而乳清蛋白的保留率仅一半左右。凝乳时脂肪球滞留在酪蛋白网状结构中，理论上脂肪的保留率可达100%，但事实上为88%~95%，其余脂肪在凝块切割时随乳清流失。大部分乳糖也随乳清流失，保留部分仅为原料乳的3%~5%。

用于发酵的菌种主要包括乳酸链球菌、乳油链球菌、干酪乳杆菌、丁二酮乳链球菌、嗜酸乳杆菌、保加利亚乳杆菌和嗜柠檬酸明串珠菌等。经过发酵，奶酪蛋白质降解产生肽类、氨基酸和非蛋白氮成分；脂肪分解产生甘油和脂肪酸，其中的丙酸、乙酸、辛酸和癸酸是形成干酪特殊风味的主要成分；乳糖在发酵过程中起到促进乳酸发酵的作用，从而抑制杂菌繁殖。

奶酪中含有多种维生素。脂溶性维生素大多保留在蛋白质凝块中，而大部分水溶性B族维生素损失于乳清之中，但绝对含量不低于原料牛奶，干酪外皮部分的B族维生素含量高于中心部分。原料乳中维生素C含量本来就很低，在酪化过程中几乎全部丢失。

硬质干酪是钙的极佳来源，软干酪含钙较低。镁在奶酪制作过程中也得到浓缩，硬质干酪中镁含量约为原料乳的5倍。钠含量因品种不同而异，农家干酪因不添加盐，钠含量仅为0.1%，而法国羊奶干酪中的盐含量可达4.5%~5%。

此外，成熟奶酪中含有较多的胺类物质，是在发酵后熟过程中游离氨基酸脱羧作用形成的产物，包括酪胺、组胺、色胺、腐胺、尸胺和苯乙胺等，其中以酪胺含量最高。

8. 冰激凌（ice cream）

冰激凌为冷冻乳制品，以乳与乳制品为主要原料，加入蛋或蛋制品、甜味剂、香精、稳定剂、乳化剂及食用色素等混合后，经巴氏杀菌、均质、冷却、老化、凝冻而制成的产品，也被划分为冷冻饮品。按成分不同，冰激凌可分为乳冰激凌（milk ice cream）和乳冰（milk ice）两类。乳冰激凌为乳脂肪不低于6%，总固形物不低于30%的冰激凌；乳冰为乳脂肪不低于3%，总固形物不低于30%的冰激凌。

各个国家的冰激凌分类标准有所不同，但依据大多都是其中的脂肪含量。例如我国的行业标准规定，乳脂肪含量达 10% 以上为高脂型冰激凌、8%~10% 为中脂型、6%~8% 为低脂型。英国的冰激凌配方标准则把含脂量 10% 定为标准型、15% 定为高级、17% 定为超高级。美国的标准接近英国，但规定乳脂肪最低含量不能低于 10%，英国的标准则为 5%。用于冰激凌制造的脂肪来源包括稀奶油、固体奶油、冷冻奶油、黄油、甜性奶油、无水奶油和植物性脂肪等。黄油、甜性奶油、无水奶油无疑是优质冰激凌的最佳原料，但由于价格问题，通常会使用一些其他脂肪，如椰子油、棕榈油、棕榈仁油等，为了提高熔点，并且更接近黄油的口感，这些植物性脂肪均需经过氢化过程，有研究表明，氢化脂肪酸可能是导致心血管疾病的高危因素之一。

冰激凌的甜味由蔗糖提供，用量在 12%~18%。同时，蔗糖还为产品提供细腻的质感，并降低凝冻时的温度，有些产品使用果葡糖浆、淀粉糖浆、无能量甜味剂等提供甜味。

为了改善理化特性和口感，目前市售的冰激凌都添加了一定量的增稠剂和稳定剂。可选用的品种很多，包括明胶、海藻提炼多糖、改性纤维素等，这些物质在改善冰激凌性能的同时，也增加了冰激凌中的膳食纤维和复合碳水化合物成分。

9. 乳饮料

乳饮料包括乳饮料（milk based beverages）、乳酸菌饮料等，严格来说不属于乳制品范畴，其主要原料为牛乳和水。乳饮料、乳酸饮料和乳酸菌饮料均为蛋白质含量≥ 1.0% 的含乳饮料，但蛋白质含量仅为牛奶的 1/3。其中配料为水、糖或甜味剂、果汁、有机酸、香精等。乳酸饮料中不含活乳酸菌，但含有一定量的乳酸，从而产生酸味；乳酸菌饮料中应含有活乳酸菌，为发酵乳加水和其他成分配制而成。

六、乳及乳制品摄入与健康的关系

乳和乳制品是钙的主要和良好来源。美国 2 733 例 26~85 岁人群进行队列研究发现，液态奶和酸奶合计的高摄入（18.5 份 / 周）组的股骨颈骨密度和脊柱骨密度明显高于低摄入（0.47 份 / 周）组，说明牛奶及其制品对成人骨密度增加有促进作用。

目前，我国居民牛奶及其制品的消费仍属于较低水平。中国居民营养与健康调查结果显示，7~17 岁儿童和青少年的日均饮奶量从 1991 年的 3.9g 增长到 2006 年 26.7g，18~44 岁成人的日均饮奶量从 1991 年的 3.6g 增长到 2006 年的 11.8g，饮奶消费在城乡、家庭收入等方面存在显著差异。尽管人均饮奶情况总体呈现上升趋势，但仍无法满足膳食钙的需求量，更远远不及欧美等发达国家的水平。随着人们收入的增长和购买能力的提高，牛奶及其制品市场呈现出品种多样化的发展趋势，为改善我国居民膳食结构、提高生活水平作出了贡献，因其与人类健康密切相关而广受关注。

（冯　一）

第十二节　调味品与食用油脂的营养价值

学习要求

- 掌握：各类油脂的成分特点与营养意义。
- 熟悉：酱油与酱类制品的营养成分与特点。
- 熟悉：醋的营养成分组成与特点。
- 熟悉：呈鲜物质分类与代表性物质的名称。
- 熟悉：味精的化学组成与营养特点。
- 了解：调味品的定义与分类。
- 了解：发酵调味品的定义。
- 了解：白糖、红糖的特点。

一、定义和分类

调味品是以粮食、蔬菜等为原料，经发酵、腌渍、水解、混合等工艺制成的各种用于烹调调味、食品加工的产品以及各种食品添加剂。较之传统意义上的调味品，现代调味品的概念范畴已大大扩展，许多改善食品口味、色泽、质地的产品、小菜以及部分食品添加剂等都归入调味品类别当中。目前，我国的调味品可分为以下六个大类。

（1）发酵调味品。包括酱油、酱类和食醋。均是以谷类和豆类为原料，经微生物发酵等酿造工艺而生产的调味品。其中又可细分为酱油类、食醋类、酱类、腐乳类、豆豉类、料酒类等多个门类，而每一门类又包括天然酿造品和配制品。

（2）酱腌菜类。包括酱渍、糖渍、糖醋渍、糟渍、盐渍等各类制品。

（3）香辛料类。以天然香料植物为原料制成的产品，包括辣椒食品、胡椒制品、其他香辛料干制品及配置品等。但大蒜、葱、洋葱、香菜等生鲜蔬菜类调味品则归类于蔬菜部分。

（4）复合调味品类。包括固态、半固态和液态复合调味料，也可以按用途分为开胃酱菜、风味调料类、方便调料类、增鲜调料类。

（5）其他调味品。包括盐、糖、调味油，以及水解植物蛋白、鲣鱼汁、海带浸出物、酵母浸膏、香菇浸出物等。

（6）各种食品添加剂。这一类是指为改善食品品质和色、香、味，以及防腐和加工工艺需要而加入食品中的化学合成物质或天然物质，包括味精、酶制剂、柠檬酸、甜味剂、酵母、香精香料、乳化增稠剂、品质改良剂、防腐剂、抗氧化剂、食用色素等。

二、主要调味品的特点和营养价值

除了调味作用之外，调味品也具有一定营养价值。一些调味品构成了日常饮食的一部分，并对维持健康起着不可忽视的作用。同时，调味品的选择和食用习惯往往对健康也有着相当大的影响。详述如下。

（一）酱油和酱类调味品

酱油和酱都是以小麦、大豆及其制品为主要原料，接种曲霉菌种，经发酵酿制而成。酱油品种繁多，可以分为风味酱油、营养酱油、固体酱油。其中营养酱油主要包括减盐酱油和铁强化酱油两类。铁强化酱油中添加了 EDTA 铁。

酱类包括了以豆类和面粉、粳米等为原料发酵制成的各种半固体咸味调味料。按照原料不同，豆酱可分为以豆类为主要原料制成的豆酱（大酱）、豆类和面粉混合制成的黄酱、以面粉主要原料为主的甜面酱、以蚕豆为主的蚕豆酱和豆瓣酱、大豆和粳米制成的日本酱等。此外，添加其他成分即可制成各种花色酱，如加入肉末和辣椒的牛肉酱等。不同的原料是酱类食品不同营养价值的主要原因。

1. 蛋白质与氨基酸

在微生物和酶的作用下，豆、麦等原料中的蛋白质降解生成氨基酸、多肽等含氮化合物，是酱油与酱的鲜味主要来源，其含量高低也是酱类品质好坏的重要标志。优质酱油总氮含量应在 1.3 以上，多在 1.3%~1.8%，氨基酸态氮≥ 0.7%，其中谷氨酸含量最高，其次为天冬氨酸，这两种氨基酸均具鲜味。此外，增鲜酱油中添加了 0.001%~0.1% 的肌苷酸钠和鸟苷酸钠，使氨基酸的鲜味阈值更低，鲜味更加自然。以大豆为原料制作的酱，蛋白质含量比较高，可达 10%~12%；以小麦为原料的甜面酱蛋白质含量在 8% 以下；若在制作过程中加入了芝麻等蛋白质含量高的原料，则蛋白质含量可达到 20% 以上，且氨基酸态氮与酱油中的含量大致类似。黄酱的氨基酸态氮在 0.6% 以上，甜面酱在 0.3% 以上。酱油氨基酸中有一部分为甜味氨基酸，包括甘氨酸、丙氨酸、苏氨酸、丝氨酸和脯氨酸等，是酱油甜味的原因之一。

2. 碳水化合物

发酵过程中淀粉分解产生双糖和单糖；部分糖类可进一步发酵产生醇和有机酸，并进一步生成具有芳香气味的酯类；糖类还会与氨基酸发生美拉德反应，生成芳香物质和类黑素，是酱油和酱具有浓郁风味和较深色泽的主要原因之一。酱油中还有少量还原糖和糊精，是构成酱油浓稠度的重要成分。甜味成分包括葡萄糖、麦芽糖、半乳糖等。不同的品种，糖的含量差异较大，从不足 3%~10%。黄酱含还原糖很低，以面粉为原料的甜面酱糖含量则高达 20%，高于以大豆为原料的大酱。以粳米为主料的日本酱碳水化合物含量可达 19% 左右。

3. 维生素和矿物质

酱油中含有一定量的 B 族维生素，其中维生素 B_1 含量在 0.01mg/100g 左右，而维

生素 B_2 含量较高，可达（0.05~0.20）mg/100g，烟酸含量在 0.1mg/100g 以上。酱类中维生素 B_1 含量与原料相当，而维生素 B_2 含量在发酵后显著提高，含量在（0.1~0.4）mg/100g。烟酸含量也较高，达（1.5~2.5）mg/100g。此外，植物性食品几乎不含维生素 B_{12}，但是，经过发酵，可产生较多的维生素 B_{12}，成为素食者维生素 B_{12} 的重要来源。氯化钠是酱类食物中的咸味物质。酱油氯化钠含量在 12%~14%，是膳食中钠的主要来源之一。减盐酱油的含盐量约为 5%~9%。酱类含盐量通常在 7%~15%。

4. 有机酸和芳香物质

酱油中有机酸含量约为 2%，其中 60%~70% 为乳酸，还有少量琥珀酸，其钠盐也是鲜味来源之一。酱油的香气成分主体为酯类物质，包括醋酸乙酯、乳酸乙酯等 40 多种酯类。此外，还有醛类、酮类、酚类、酸类、呋喃类、吡啶类等共 200 余种呈香物质。其中酱油的特征性香气来自 4-羟基-2（5）-乙基-5（2）-甲基-（2H）-呋喃酮，含量仅为 0.02% 左右。酱类还含有多种有机酸，包括柠檬酸、琥珀酸、乳酸、乙酸等。酱类含乙醇 0.1%~0.6%。

（二）醋类

醋是一种常用调味品，按酿造原料可分为粮食醋和水果醋；按工艺可分为酿造醋、配制醋和调味醋；按颜色分为黑醋和白醋。粮食醋的主要原料包括粳米、高粱、麦芽、豆类、麸皮等，通过蒸煮，原料中的淀粉首先发生糊化，接着在真菌分泌的淀粉酶作用下降解为小分子糊精、麦芽糖和葡萄糖，在酵母作用下发酵生成酒精，酒精进一步发酵形成有机酸。与酱油相比，醋的蛋白质、脂肪和碳水化合物含量都不高，但含有较为丰富的钙和铁。粮食醋的主要酸味来源是醋酸，但醋酸发酵还可产生多种有机酸，包括乳酸、丙酮酸、苹果酸、柠檬酸、琥珀酸、α-酮戊二酸等。发酵过程中未被氧化糖类，如葡萄糖、蔗糖、果糖、鼠李糖等是醋的甜味来源，与酱类相同，产生甜味的物质还包括甘氨酸、丙氨酸、色氨酸等甜味氨基酸。在醋的储藏后熟期，羟氨反应和酚类氧化缩合产生多种酯类物质，辅以少量醛类、酚类、双乙酰和 3-羟基丁酮等，构成醋的复杂香气。加入少量盐、糖、鲜味剂和各种香辛料，可以制成各种调味醋。白醋是以醋酸为主料，配以其他有机酸，并添加水、蔗糖、食盐、谷氨酸钠和酯类香精制成。

优质酿造醋的 pH 值在 3~4，总酸含量在 5%~8%，其中老陈醋总酸含量可达 10% 以上。醋的总氮含量在 0.2%~1.2%，其中氨基酸态氮占一半左右。碳水化合物含量差异较大，多数在 3%~4%，而老陈醋可达 12%，白米醋仅 0.2%。氯化钠含量在 0~4%，多数在 3% 左右。水果醋含酸量约 5%，还原糖 0.7%~1.8%，总氮 0.01% 左右。

（三）豆豉类

豆豉是大豆经种曲发酵制成的整粒发酵豆制品，为我国多个南方省份的风味调味品。原料豆经浸泡和蒸煮，然后接种种曲，经水洗后添加盐、白酒、香辛料等调配发酵，再经一段时间后熟即为成品。按是否加盐，豆豉有淡豆豉和咸豆豉之分；按水分含量高低，有油润光亮的干豆豉和柔软的水豆豉之分；按发酵微生物不同，有曲霉豆豉、毛霉豆豉和细菌发酵豆豉之分；按加入香辛料不同，又有不同风味之分。

产量最高的是含盐干豆豉，水分含量在20%~45%，蛋白质含量在20%以上，氨基酸态氮约0.6%。原料大豆所含多糖经发酵分解产生还原糖和有机酸，豆豉成品中有机酸含量约2%，还原糖含量2%~2.5%，含盐约12%。原料大豆所含有机酸和脂肪酸与发酵产生的醇类发生化合反应生成酯类，产生豆豉的浓郁酯香。

（四）腐乳类

豆腐乳以大豆为主料，先制成豆腐坯后，接种曲霉菌发酵，利用微生物分解豆腐中的蛋白质、脂肪和多糖，成为毛坯，产生香气物质。然后搓去菌丝进行腌制，使之部分脱水，然后经后熟发酵成品。

腐乳蛋白质含量在8%~12%，还有较丰富的B族维生素，特别是维生素B_2和维生素B_{12}。其中红腐乳的营养价值最高。红曲中所含的洛伐他丁对降低血压和血脂具有重要作用。因此，经常食用红腐乳对中老年人的健康不无益处。

（五）香辛料类

按味道不同，天然香料植物分为烹调香草和香辛料两大类。前者提供特殊的芳香气味，包括薄荷、留兰香、桂花、香荚兰、百里香等，主要用于甜食和饮料等；后者则广泛用于菜肴烹调，具有明显芳香气味，精油含量较高，常以干燥状态保藏和使用。

我国传统上常用的肉制品调味辛香料包括大茴香、肉桂、陈皮、肉豆蔻、丁香、白芷、良姜、砂仁、草果等18种原料，在食物中起着遮盖异味、增加香味的重要作用，并赋予食物独特风味。香辛料所含芳香油类可通过提取，制成液体、粉末状、油状和微胶囊化产品，其中富含丁香酚、芳樟醇、蒎烯、茴香醇等芳香化合物，这些化合物具有一定生理活性，除了调味外，还有防腐、抗氧化等附加功能。我国中医学认为香辛料具有一定药效，常常作为药材使用。例如，肉桂、陈皮、丁香、白芷、砂仁等。

（六）味精与鸡精

鲜味是引起强烈食欲的可口滋味。天然食物鲜味的主要来源包括氨基酸、肽类、核苷酸和有机酸及其盐类，如肉类中的谷氨酸、肉汤和鱼汁所含肌苷酸、甲壳类和软体动物中的腺苷酸、香菇等菌类中的鸟苷酸、蕈类中的口蘑氨酸和鹅膏蕈氨酸、海贝类中的琥珀酸和竹笋中的天冬氨酸等。

味精是最主要的鲜味调味品，既是咸味的助味剂，也具有调和其他味道、掩盖不良味道的作用，它是谷氨酸单钠（monosodium glutamate, MSG）结晶而成的晶体，是以粮食为原料，经谷氨酸细菌发酵产生的天然物质。作为组成蛋白质的20种基本氨基酸之一，谷氨酸在很多食品中都有存在，如鸡蛋、肉类等。1987年，联合国食品添加剂委员会认定：味精是一种安全的物质，除了2岁以内婴幼儿食品之外，各种食品均可添加味精，其阈值浓度为0.03%，最适呈味浓度为0.1%~0.5%。

味精在以谷氨酸单钠形式存在时鲜味最强，二钠盐形式则完全失去鲜味。因此它的最佳呈味pH值为6.0，pH < 6时鲜味下降，pH > 7时失去鲜味。谷氨酸单钠分子在碱性条件下受热可发生外消旋化，使味精失去鲜味；120℃以上时，则发生脱水反应，并生成焦性谷氨酸。

（七）食盐

咸味是人体四种基本味觉之一，膳食咸味的主要来源是食盐，即氯化钠。钠离子可以提供最纯正的咸味，而氯离子具有助味作用。钾盐、铵盐、锂盐等也具有咸味，但咸味不正，带有苦味。

按照来源，食盐可分为海盐、井盐、矿盐和池盐。按加工精度，可分为粗盐（原盐）、洗涤盐和精制盐（再制盐）。粗盐中含有氯化镁、氯化钾、硫酸镁、硫酸钙以及多种微量元素，因而具有一定的苦味。粗盐经饱和盐水洗涤除去其中杂质后称为洗涤盐，经过蒸发结晶可制成精盐。精盐的氯化钠含量达90%以上，色泽洁白，颗粒细小，坚硬干燥。

通过添加钾盐，可降低普通食盐的钠含量。一般市售的低钠盐就是以占总量1/3的氯化钾和谷氨酸钾代替氯化钠，达到在基本不影响调味效果的同时减少钠摄入量的目的。加入调味品制成的花椒盐、香菇盐、五香盐、加鲜盐等产品的营养价值与普通食盐基本一致。

1996年起，我国普遍推广加碘食盐，每千克食盐的加碘量为20~50mg，可有效预防碘营养缺乏。目前已开发出的各种营养型强化盐还包括钙强化盐、锌强化盐、维生素A强化盐及复合元素强化盐等，还有富含多种矿物质的竹盐等。但钙和锌的强化盐含钙或含锌量仍较低，按每日摄入8g食盐计算，不足每日推荐量的1/3。

健康人群每日摄入6g食盐即可完全满足机体对钠的需要。食盐摄入过量与高血压病的发生有显著相关。最新调查数据表明，我国居民的食盐平均摄入量高于推荐量，因此在日常生活当中需要特别注意控制食盐用量，已经患有高血压、心血管疾病、糖尿病、肾脏疾病和肥胖者等疾病的患者更应选择低钠盐，并注意饮食清淡。

需要指出，咸味和甜味可相互抵消。10%糖溶液的甜味几乎可以完全抵消1%~2%食盐溶液产生的咸味。而酸味对咸味则具有强化作用，在1%~2%的食盐溶液中添加0.01%的醋酸就可以感觉到咸味更强。因此，烹调中加少量醋可减少食盐用量，有利于减少钠的摄入。

（八）糖和甜味剂

天然食品中含有很多种类的单糖和双糖，均具有甜味，其中以果糖最高，蔗糖次之，乳糖甜度最低。人们平时最常使用的食糖主要成分为蔗糖，是食品甜味的主要来源。蔗糖可以提供纯正愉悦的甜味，并具有调和百味的作用。食用蔗糖主要分为白糖、红糖两类，其中白糖又分为白砂糖和绵白糖。白砂糖纯度最高，达99%以上，绵白糖纯度仅96%左右。白糖纯度极高，除了碳水化合物，几乎不含其他营养成分，属于纯能量食品。

食品中加入蔗糖之后，不增加体积，却带来额外能量。市场上销售的普通饮料含糖量均在 10% 左右，每升可为人体提供超过 1673.60KJ（400kcal）的能量，达轻体力劳动女性每日推荐量的四分之一。红糖含蔗糖 84%~87%，其他成分包括 2%~7% 的水、少量果糖和葡萄糖以及较多矿物质，其褐色来自羟氨反应和酶促褐变所产生的类黑素。蔗糖、葡萄糖、麦芽糖、淀粉糖浆等作为碳水化合物来源，可快速被人体吸收，迅速缓解低血糖症状，血糖指数亦极高，摄入后可引起胰岛素大量分泌。

除了蔗糖，提供甜味的小分子碳水化合物还有很多。木糖醇、山梨醇、甘露醇等糖醇类物质为糖类加氢制成，进食后不升高血糖，不引起龋齿，但所含热量与蔗糖相同。

（九）食用油脂

食用油脂是人类能量的一大来源。各种植物的种子如花生、大豆、芝麻、葵花子、菜籽、椰子、橄榄等都可作为植物油脂的原料，动物性油脂则通常包括猪油、牛油、羊油、鱼油等。

各种主要油脂的特点、营养价值与作用如下。

1. 猪脂（lard）

我国食用量最大的动物油脂就是猪油。按分布部位不同，可分为猪杂油（来自特定内脏的蓄积脂肪）和猪板油（来自皮下脂肪组织）。猪油组成中 75% 是 2–棕榈酸甘油三酯，其油酸和亚油酸分布于 1, 3 位。猪油以饱和脂肪酸为主，多不饱和脂肪酸含量较低，但油酸含量可达到 40% 以上。另外，猪油中胆固醇含量较高，为 100mg/100g，精制猪油的含量可减半。

2. 鱼油（fish oil）

鱼油为海洋动物油，包括了海洋哺乳动物来源的油脂和真正的鱼类脂肪。鱼油最大的特点是富含 EPA 和 DHA 两大类的多不饱和脂肪酸，具有调节血脂的作用。但是，也正因为富含多不饱和脂肪酸，鱼油非常容易氧化变质，变质鱼油反而有害。鱼油维生素 E 含量较高，达 300mg/kg。

3. 可可脂（cocoa butter）

可可脂由可可豆榨制而来。常温下为乳黄色固体，具有芳香气味。可可脂 90% 以上为饱和脂肪酸，其余的为油酸，多不饱和脂肪酸仅占 1%，因此具有极强的抗氧化能力。可可脂的甘油三酯结构特殊，主要组分为油酸–二饱和脂肪酸甘油酯，且油酸位于 2 位。

4. 花生油（peanut oil）

花生油是花生仁的压榨产物，具有独特的花生气味和风味，一般较少含有非甘油三酯成分。花生油的油酸和亚油酸含量均在 40% 左右，饱和脂肪酸占了其余的 20%，亚麻酸含量不足 1%，氧化稳定性良好。花生油的熔点为 5℃，高于其他植物油，因此在冬季或冰箱内常呈半固态。

5. 豆油（soybean oil）

豆油是世界上最主要的食用油，生产量与消费量均很高。豆油的亚油酸含量为

50%~55%，亚麻酸含量 7%~9%，两者比例为 7∶1，在（5~10）∶1 的范围内，利于健康。由于多不饱和脂肪酸含量高，且有脂肪氧合酶存在，豆油容易氧化，虽然维生素 E 含量较高，但在加工过程中大部分被除去，因此需要额外添加合成抗氧化剂。

6. 菜籽油（rapeseed oil）

菜籽油的脂肪酸组成变化较大，几乎没有固定范围，受产地、气候、土壤等多因素影响。一般国内菜籽油的脂肪酸分部为：油酸 10%~35%，亚油酸 10%~20%，亚麻酸 5%~15%，芥酸 25%~50%。芥酸曾经引起过学术界的极大争议和广泛研究。动物实验发现它可能诱发心肌脂肪沉积和脂肪变性，但流行病学观察结果并未能证实这一观点。

7. 玉米油（corn germ oil）

玉米油的脂肪酸组成中饱和脂肪酸为 15%，亚油酸含量达 55% 以上，油酸为 25% 左右，亚麻酸含量极少。玉米油富含维生素 E。因此，具有较好的稳定性。

8. 葵花子油（sunflower oil）

葵花子油同样是亚油酸高含量油，含量超过 60%，亚麻酸为 5%，油酸为 19%。由于富含维生素 E（100mg/100g），且含有绿原酸成分（水解后生成咖啡酸，具有抗氧化作用），葵花子油氧化稳定性很好。

9. 芝麻油（sesame oil）

芝麻油的油酸含量也比较高，达 40% 左右，亚油酸 46%，但亚麻酸很少。虽然维生素 E 含量不高，但却有很好的氧化稳定性，这与其中所含的 1% 左右的芝麻酚、芝麻酚林、芝麻素等天然抗氧化剂有关。

10. 茶油（tea seed oil）

茶油中不饱和脂肪酸高达 90%，其中 79% 为油酸，是最接近橄榄油的植物油，另外含有 10% 的亚油酸，1% 的亚麻酸。

11. 橄榄油（olive oil）

橄榄油的脂肪酸组成为饱和脂肪酸 10%，油酸 83%，亚油酸 7%，不含亚麻酸。油酸具有降低血胆固醇、甘油三酯、低密度脂蛋白胆固醇（LDL–C），但不降低高密度脂蛋白，同时油酸不具有多不饱和脂肪酸的潜在不良作用，如促进机体脂质过氧化、促进化学致癌作用和抑制机体的免疫功能等。因此，橄榄油是一种具有重要营养价值的食用油。

（陶晔璇）

第十三节　其他食品的营养价值

学习要求

- 熟悉：茶的主要成分及其功效。
- 熟悉：酒的能量特点。
- 熟悉：葡萄酒酚类物质的特点与作用。
- 了解：咖啡的营养成分。
- 了解：茶的分类。
- 了解：酒的分类。

一、咖啡

埃塞俄比亚南部的咖法省（kaffa）是咖啡的故乡。现在世界上1/3的人饮用咖啡，它是茶以外消耗量最大的饮料，但它的销售额却超过了茶叶。在国际贸易的天然商品中，从币值看，咖啡一般仅次于石油而占第2位。

目前，国内市场上销售量最大的是速溶咖啡，但真正爱好咖啡的人士则喜欢购买咖啡豆，自己进行研磨、烧煮、调制，甚至有人自行烘焙。

无论是速溶咖啡，还是研磨咖啡，都是由咖啡豆加工而来。新鲜咖啡果实（coffee cherry）需要以干燥法（亦称天然法或非水洗法）或水洗法去除外皮、果肉、内果皮以及银皮，最后制成生豆。其中水洗法需经过一到两天的浸泡发酵过程。

生咖啡豆经过烘焙，即成为可直接研磨冲泡的熟豆，呈现出独特的咖啡色、香味与口感。咖啡的味道80%取决于烘焙，是冲泡好喝咖啡最重要也最基本的条件。咖啡豆的烘焙大致可分为轻火、中火、强火三大类，根据烘焙程度又可分为8个阶段。在焙炒过程中，咖啡豆经历复杂的物理化学变化，主要是咖啡中的糖和蛋白质发生一系列的美拉德反应，生成芳香物质和棕色化合物，然后经过strecker降解，分解美拉德反应的产物，形成新的味道和更深的颜色。通过焙炒，咖啡豆的重量减少20%，体积增加60%，脂肪含量从12%增加到16%。

生豆含有丰富蛋白质、碳水化合物、维生素和矿物质。但繁复的加工处理可使咖啡豆发生蛋白质变性、糖类糊化等一系列反应，且冲泡过程也很难将这些营养成分从固体粉末中抽提出来，而仍然留于咖啡残渣中，因此，一杯冲泡好的咖啡宏量营养素含量很低。咖啡豆含有大多人体所需的常量与微量矿物质，包括Ca、Cr、Fe、K、Mg、Mn、Ni、Sr、Zn、Pb、Cd和Cu等。但咖啡液中的含量也不高，如果每天饮用3杯咖啡的话，仅能够摄入每日需要量的1%~3%。从新鲜果实种子到冲泡完成一杯咖啡，一系列的加工过程使生豆含有的维生素几乎损失殆尽，但烟酸例外。咖啡的烟酸含量丰富，每100ml烟酸含量为0.2~1.6mg。

咖啡因是咖啡的最主要成分，一杯咖啡的咖啡因含量为75~150mg。咖啡因具有中枢兴奋、利尿、助消化、强心、解痉、松弛平滑肌等多重作用。但过多饮用的话，可抑制钙的吸收，诱发骨质疏松。

二、茶

茶是古老的经济作物，也是世界三大饮料之一。中国是茶树的原产地。按照加工过程中发酵程度的不同，茶叶可分为发酵茶、半发酵茶和不发酵茶，以茶叶色泽可分为绿茶、红茶、青茶（乌龙茶、黄茶）、白茶和黑茶等。

与咖啡一样，冲泡出的茶水含有很少的供能物质，但却含有丰富的其他化学成分，如多酚类、生物碱、芳香物质、皂苷、茶多糖等，是茶叶的功效成分，具有重要的保健作用。

多酚类物质含量一般在干重的18%~36%，其中最重要的是以儿茶素为主体的黄烷醇类，是茶叶具有保健作用的重要成分。儿茶素又可细分为表儿茶素（EC）、没食子儿茶素（EGC）、表儿茶素没食子酸酯（ECG）、表没食子儿茶素没食子酸酯（EGCG）。黄酮醇与黄酮苷类也属于多酚类，也称为花黄素，是绿茶汤色的重要来源。茶多酚的防癌作用已被多个研究证实，机制可能与抗氧化作用和免疫调节作用有关。多酚类物质还具有光谱抗菌作用，有抗菌、消炎、解毒和抗过敏作用，并能够有效预防心血管疾病。

主要的茶生物碱成分包括咖啡碱、茶叶碱、可可碱，均具有兴奋中枢神经系统、助消化、利尿、松弛血管平滑肌等作用。茶叶碱还有极强的舒张支气管平滑肌的作用，有平喘功效。

茶叶中的多糖类物质称为茶多糖，包括纤维素、半纤维素、淀粉、果胶等，是一类与蛋白质结合在一起的酸性糖或酸性糖蛋白。茶多糖的作用包括降血糖、抗凝血及抗血栓、降血脂和降血压、提高免疫力以及抗辐射作用等。

三、酒

酒精含量在0.5%以上的饮料即被称为酒。含酒精量的多少，就是酒度。“酒度”是指在20℃时，每100ml酒液中所含酒精的体积数（ml）或体积分数。饮用酒通常不能超过67度。

（一）酒的分类

按生产工艺分类，可分为酿造酒、蒸馏酒、配制酒、混合酒。酿造酒又称为发酵酒、原汁酒，是通过酵母发酵原料中的淀粉和糖质，产生酒精成分而形成的酒。其生产过程包括糖化、发酵、过滤、杀菌等。主要的酿造酒原料是谷物和水果，成品酒精含量低，谷物酿造的啤酒酒精含量一般在3%~8%，葡萄酒的酒精含量为8%~14%。酿造酒营养丰富，适量饮用有利健康。蒸馏酒是以糖质或淀粉质为原料，经糖化、发酵、蒸馏而成的酒。这类酒酒精含量较高，常在40%以上，所以又称为烈酒。世界上著名的蒸馏酒包括白兰地、威士忌、金酒、朗姆酒、伏特加和特奇拉酒，中国白酒也是蒸馏酒。配制酒又称为浸制酒、再制酒。是以蒸馏酒、发酵酒或食用酒精为酒基，加入香草、香料、果实、药材等，进行勾兑、浸制、混合等特定工艺后发调制的各种酒类。常见的配制酒有开胃酒类、甜食酒类、利口酒类。混合酒是由多种饮料混合而成的饮品。鸡尾酒即属于混合酒。

按酒精度分类，可分为高度酒、中度酒、低度酒。酒精含量在40%以上者为高度酒，大部分蒸馏酒属此类。酒精含量在20%~40%者为中度酒，大部分配制酒属此类。酒精含量在20%以下者为低度酒，酿造酒、混合酒属此类。

（二）各种酒的成分与特性

酒精和水是酒的基本成分，除此以外，酒类还含有许多复杂成分，与酿酒原料、酒的种类、发酵剂、酿造工艺等均有关系。适量饮酒有益健康，尤其是发酵酒。酒中的能量与营养素包括以下几部分。

1. 能量

酒是供能物质。与一般食品不同，酒类能量的主要来源不是碳水化合物、脂肪、蛋白质，而是酒精（乙醇），尤其是蒸馏酒。每克乙醇可供能29.3KJ（7kcal），显著高于糖类和蛋白质。100ml酒精度为50度的白酒，所含热量卡达到1464.4KJ（350kcal），相当于100g粳米提供的能量。发酵酒的能量来源除了酒精外，还有所含碳水化合物和其他成分，包括葡萄糖、蔗糖、麦芽、糊精、氨基酸、挥发酸、高级醇等。每升啤酒的能量密度为1673.6KJ（400kcal）。因此，肥胖者过多饮用啤酒、葡萄酒、黄酒等可能对维持体重不利。

2. 糖类

发酵酒含有丰富的糖类物质，不仅具有营养作用，也影响和决定着酒的口味。酒中的糖来源于酿酒的原料。粮食类酒的原料经酒曲或β淀粉化酶分解，可转化为葡萄糖、麦芽糖、麦芽三糖、麦芽四糖、糊精等；而果料酒中除了葡萄糖、果糖以外，还含有阿拉伯糖、木糖、鼠李糖、棉籽糖、蜜二糖、半乳糖等，以及加糖发酵时残留的蔗糖。发酵酒不经过蒸馏过程，因此上述的糖类成分均被保留在成品酒液中，有的甜酒、蜜酒甚至还需要添加一定量的蔗糖、蜂蜜和糖浆。蒸馏酒经过蒸馏工艺，几乎所有的发酵残余糖分均未被保留。

3. 蛋白质、肽和氨基酸

发酵酒中含有的蛋白质、肽、氨基酸也较为丰富。黄酒、啤酒的酿造原料均为粮食，蛋白质含量高，经过发酵，发生比较彻底的降解，因此在酒液中主要以肽和氨基酸形式存在，通过发酵，还产生了原本粮食类缺乏的赖氨酸、色氨酸和苏氨酸，与人乳氨基酸模式比较，其中赖氨酸和蛋氨酸仍然不足，其他则接近或超过人乳。啤酒的酿造原料为麦芽花，蛋白质含量较高，每升啤酒含蛋白质达4.1g，且含有除色氨酸外的其他人体必需氨基酸。葡萄酒等果酒的原料为水果，本身含蛋白质量低，且在酿制过程中，为了改善葡萄酒的色泽和透明度，减少沉淀物，延长储存时间，还需要去除过多的蛋白质类物质，所以果料酒氨基酸含量不高。蒸馏酒则几乎不含蛋白质与氨基酸。

4. 维生素

啤酒和葡萄酒含有多种B族维生素，如维生素B_1、维生素B_2、维生素B_6、烟酸、辅酶Q、泛酸、叶酸、生物素及维生素C等。啤酒中维生素B_2、烟酸含量尤其丰富。

5. 矿物质

酒的矿物质含量和酿酒的原料、水质和工艺有密切相关。葡萄酒、啤酒、黄酒等发酵酒中含量最多的矿物元素是钾，钠的含量约为0.1~0.3g/L。钙离子含量变化较大，在20~900mg/L，与原料、土壤、酿制工艺均有关系。铁离子含量与原料有关，也和储器材料有关。酒中的其他矿物质还包括铜、铁、锰等，虽然这些元素为人体必需，但含量过高的话，一方面影响酒质，另一方面也可能对身体造成伤害。

6. 其他物质

除了以上营养素外，酒类还含有很多其他化学成分，虽然含量较少，但却决定着酒类的种类、亚类、档次和质量，也影响和决定的酒的营养保健作用。目前发现的物质可分为有机酸、酯类、醇类、醛和酮、酚类等，以及某些不利于健康的嫌忌物质如甲醇、甲醛、杂醇油等。

有机酸包括能够随水分蒸发的挥发酸和不蒸发的不挥发酸。前者如乙酸、甲酸、丁酸等脂肪酸，对各类酒的香味和滋味有很大的影响。有机酸具有营养价值，也能够供能。

酯类是酒香的重要来源，含量不高，与酒的品系、成分、年限有关。新酒酯含量低，陈酒有所增加。其中乙酸乙酯是最主要的酯。

除了乙醇，酒中还含有其他一些醇类，大多属于嫌忌成分。

酒中的醛类主要有甲醛、乙醛、糠醛、丁醛、戊醛和乙缩醛等，其中甲醛、糠醛也是嫌忌成分。一定量的乙醛是葡萄酒香味成分之一，乙醛和乙醇在陈酿过程中还能缩合成乙缩醛，是重要香味成分之一。

酒中含有一定量的酚类成分，且大多是多酚化合物，具有较强的抗氧化作用。葡萄酒的酚类物质含量最高，我国的白酒和用橡木桶储存的白兰地也含有酚类。酚类物质可分为色素类物质（包括黄酮类）和单宁。

四、巧克力

巧克力是可可粉、可可脂、糖和香草香精或其他食用香料的混合物，具有独特的色泽、香气、滋味和精细质感，精美而耐保藏，并具有很高热值的甜味固体食品。可可粉与可可脂均来源于可可树的种子——可可豆。拉丁美洲是可可树的故乡。

巧克力是一类高能量食品，每 100g 黑巧克力供能 2004KJ（479kcal），每 100g 牛奶巧克力含能量 2156.4KJ（513kcal）。黑巧克力的纤维含量高于牛奶巧克力，但蛋白质含量为牛奶巧克力的 2/3。巧克力含有许多多酚物质，主要为类黄酮物质，包括 3 种：儿茶素（37%）、花色素（4%）和无色花青素（58%），黑巧克力黄烷醇含量达 510mg/100g，是同质量红酒和红茶的 8 倍，苹果的 5 倍。巧克力还含有 1.2% 的可可碱和 0.2% 的咖啡因。已分离出的巧克力香气物质达 260 种，其中吡嗪类化合物是巧克力独特香气的主要成分，还包括一些游离氨基酸、多元酚和有机酸。

（陶晔璇）

第三章

保健食品

保健食品（Health food），又称功能性食品（functional food），本章重点介绍保健食品的定义、功效成分以及保健功能。

第一节　保健食品的概念

学习要求

- 掌握：保健食品的定义及其必须符合的要求。
- 熟悉：保健食品的特点。
- 了解：保健食品与药膳食品，绿色食品和新资源食品的区别。

保健食品是指声称保健功能，不得对人体产生可观察或检测到的急性、亚急性或者慢性危害的特殊食品，即适宜于特定人群食用，具有调节功能，不以治疗为目的的食品。保健食品是食品的一个种类，具有一般食品的共性，以调节人体的功能，适于特定人群食用，但不以治疗疾病为目的。虽然各国对保健食品的定义和范围不尽相同，但基本含义有一点是一致的，即这类食品具有一般食品所没有的调节人体生理活动的功能，故称之为保健食品或功能性食品。

一、保健食品的特点

（1）保健食品是食品而不是药品，药品是用来治疗疾病的，而保健食品不以治疗疾病为目的，不追求临床治疗效果，也不能宣传治疗作用。保健食品重在调节机体内环境平衡与生理节律，增强机体的防御功能，达到保健康复的目的。

（2）保健食品应具功能性，即有调节机体功能，这是保健食品与一般食品的区别，它至少应具有调节人体机能作用的某一种功能，如免疫调节功能、改善生长发育功能、抗疲劳功能等。其功能必须经必要的动物或人群功能试验，证明其功能明确、可靠。

（3）保健食品适于特定人群食用，一般食用前需参阅产品说明，这是保健食品与一般食品另一个重要不同点。一般食品提供给人们维持生命活动所需要的营养素，男女老幼皆不可少，而保健食品由于具有调节人体的某一个或几个功能的作用，因而只有某个或几个功能失调的人群食用才有保健作用，对该项功能良好的人食用这种保健食品就没有必要，甚至食用后会产生不良作用。

二、保健食品与药膳食品、绿色食品、新资源食品的区别

药膳食品为辅助治疗某些疾病，根据辨证施治的原则加入中药配制而成的非定型包装菜肴。绿色食品是指无污染、安全、优质的营养食品，有的称为生态食品、有机食品、自然食品等。新资源食品是指在中国新研制、新发现、新引进的无食用习惯的，符合食品基本要求，对人体无毒无害的食品。

三、保健食品必须符合的要求

（1）经必要的动物和人群功能试验，证明其具有明确、稳定的保健作用。

（2）各种原料及其产品必须符合食品卫生要求，对人体不产生任何急性、亚急性或慢性危害。

（3）配方的组成及用量必须具有科学依据，具有明确的功效成分。如在现有技术条件下不能明确功效成分，应确定与保健功能有关的主要原料名称。

（4）标签、说明书及广告不得宣传疗效作用。

第二节　保健食品的功效成分

学习要求

- 掌握：保健食品功效成分的定义。
- 熟悉：保健食品功效成分的分类。
- 了解：保健食品主要功效成分的应用。

一、功效成分的定义

保健食品中能够起到调节人体特定生理功能的成分称为功效成分，或称活性成分、功能因子。它是保健食品特定保健功能的物质基础和起关键作用的成分，富含这些成分

的配料称为功能性食品基料、活性配料或活性物质。保健食品的功效成分必须与其保健功能相对应，并能在保健食品中稳定存在，进入人体后能够对特定生理功能有调节作用。

二、功效成分的分类

随着食品科学技术的不断发展，新的功效成分不断被发现。目前已明确的功效成分有十余类、100多种，其中主要有活性多糖、功能性低聚糖、功能性油脂、自由基清除剂、条件必需氨基酸、微量元素、活性蛋白质、有益微生物、海洋生物活性物质、其他活性因子。

1. 活性多糖

活性多糖是指具有某种特殊生物活性的化合物，如真菌多糖、植物多糖、壳聚糖等。真菌多糖有香菇多糖、银耳多糖、金针菇多糖、云芝多糖、灵芝多糖、茯苓多糖、黑木耳多糖、虫草多糖等。植物多糖有茶多糖、枸杞多糖、魔芋葡甘露聚糖、银杏多糖等，活性多糖的主要功能是增强免疫功能、抗辐射、降血脂、降血糖等；膳食纤维的主要功能是通便、降血脂、降血糖、预防肥胖等。

2. 功能性低聚糖

功能性低聚糖是由2~10个单糖通过糖苷键连接而成的低度聚合糖。功能性低聚糖包括水苏糖、棉籽糖、低聚果糖、低聚木糖、低聚半乳糖、低聚异麦芽糖、低聚异麦芽酮糖、低聚龙胆糖、大豆低聚糖、低聚壳聚糖等。人体肠道内没有水解这些低聚糖的酶系统，因此它们不被消化吸收而直接进入大肠为双歧杆菌所利用，是肠道有益菌的增殖因子。功能性低聚糖可以促使双歧杆菌的增殖，减少有毒发酵产物及有害溶菌酶的产生，同时抑制致病菌的生长繁殖。功能性低聚糖还具有低能量，不会引起龋齿的作用。

3. 条件必需氨基酸

用于保健食品的条件必需氨基酸主要是牛磺酸、精氨酸和谷氨酰胺，牛磺酸广泛分布于体内各组织器官，如中枢神经系统、视网膜、肝、骨骼肌、心肌、血细胞、胸腺及肾上腺，尤以脑组织的浓度最高。牛磺酸的主要功能是保护视网膜、促进中枢神经系统的发育、抗氧化、调节渗透压、促进脂肪消化吸收等。目前多用于婴儿食品、运动员饮料和保肝强心保健食品。

精氨酸在人体内参与鸟氨酸的循环，具有极其重要的生理功能。多摄入精氨酸可增加肝脏中精氨酸酶的活性，有助于将血中的氨转变为尿素而排泄。此外，精氨酸还具有促进伤口愈合、维持正氮平衡、调节免疫功能等作用。

谷氨酰胺是人体中含量最多的一种氨基酸。在正常情况下它是一种非必需氨基酸，但在剧烈运动、受伤、感染等应激条件下，谷氨酰胺的需要量大大超过了机体合成谷氨酰胺的能力，这时，体内谷氨酰胺含量降低，蛋白质合成量减少，出现小肠黏膜萎缩与免疫功能低下现象。因此，谷氨酰胺是防止肠衰竭的一种重要营养素。

4. 活性肽与活性蛋白质

活性肽主要有谷胱甘肽、酪蛋白磷酸肽和降压肽。活性蛋白质包括乳铁蛋白、免疫球蛋白等。谷胱甘肽（GSH）是由谷氨酸、半胱氨酸和甘氨酸通过肽键缩合而成的三肽化合物，具有解毒、清除自由基的功能，对放射线、放射性药物引起的白细胞减少有保护作用，能够通过纠正乙酰胆碱、胆碱酯酶的不平衡起到抗过敏作用、减少皮肤老化及色素沉着等作用。降压肽通过抑制血管紧张素转换酶活性来起到降压的功能。降压肽主要来源于乳酪蛋白的肽类、鱼贝类的肽类和植物的肽类。酪蛋白磷酸肽（CPP）能够促进钙吸收，其分子内的丝氨酸磷酸化结构对钙的吸收有促进作用。此外，CPP 还可作为许多微量元素，如铁、锰、铜及硒的载体，是一种良好的金属结合肽。

乳铁蛋白主要存在牛乳和母乳中，乳铁蛋白具有结合并运输铁离子的能力，能增强铁的吸收利用率。此外，乳铁蛋白还具有抗病毒、调节免疫细胞活性等功能。

免疫球蛋白（Ig）是一类具有抗体活性、能与相应抗原发生特异性结合的球蛋白。它不仅存在于血液中，还存在于体液、黏膜分泌液以及 B 淋巴细胞膜中。它是构成体液免疫作用的主要物质，可以增强机体的抵抗力。免疫球蛋白主要应用于婴儿食品和老年食品中，以提高人体免疫力，增强对各种疾病的抵抗力。

5. 功能性脂类

功能性油脂主要包括多不饱和脂肪酸、磷脂和胆碱等，它们都具有重要的生理功能，并成为保健食品的重要原料。多不饱和脂肪酸种类繁多，其中亚油酸、γ-亚麻酸、EPA（二十碳五烯酸）、DHA（二十二碳六烯酸）等较为重要，它们大多主要应用于调节血脂的保健品，磷脂普遍存在于生物体细胞质及细胞膜中，对维持细胞功能进而维持细胞代谢起重要作用。胆碱是卵磷脂和鞘磷脂的组成成分，是神经递质乙酰胆碱的前体化合物，在细胞功能及生物体生命活动有重要作用。磷脂和胆碱一般用于辅助改善记忆功能、调节血脂、预防肝损伤等功能的保健食品

6. 自由基清除剂

自由基清除剂能够清除机体代谢过程中产生的过多自由基，是一类重要的保健食品的功效成分。自由基清除剂分酶类清除剂（抗氧化酶）和非酶类清除剂（抗氧化剂）两大类。酶类清除剂主要有超氧化物歧化酶（SOD）、过氧化氢酶 (CAT) 和谷胱甘肽过氧化物酶（GSH-Px）等。非酶类清除剂主要有维生素 E、维生素 C、β-胡萝卜素和还原型谷胱甘（GSH）。此外，天然抗氧化剂还包括：硒、锌、铜、生物类黄酮（主要有黄酮类、黄酮醇类、双黄酮类）、银杏萜内酯、茶多酚、泛醌（辅酶 Q）、植酸、丹参酮、五味子素、黄芩苷及其铜锌配合物。

7. 维生素和微量元素

维生素和微量元素可以作为保健食品的功效成分。如维生素 A 可以用于提高机体免疫能力，维生素 D 可以用于促进骨骼健康。微量元素中的硒具有较强的抗氧化、抑制肿瘤生长、解毒和保护心血管等作用，铬是葡萄糖耐量因子的组成成分，对机体糖和脂质代谢有重要影响，目前多用于辅助降血糖功能的保健食品。

8. 益生菌

益生菌是指对人体具有保健功能的有益菌群，如以乳酸菌发酵的各种保健食品就受

到了人们的普遍欢迎。乳酸菌是一类可利用碳水化合物发酵产生大量乳酸的细菌的统称，分为乳杆菌属、链球菌属、明串珠菌属、双歧杆菌属和片球菌属 5 个属。每个属中有很多菌种，一些菌种还包括数个亚种。应用较多的主要菌种为双歧杆菌、乳杆菌和链球菌。益生菌具有维持肠道菌群平衡、增强免疫功能等作用。

9. 海洋生物活性物质

海洋生物具有优质而丰富的药食同源的资源。作为食品的鱼贝类、藻类，其活性物质的种类主要集中在抗癌活性成分、提高免疫力活性成分、抗菌（尤其抗真菌）活性成分、抗病毒活性成分、改善心血管功能活性成分等方面。此外，海洋生物中还含有大量的活性多糖、膳食纤维、维生素、矿物质、活性肽等。这些为保健食品提供了丰富的资源。

10. 其他活性因子

包括植物甾醇类、茶多酚、皂苷、黄酮类化合物、肉碱、大蒜素等。它们具有包括调节免疫功能、抗氧化等在内的多元化的调节作用。

第三节　保健食品的功能

学习要求

- 掌握：保健食品功能种类。
- 熟悉：保健食品功能评价检测项目。
- 了解：与各项功能相关的食物成分。

一、增强免疫力功能

免疫系统在维持机体正常生理功能的调节中具有重要作用。免疫是指机体接触“抗原性异物”或“异己成分”的一种特异性生理反应，它是机体在进化过程中获得的“识别自身、排斥异己”的一种重要生理功能。与免疫有关的食物成分，是指那些能增强机体对疾病的抵抗力、抗感染以及维持自身生理平衡的成分。

1. 与增强免疫功能相关的功效成分

（1）活性多糖。香菇多糖能够刺激抗体产生，达到提高机体免疫力的作用。香菇菌丝体培养后分离出的有效成分能明显增加幼鼠脾重。枸杞多糖能明显调节 T、B、NK 等细胞的功能。对 IL-2 和 IL-3 具有双向调节作用，在肿瘤免疫和神经内分泌免疫调节网络中具有免疫增强功能。

（2）多酚类。茶多酚对机体免疫功能的影响。接受化放疗的癌症患者服用茶多酚后血浆中免疫球蛋白的含量增加，动物巨噬细胞吞噬功能试验发现茶多酚对可以提高机体非特异性免疫功能。此外还有杧果甙、芒柄花素、大豆黄酮对小鼠免疫功能影响的相关研究报道。

（3）精氨酸。精氨酸能提高淋巴细胞、吞噬细胞的活力，并能间接活化巨噬细胞、中性粒细胞，可激活细胞免疫系统。临床上对于因手术、严重外伤、烧伤等原因造成的免疫功能低下而出现的合并感染、败血症给予补充适量的精氨酸，可有效改善机体免疫功能。精氨酸对免疫系统的调节见效快。

2. 评价试验项目

（1）脏器 / 体重比值测定：胸腺 / 体重比值，脾脏 / 体重比值。

（2）细胞免疫功能测定：小鼠脾淋巴细胞转化实验，迟发型变态反应实验。

（3）体液免疫功能测定：抗体生成细胞检测，血清溶血素测定。

（4）单核—巨噬细胞功能测定：小鼠碳廓清实验，小鼠腹腔巨噬细胞吞噬鸡红细胞实验，NK 细胞活性测定。

二、抗氧化功能

在机体衰老的过程中，氧自由基 - 脂质过氧化增加对细胞的损伤是重要原因之一。为此，抗氧化物质或抗氧化剂的补充也越来越多地受到人们的重视。越来越多的研究显示，与老化相关的疾病和基因的突变，如癌症、动脉粥样硬化、冠心病、糖尿病、白内障、老年痴呆症、关节炎等，都与自由基的损伤相关。在早老性痴呆中，自由基对大脑海马体神经细胞的损害可能是导致脑功能丧失的原因之一。自由基侵害血管壁，造成低密度脂蛋白胆固醇的氧化，是所有心血管疾病的祸首；自由基侵害遗传因子，是造成癌变的潜在因素。保持机体足够的抗氧化物质、及时清除自由基是抗衰老的重要手段之一。

1. 与抗氧化功能相关的食物

（1）蔬菜水果。蔬菜、水果不仅提供人体所需的一些维生素、矿物质和膳食纤维等，而且含有许多植物抗氧化物质，比如多酚类物质，包括类黄酮、花色素类等，这些物质在体外具有较强的抗氧化活性，有些甚至强于维生素 C、维生素 E、胡萝卜素。美国一项研究分析了各种水果的酚含量：越橘（cranberry）在 10 种水果中所含的抗氧化剂酚含量水平最高。其他含酚水平较高的 9 种水果依次是：梨子、红葡萄、苹果、樱桃、草莓、西瓜、乌饭树果、香蕉和绿葡萄。尽管新鲜水果化验结果最好，但干果也可以提供数量相当大的抗氧化剂。

（2）茶叶。茶叶是多酚类化合物的主要来源，其主要酚类——儿茶素类约占茶叶萃取物干重的 25%。茶多酚化合物是茶叶药效的主要成分，它是一类天然的强抗氧化物，清除自由基能力高于维生素 E 和维生素 C。

2. 评价试验项目

（1）动物实验。过氧化脂质含量，包括丙二醛或脂褐质。抗氧化酶活性，包括超氧化物歧化酶和谷胱甘肽过氧化物酶。

（2）人体试食试验。丙二醛、超氧化物歧化酶、谷胱甘肽过氧化物酶。

三、辅助改善记忆功能

学习记忆是通过神经系统的突触部位所发生的一系列生理、生化和组织学的可塑性变化而实现的。短时性记忆主要依靠中枢临时性的电活动来完成，而长时性记忆则是脑内 RNA—蛋白质系统微细结构方面变化的结果。保持良好记忆以及保持脑部健康和营养密切有关。

1. 与改善记忆功能相关的食物和功效成分

（1）核桃仁。含有丰富的优质蛋白质和不饱和脂肪酸，还含有碳水化合物、钙、磷、铁、胡萝卜素和维生素 B_2，是我国传统的健脑食品。

（2）黑芝麻。含有较多的不饱和脂肪酸及铁质，在人体内可以合成卵磷脂。

（3）花生。花生仁含有卵磷脂和脑磷脂，它们是神经系统所需要的重要物质，能延缓脑功能衰退，增强记忆。

（4）桂圆。含有蛋白质、糖、脂肪、矿物质、酒石酸、B 族维生素等。对神经衰弱、产后体虚、记忆力减退、失眠、健忘、心悸、贫血都有辅助作用。

（5）不饱和脂肪酸、二十二碳六烯酸（DHA）。主要存在于海洋鱼类的鱼油中，DHA 很容易通过大脑屏障进入脑细胞，存在于脑细胞及脑细胞突起中。人脑细胞质中有 10% 是 DHA，因此，DHA 是人类大脑形成和智商开发的必需物质。但服用过多 DHA 时，易造成高度兴奋，因此儿童在补充 DHA 时应严格参照推荐量进行。

2. 评价试验项目

（1）动物试验。跳台试验，避暗试验，穿梭箱试验，水迷宫试验。

（2）人体试食试验。韦氏记忆量表，临床记忆量表。

四、缓解体力疲劳功能

在劳动或运动过程中，由于劳动或运动引起机体生理生化改变而导致机体运动能力暂时下降的现象称为疲劳。疲劳是防止机体发生威胁生命的过度功能衰竭而产生的一种保护性反应，它的产生提醒工作者应减低工作强度或终止运动以免机体损伤。营养素直接影响着人类的劳动能力和运动能力，劳动及运动与机体能量的储存、释放、转移和利用过程密切相关，而能量代谢过程又与糖、脂肪、蛋白质、维生素、无机盐这些营养素紧密联系，合理膳食可以预防及消除体力疲劳。

1. 与缓解体力疲劳相关的食物

（1）乌骨鸡。血清总蛋白及丙种球蛋白均高于普通肉鸡，乌骨鸡全粉水解后含有 18 种氨基酸，包括人体所必需的 8 种氨基酸，其中有 10 种氨基酸比普通肉鸡的含量高；乌骨鸡中还含有多种维生素，还含有钙、磷、铁、钠、氯、镁、锌等矿物质。实验表明，乌骨鸡能增加体力，提高抗疲劳能力。

（2）大枣。含有多种氨基酸、生物碱、丰富的维生素C及磷、钾、钙、铁等多种微量元素。实验小鼠每日服大枣煎剂3周，在游泳实验中其游泳时间较对照组明显延长，表明大枣有增加肌肉耐力的作用。

（3）人参。人参有助于消除中枢神经疲劳，是因为它能使机体更经济地利用糖原和三磷酸腺苷（ATP），并能促进剧烈运动时产生的大量乳酸变成丙酮酸，再经乙酰辅酶A进入三羧酸循环，为肌肉活动提供更充分的能量。《图经本草》中记述了的如何检验人参真伪的办法："二人同行，其中一人口含人参，走至三五里远时，不含人参者已是大喘不已，而含人参者则气息自如。则可断定此人参为真货。"

2. 评价试验项目

（1）负重游泳实验：运动耐力的提高是抗疲劳能力加强最直接的表现，游泳时间的长短可以反映动物运动疲劳的程度。

（2）生化检验：血乳酸，血清尿素氮，肝/肌糖原测定。

五、减肥功能

肥胖症就是机体脂肪组织的量过多或脂肪组织与其他软组织的比例过高。脂肪蓄积是个循序渐进的过程，轻度肥胖和正常体重之间并没有明确的界限。目前用于测定标准体重的普遍的方法是测定体重指数（BMI），即体重（kg）/身高^2（m^2）来评判体重是否正常。

1. 与减肥功能相关的功效成分

（1）壳聚糖。是一种脂肪阻止剂，它能防止脂肪被人体吸收，达到减肥的效果。它是从甲壳鱼类（如虾和螃蟹）的外骨骼中的角素成分提取出来的，和植物纤维一样不为人体所消化。它就像"脂肪海绵"一样，在体内可吸收脂肪，同时还可以大大降低血液中胆固醇的含量，并能增加帮助预防心脏病的高密度脂蛋白（HDL）含量。壳聚糖有助于降低食物在消化系统中的消化时间，同时也会减少脂肪和胆固醇在该系统中的积聚。

（2）左旋肉碱。人体脂肪分解为能量的场所为细胞内的线粒体。左旋肉碱是将脂肪运送到线粒体内的一种载体。左旋肉碱能加速细胞（线粒体）对脂肪的消耗，确立了左旋肉碱对人体脂肪酸氧化的重要作用。缺乏这种载体，脂肪便不能进入细胞线粒体转化为能量，多余的脂肪将在肝脏和人体其他部分堆积，导致脂肪肝、肥胖和其他血脂类疾病。

（3）膳食纤维。能够取代膳食中其他成分，减少脂肪吸收；通过较多的咀嚼，可增加唾液和胃液的分泌，使胃扩张，增加饱腹感，减少食物的摄入量；轻度抑制小肠吸收某些食物的功能。比较理想的膳食纤维是魔芋。魔芋的有效成分是葡甘露聚糖，所以长期食用不仅可以减肥，还可以降血脂、降血糖。老年肥胖者包括糖尿病患者，均可食用。魔芋中含有60%左右的甘露聚糖，吸水性很强，吸水后体积膨胀，可填充胃肠，消除饥饿感。

2. 评价试验项目

（1）动物试验。以高热量食物诱发动物肥胖，再给予受试样品（肥胖模型），或在给予高热量食物同时给予受试样品（预防肥胖模型），观察动物体重、体内脂肪含量的变化。

（2）人体试食试验。单纯性肥胖受试者食用受试样品，观察体重、体内脂肪含量的变化及对机体健康有无损害。观察指标包括：①安全性指标。②功效性指标：体重、身高、腰围（脐周）、臀围，并计算标准体重、超重度。

$$\text{超重度（\%）}=\frac{\text{实测体重}-\text{标准体重}}{\text{标准体重}}\times 100\%$$

体内脂肪总量和脂肪占体重百分率，用水下称重法或电阻抗法。皮下脂肪厚度用B超测定法或皮卡钳法。

六、辅助降血脂功能

血浆中的脂质主要包括磷脂、胆固醇及其酯、甘油三酯。血浆中脂类含量与全身相比只占极小部分，但在代谢上却非常活跃。因此，血脂水平可反映全身脂类代谢的状况。在正常情况下，人体脂质的合成与分解保持一个动态平衡，即在一定范围内波动。

1. 与辅助降血脂功能相关的功效成分

（1）膳食纤维。能吸附和分解肠道内胆固醇，减少脂质的吸收，反射地促进肝脏胆固醇的降解，降低血脂浓度。

（2）大蒜。以大蒜挥发油喂饲的实验性高胆固醇血症家兔，可抑制血清胆固醇，使主动脉脂质含量升高者下降至正常水平以下，防止动脉粥样硬化斑块的形成。给大鼠服用大蒜挥发油可以使血清胆固醇明显降低，减少主动脉和肝脏胆固醇含量。

（3）植物甾醇。人体不能合成植物甾醇，只能从食物中摄取。植物油和谷物是植物甾醇最主要的膳食来源，其次是豆类、蔬菜、水果、浆果以及坚果等。每天摄入植物甾醇的量差异较大，西方国家膳食中，每人每天约摄入180mg，而在东方型膳食人群和素食者中可达400mg。

（4）白藜芦醇。白藜芦醇是多酚类化合物，主要来源于葡萄（红葡萄酒）、花生、桑葚等植物。白藜芦醇是一种天然多酚类物质。白藜芦醇对心血管系统的作用主要表现为对脂类代谢和血小板凝集的影响，从而起到抗血栓、抗动脉粥样硬化和冠心病、抗缺血性心脏病和抗高脂血症的作用。并可显著降低血清胆固醇、甘油三酯的含量。

2. 评价试验项目

（1）动物实验。体重、血清总胆固醇、甘油三酯、高密度脂蛋白胆固醇。

（2）人体试食试验。血清总胆固醇、甘油三酯、高密度脂蛋白胆固醇。

七、调节肠道菌群功能

在长期进化过程中，宿主与其体内寄生的微生物之间形成了相互依存、相互制约的最佳生理状态。肠道菌群寄生在人体肠道的环境中，保持一种微观生态平衡。如果由于机体内外各种原因导致这种平衡破坏，称为肠道菌群失调。

1. 与辅助降血脂功能相关的功效成分

（1）有益活菌制剂。主要以双歧杆菌和乳酸菌为主。也有以需氧菌为主的活菌制剂，利用其耗氧的特点在肠道内形成厌氧环境，从而有利于有益菌的生长。这类制剂用于保健食品应该符合的条件是：①有效菌的存活率高；②有效菌能在肠道定植和增殖。

（2）有益菌增殖促进剂。某些低聚糖能够被有益菌选择性地利用。如低聚异麦芽糖、大豆低聚糖等。益生元是指一类特殊的结肠性食物。作为益生元，必须具备以下 4 个条件：①在胃肠道上部既不能被水解，又不能被宿主吸收；②能选择性地对肠道内某些有益菌进行刺激生长繁殖或激活代谢功能作用；③能够提高肠道内有益于健康的优势菌群的构成和数量；④能起到增强机体健康的作用。

2. 评价试验项目

（1）试验步骤。在给予受试样品之前，无菌采取小鼠粪便 0.1g，10 倍系列稀释，选择合适的稀释度分别接种在各培养基上。培养后，以菌落形态、革兰氏染色镜检、生化反应等鉴定计数菌落，计算出每克湿便中的菌数，取对数后进行统计处理。最后一次给予受试样品之后 24h，将小鼠断颈处死，取直肠粪便，检测肠道菌群。

（2）观察指标。双歧杆菌、乳杆菌、肠球菌、肠杆菌和产气荚膜梭菌。

（杨科峰）

第四章

加工及储藏工艺对食物营养成分的影响

学习要求

- 掌握：各种营养素在常见的加工和储藏过程中的变化。
- 熟悉：产生变化的原因。
- 了解：对食物中营养素影响较小的部分现代食品加工新技术。

食物营养素是维持人的生命和健康，保证良好生长发育和从事劳动的物质基础。膳食结构中若营养素不足则有损于人体健康，甚至引起严重疾病。目前已知有40~45种人体必需的营养素并存于食物中。他们通常分为碳水化合物、脂肪、蛋白质和氨基酸、维生素、矿物质、水和膳食纤维七大类。

不同种类的食物，需要采用的加工方法不同，而不同的加工方法对上述食物中的营养素的影响也不同，有的加工方法可提高食物的消化率和生物学价值，而有的加工方法则会使营养成分受到损失，甚至形成有毒有害的物质。本章就食物中各种营养素在常见加工工艺中的变化进行阐述。

第一节　加热对食物营养成分的影响

热加工是食物加工和储存的最普遍、最有效的方法，在罐头、速冻果蔬等食品的生产中均有加热的工艺。通常食物的加热方法包括烹调、烫漂、巴氏杀菌和商业杀菌。而“烹调”又包括焙烤、煎烤、火烤、水煮、油炸和炖等。

加热会引起食品风味、色泽等的变化。其中好效果如下：改善食品的感官特性；祛除腐败微生物；使酶失活；破坏食物中的嫌忌成分。此外，加热还可改善营养素的可利用率。但加热或不适当的加热也会引起某些营养成分的破坏或损失。本节主要阐述食物营养素在加热过程中的变化。

一、加热对蛋白质的影响

绝大多数蛋白质加热后的营养价值得到提高。因为适宜的加热条件，使蛋白质发生变性，可破坏蛋白酶的活性，杀灭微生物或抑制微生物的生长繁殖，破坏食物原料中的有毒成分，提高消化率，增强食品风味和口感。

首先，加热使蛋白质变性可提高蛋白质的消化率。这是由于加热可影响蛋白质分子的空间结构，使蛋白质热变性。蛋白质变性后，其原来被有序包裹的结构显露出来，便于蛋白酶作用。生鸡蛋、胶原蛋白以及某些来自豆类和油料种子的植物蛋白等，若不先经加热使蛋白质变性，则难于消化。例如，生鸡蛋蛋白的消化率仅 50%，而熟鸡蛋的消化率几乎是 100%。蔬菜和谷类的热加工，在改善口感的同时，也提高了蛋白质的消化率。据报告，热处理过的大豆，其营养价值大大超过生大豆，生大豆粉的蛋白质功效比（PER）为 1.40，而热处理后大豆的 PER 为 2.63。

加热可破坏食品中的某些嫌忌成分如毒性物质、酶抑制剂等，从而使食品的营养价值大为提高。例如，大豆含有胰蛋白酶抑制剂和植物凝血素，许多谷类食物如小麦、黑麦、荞麦、燕麦、粳米和玉米等也都含有的胰蛋白酶抑制剂，当以大量生豆喂养动物时，因其中的胰蛋白酶抑制剂和植物凝血素的毒性作用，动物全部死亡。加热处理后可破坏上述嫌忌成分，使蛋白质消化率增加、PER 显著上升（见表 4–1）。但若加热过度，则会降低蛋白质的营养价值，豆类在加热初期，随着加热时间的增加，其蛋白质功效比值（PER）逐渐增加。当加热到一定时间以后，若再继续加热，其蛋白质功效比值迅速下降。

表 4—1　热加工对菜豆蛋白质质量的影响

蒸煮时间/min	蛋白质功效比值	蒸煮时间/min	蛋白质功效比值
0（生豆）	动物全部死亡	60	0.89
10	1.31	90	0.92
20	1.35	120	0.88
30	1.29	150	0.78
40	1.20	180	0.63

热处理还可改善食品的感官性质和食用质量，除了含蛋白质和糖类的食品进行热加工时发生的糖氨反应致使发生颜色和风味的改善外（将在本节后续部分讨论），肉类食品在加热过程中所发生的颜色变化与色素蛋白质的变化有关，其变化情况如图 4–1 所示。这个变化受加热方法、加热时间、加热温度等影响，但以温度的影响最大。

肉经加热后，有多量的液汁分离，体积缩小，这是构成肌纤维的蛋白质因加热变性发生凝固所致。汁液中含有浸出物，这些浸出物溶于水，易分解，并赋予煮熟肉特征口味，如煮制过程中，约1/3的肌酸转化为肌酐。肌酐与肌酸有适当的量比时，可形成较好的风味，但煮制形成的肉鲜味主要物质还是谷氨酸和肌苷酸。由于加热而产生的肉的气味被认为是由氨基酸（或低分子的肽）与糖反应的生成物。

另外，结缔组织含量较多的肌肉经过70℃以上的水中长时间加热，比结缔组织少的肌肉柔嫩，这是由于结缔组织受热而软化的过程，在决定肉的柔嫩度方面起着更为突出作用的缘故。

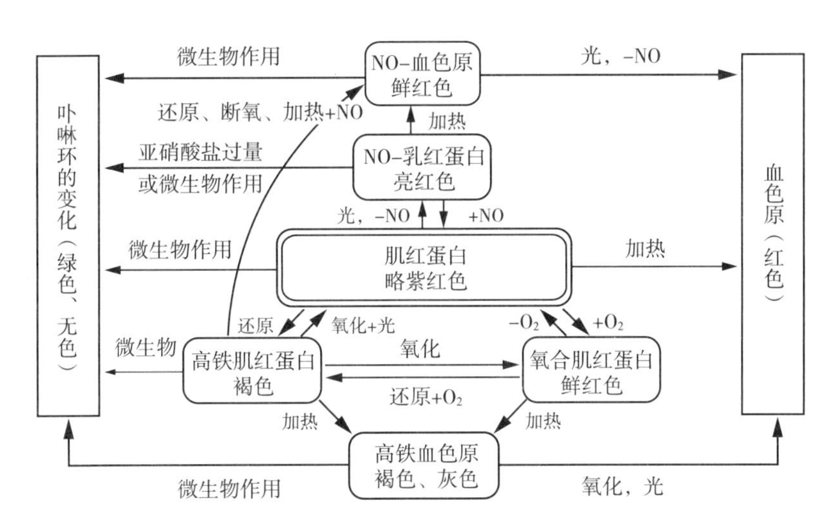

图4-1 肉的颜色和肉中色素蛋白质的变化

如上所述，适当的热加工可提高蛋白质的营养价值，改善食物的食用质量，但加热过度会降低蛋白质和氨基酸的营养价值。最容易受加热影响的氨基酸是赖氨酸。粮食经膨化或烘烤能使蛋白质中赖氨酸形成新的酰胺而受到损失，变得难以消化。实践证明，加热对蛋白质的影响程度与加热时间、温度、相对湿度以及有无还原性物质等因素有关。含低糖的蛋白质食物，如鱼类、肉类在高温下可引起胱氨酸显著破坏，肉类罐头加热灭菌时，胱氨酸的损失可高达44%；高温加热还可使鱼类、肉类的赖氨酸偶尔有所损失，其他氨基酸则基本没有改变。牛奶的传统加热杀菌可使赖氨酸和胱氨酸含量分别下降10%和13%，其生理价值降低约6%。部分氨基酸的损失造成氮的消化率与许多氨基酸的可利用性等严重下降，使食物的营养价值下降。当含有还原糖的蛋白质食品受热时，羰氨反应所引起的蛋白质损害较为严重。如普通面包在焙烤时，可利用赖氨酸损失率为10%~15%；厚度4.0mm的饼干，在170℃温度下焙烤50min，饼干中可利用氨基酸的损失为：色氨酸10%，蛋氨酸18%，赖氨酸23%。饼干越薄，烤制温度越高，持续时间越长，损失就越大，表4-2显示出不同加工条件饼干中氨基酸的利用率情况。

乳中的蛋白质主要有酪蛋白和乳清蛋白质。其中乳清蛋白的热稳定性低于酪蛋白。牛乳经热处理后会形成薄膜、乳石，其外观上的这些变化不同程度地与蛋白质特别是乳清蛋白质的热变性有关。乳清蛋白质中，α-乳白蛋白热稳定性最高，β-乳球蛋白及血清白蛋白次之，免疫球蛋白最低。加热30min时，它们的变性温度分别是：α-乳白蛋白

96℃，β-乳球蛋白 90℃，血清白蛋白 74℃，免疫球蛋白 70℃。脱脂乳中乳清蛋白质的热变性与温度的关系如图 4-2 所示，图示范围内热变性的程度随温度的上升而有规律地增大。由于 β-乳球蛋白热变性产生活性巯基，特别是产生硫化物和硫化氢，给牛乳带来了蒸煮气味，一般对牛乳热处理的程度越强，则牛乳风味的恶化也越显著。除 β-乳球蛋白外，脂肪球膜蛋白质加热后也能产生部分活性巯基，由于活性巯基是强有力的还原剂，热处理对牛乳的抗氧化性有利，适当掌握热处理强度，可提高乳制品的保藏性。

表 4-2 饼干中氨基酸利用率的损失

	焙烤条件			损失率/%		
	厚度/mm	温度/℃	持续时间/min	色氨酸	蛋氨酸	赖氨酸
熟面片	—	—	—	0	4	3
炉烤饼干1	4.9	~140	8	8	15	27
2	3.7	~140	8	28	34	48
3	4.0	~170	5	10	18	23
4	3.8	~170	8	44	48	61
5	7.6	~170	16	13	17	22

注：“~”——大约

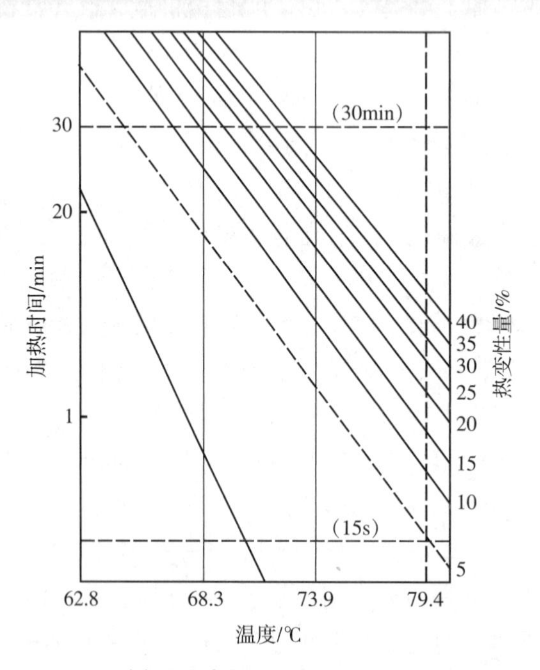

图 4-2 脱脂乳乳清蛋白质的热变性与温度的关系

二、加热对碳水化合物的影响

加热使淀粉糊化，可以改善糖类物质的营养品质，如加工生产方便面，其淀粉已经糊化，用开水冲泡后即可食用，这既方便摄食，又易于人体吸收。

在焙烤食品的加工中，还会发生复杂的焦糖反应而使糖类失去营养作用。但是，从改善食品的感官质量角度看，如果这类反应控制适当，可使食品具有诱人的色泽和风味。糖氨反应又称羰氨反应，是在食品中有氨基化合物如蛋白质、氨基酸等存在时，还原糖伴随热加工或长期贮存与之发生的反应，它经过一系列变化生成的褐色聚合物在消化道中不能水解，无营养价值。尤其是该反应还降低赖氨酸等的生物有效性，因而可降低蛋白质的营养价值。糖氨反应如果控制适当，也会使焙烤食品获得良好的色、香、味。

膳食纤维在热加工过程中可有多种变化。加热可使膳食纤维中多糖的弱键受到破坏，降低纤维分子之间的缔合作用和（或）解聚作用，导致增溶作用。若广泛解聚可形成醇溶部分，使膳食纤维含量降低；中等的解聚和（或）降低纤维分子之间的缔合作用对膳食纤维含量影响很小，但可改变纤维的功能特性（如黏度和水合作用）和生理作用。抗性淀粉中，马铃薯和青香蕉的生淀粉颗粒和老化淀粉在经过热加工后都可糊化而易于消化。加热同样可使膳食纤维中组成成分多糖的交联键等发生变化。由于纤维的溶解度高度依赖于交联键存在的类型和数量，因而加热期间细胞壁基质及其结构可发生改变，这不仅对产品的营养性而且对可口性都有重大影响。加热也会改变膳食纤维的水合性质。煮沸可增加小麦麸和苹果纤维制品的持水性，而高压蒸汽处理、蒸汽熟化和焙烤对膳食纤维的持水性影响不大。

在干热处理过程中，容易形成大量的脱水糖，其中D-葡萄糖或含D-葡萄糖单位的聚合物特别容易脱水，生成5-羟甲基-2-呋喃醛（HMF）和其他产物，如2-羟基乙酰呋喃和异麦芽酚。这些初级脱水产物的碳链裂解可产生其他化学物质，例如乙酰丙酸、甲酸、丙酮醇、丙酮酸、二乙酰、乳酸等。这些降解产物有的具有强烈气味，可产生需宜或非需宜的风味。这类变化在高温下尤其容易发生，例如热加工的牛乳，在100℃以下短时间加热，其中的乳糖的化学性质没有什么变化，而在100℃以上长时间加热，乳糖能生成多种分解产物，如乳酸、乙酸、甲酸、甲基乙二醛，丙酮醇、落叶松皮素及糠醛等。

三、加热对维生素的影响

食物加工中的整理、烫漂、加热、灭菌等都可使某些维生素有一定损失，一般来说，水溶性维生素在酸性介质中很稳定，即使受热也不会遭到破坏，但在碱性介质中却不稳定，易于分解，特别在碱性条件下加热，可大部或全部破坏。因此，总的来说，加热会对那些热敏性维生素带来很大的损失。如在冷冻之前，大多数蔬菜需要热烫以钝化酶类，否则在长时间的冻结储藏过程中，果蔬的感官特性将发生很大变化。热烫时，水溶性维生素 C、维生素 B_1 和泛酸（辅酶 Q）损失较多；另外据有关资料介绍，在日常生活的食物热处理中，炖猪肉中维生素 B_1 损失 60%~65%，维生素 B_2 损失 40%；炸油条面饼中的维生素 B_1 损失 100%，维生素 B_2/ 烟酸损失 50%；煎鸡蛋中维生素 B_1 损失 25%，维生素 B_2 损失 10%；炒蔬菜中维生素总量损失 30%~40%；煮面条中维生素 B_1 损失 19.6%，维生素 B_2 损失 2.94%；蔬菜中维生素 C 损失 20%。脂溶性维生素则对热相对较稳定，如维生素 A、维生素 D、维生素 E 耐热性好，能经受煮沸。但维生素 A 因分子中有双链，易被氧化；维生素 E 在空气中也能慢慢被氧化，光、热、碱能促进其氧化作用；而维生素 D 性质稳定，不易被氧化。

需要强调的是，加热过程虽然造成维生素的损失，但不同的加热方式其影响程度不同。随着食品加工技术的提高，我们可以使食品加工中维生素的损失大大减少。例如，将鲜乳的低温长时间巴氏杀菌改为高温短时间杀菌，或选择超高温瞬时灭菌，就可减少某些维生素的损失，表 4-3 表明了牛乳经不同加热处理后部分维生素的损失情况。

表 4-3　牛乳经不同热处理后部分维生素的损失 / %

处理	维生素B_1	维生素B_2	维生素B_{12}	维生素C	处理	维生素B_1	维生素B_2	维生素B_{12}	维生素C
巴氏消毒/63℃，30min	10	0	10	20	瓶装杀菌	35	0	90	50
巴氏消毒/72℃，15s	10	0	10	10	浓缩	40	0	90	60
超高温杀菌	10	10	20	10	喷雾干燥	10	0	20	20

果蔬在冷冻和干燥脱水等加工中常需进行热烫以钝化酶的活性和杀死部分微生物，烫漂使维生素的损失很大，这主要是由食物的切口或对敏感表面的抽提、沥滤，以及水溶性维生素的氧化和加热破坏所引起。烫漂引起维生素的损失情况一般与食品单位质量的表面面积、产品的成熟度、烫漂类型、烫漂时间和温度等有关。

烫漂可有沸水、蒸汽和微波烫漂等方式。维生素的损失顺序为：沸水 > 蒸汽 > 微波。实际加工中的热烫处理常采用沸水烫漂的办法，结果致使水溶性营养物质（如维生素 C、矿物质）等大量流失。如用蒸汽烫漂代替沸水烫漂可大大减少水溶性维生素的损失。通常短时间高温烫漂维生素的损失较小，烫漂时间越长，损失越大。例如，在青豌豆的烫漂试验中，以 71℃和 99℃分别烫漂 6min 和 2min，发现维生素 C 在 99℃烫漂 2min 的保存率高；将豌豆分别在 77~82℃和 93℃烫漂 2.5min，其维生素 C 和维生素 B_1 的保存率分别为 86% 和 91%，若在上述温度下烫漂 8min 则仅分别保留 65% 和 64%。

在热加工中，维生素 C 是最不稳定的维生素，维生素 C 损失的主要原因是它们很易被氧化。加热是减少维生素 C 含量的主要原因，因为它能加速氧化作用的进程。温度越高，作用时间越长，维生素 C 损失就越多，高温加热时间越短，对保存维生素 C 越有利。近年来，微波食品加工技术发展很快，而应用微波烫漂，维生素 C 几乎没有损失。表 4-

4 中用微波加工的各种蔬菜保存维生素 C 的比例均较传统加工的高，主要是微波能使蔬菜迅速达到加工温度，作用时间短，且微波加热趋近于整体加热，传统加热却是部分加热，因而其受热时间比微波加热要长。

表 4-4 微波加热与传统加热方式对维生素 C（mg/100g）的影响

种类 \ 内容	原料	微波加热	传统加热	微波加工的保存率/%	传统加工的保存率/%
卷心菜	56.50	27.25	22.25	48.23	39.38
大白菜	57.50	52.50	28.75	91.30	50.00
青菜	87.50	53.75	38.75	61.43	44.29
菠菜	56.25	47.50	26.25	84.44	46.67

维生素 B_1 是 B 族维生素中较不稳定的一种，据报道，在微波加工时，食品中的维生素 B_1 约破坏 60%~70%，和热加工时相当。维生素 B_2 对光和热是敏感的，在加工过程中有不同程度的损失。维生素 A 对氧和光很敏感，在高温和有氧存在时，维生素 A 易分解。表 4-5 是微波加工与传统加工对蔬菜和肉制品中维生素 A 和维生素 B_2 的影响。两种工艺中，维生素 A 的损失有区别，胡萝卜的维生素 B_2 变化不明显。由此可见，微波加热对食品维生素的破坏比传统工艺要小。

表 4-5 微波加热方式与传统加热方式对维生素的影响

种类 \ 内容	维生素B_2/（mg/100g）			维生素A /（IU/100g）		
	原料	微波加热	传统加热	原料	微波加热	传统加热
胡萝卜	0.066	0.060	0.066	12.17	10.57	10.07
酱肝	2.79	2.71	2.66	6 957	5 735	4 642

四、加热对油脂的影响

适度加热时，肉类的脂肪熔化，包被着脂肪的结缔组织由于受热收缩而给脂肪细胞一比较大的压力，从而使细胞膜破裂，熔化的脂肪流出组织。随着脂肪的熔化，某些与脂肪相关联的挥发性化合物释放，给肉和汤增加了补充香气，这是加热对油脂有益的影响。

肉类脂肪在加热过程中有一部分水解，生成脂肪酸，因而使酸值有所增加。同时也有氧化作用发生，生成氧化物及过氧化物。水煮加热时，如肉量过多或剧烈沸腾，易使脂肪乳浊化，乳浊化的肉汤变为白色浑浊状态，脂肪易被氧化，生成二羟硬脂酸类的羟基酸，从而使肉汤带有不良气味。畜肉类内部温度被加热到 70~80℃时，脂肪急速氧化，风味降低。

脂类在高温时的氧化作用与常温时不同。高温时不仅氧化反应速度增加，而且可以发生完全不同的反应。脂类在超过 200℃时可发生氧化聚合，产生大量的反式和共轭双键体系，以及环状化合物、二聚体和多聚体等，影响肠道的消化吸收，尤其是高温氧化的聚合物对机体甚为有害。但在食品加工中，高温氧化的聚合物很少出现，那些氧化后足以危害人体健康的油脂和含油食品，大多因为它们的感官性状变得令人难以接受而不再被食用。然而微波加热油脂时，加热速度快、时间短，油脂热降解少，对油脂的破坏作用比传统加热小得多。

脂类在用于油炸食品时可有不同程度的变化。通常油炸期间脂类经受水分、空气和高温的作用，加速其水解、氧化和热败坏的发生，致使产生游离脂肪酸氢过氧化物、羰基化合物和其他氧化产物，以及二聚体、多聚体等。值得提出的是，在食品加工和餐馆的油炸操作中，由于加工不当，油脂长时间高温加热和反复冷却后再加热使用，致使油脂颜色越来越深，并且越变越稠，这种黏度的增加即与油脂的热聚合物含量有关，黏度大、热聚合物多。据检测，经食品加工后抛弃的油脂中常含有高达 25% 以上的多聚物，应当引起注意。此外，不连续的餐馆式油炸还使油脂的不饱和度降低、过氧化值增高等，这在连续的油炸加工时较少发现。

乳脂肪比较稳定，属非热敏成分，100℃以上温度加热时，乳脂肪并不发生化学变化。高温长时间加热时，微量成分开始发生化学变化，如生成内酯、甲基酮等，牛乳风味受到影响。

五、加热对矿物质的影响

食品热加工对矿物质也有一定的影响，尤其会造成痕量矿物质如锌、镁、铬等的损失。在食物烹调过程中，矿物质容易从汤汁中流失。此外，烹调加热的方式不同所致矿物质的损失也有所差别。表 4-6 为不同烹调方式对马铃薯中铜含量的影响。

表 4-6　不同烹调方式对马铃薯中铜含量（mg/100g 鲜重）的影响

烹调类型	含量	烹调类型	含量
生鲜	0.21	马铃薯泥	0.10
煮熟	0.10	法式油炸	0.27
烤熟	0.18	油炸薄片	0.29

热处理对牛乳中的矿物质的影响主要表现为可溶性钙与磷减少，如在 60~83℃加热时，可溶性钙减少 0.4%~9.8%，可溶性磷减少 0.8%~9.5%，这是由于可溶性钙和磷加热后形成 $Ca_3(PO_4)_2$ 沉淀。

如上所述，传统食品热加工方法使食物中的营养素尤其是热敏性成分被破坏，挥发性风味物质也会有所损失。采用高新食品加热技术会减少食品在加热过程中的诸多变化，如高压加工技术，是在常温或较低温度（低于100℃）下，以液压作为压力传递介质对食品进行加压处理，由于在处理过程中温度没有升高，因此可以很好地保持蛋白质、淀粉、糖类、风味物质、维生素等营养素。高压使蛋白质变性，淀粉改性，更易于消化吸收，而对蔗糖、麦芽糖、葡萄糖均无影响。另外，超高温杀菌是指将流体或半流体在2.8s内加热到135~150℃，然后再迅速冷却到30~40℃。由于微生物对高温的敏感性远大于大多数食物营养素，故超高温杀菌能在极短时间内有效杀死微生物，且对营养素影响不大。

第二节　冷冻加工和储藏对食物营养成分的影响

与罐藏、干制、发酵、腌渍、辐照等保存食品的方法相比，低温储藏能更好地保持生鲜食品的色、香、味及营养成分，被认为是目前储藏生鲜食品最好的方法之一，在实际中得到广泛应用。其主要原理是通过降低温度来降低酶的活性和抑制微生物的生长、繁殖以及代谢活动等来保持食品的鲜度。冷冻加工和储藏过程包括预冷、冷却储藏（冷藏）、冻结、冻结储藏（冻藏）和解冻，上述过程中营养成分的损失或变化主要是由于物理分离（如预冷过程中的去皮和修整或解冻时的汁液流失）、烫漂加工和沥滤以及酶、微生物和非酶等因素引起的化学变化。

食品的冷藏温度一般在0℃左右（热带果蔬高于此温度）。在此温度条件下，食品内部的水分不冻结，不会对食品产生冰晶的机械破坏作用，但冷藏温度下只是减缓了微生物的生长繁殖速度，并且也没有完全抑制酶的活性以及一些非酶因素（如氧化）所引起化学反应，因此，在食品的冷藏过程中，营养成分会发生一些变化；而冻藏温度较冷藏温度低，商业冷库的设计温度大多为-18℃（水产冷库温度更低），由于能有效地抑制微生物的生长繁殖，因此食品的储藏期较长。但冻结过程使食品中大部分水分转变成冰晶，冰晶的形成一方面对细胞的组织结构造成破坏，另一方面还会使蛋白质发生变性，而且低温并不能完全抑制酶的活性。因此冻藏食品的品质在相对长的储藏时间期限内也会有一定程度的变化。

一、冷冻加工及低温储藏过程对蛋白质的影响

蛋白质是鱼、肉、禽等动物性食品中的主要营养成分。构成肌肉的主要蛋白质是肌原纤维蛋白质。在冻结过程中，肌原纤维蛋白质会发生冷冻变性，表现为盐溶性降低、ATP酶活性减小、蛋白质分子产生凝集使空间立体结构发生变化。蛋白质变性后的肌肉组织，持水力降低、质地变硬、口感变差，作为食品加工原料时，加工适宜性下降。如用蛋白质冷冻变性的鱼肉作为加工鱼糜制品的原料，其产品缺乏弹性。

蛋白质发生冷冻变性的原因目前尚不十分清楚，但可以认为主要是由下述的一个或几个原因共同造成的。

（1）冻结时，冷量由外向内、由表及里传入。当冻结速度较慢时，或即便采用了快速冻结方式，但由于食品的形体较大，虽然表层容易实现快速冻结，但由于传热速度的限制，内部难以实现与表层相同的冻结速度，使得肌细胞外的溶液先形成冰晶，细胞内溶液形成冰晶的速度慢于细胞外液，一方面造成细胞内水分在蒸汽压差的作用下向细胞外迁移，另一方面，细胞外冻结过程被排出的盐类等向细胞内部的未冻溶液移动，使未冻结的细胞内液成为浓缩溶液。当蛋白质与浓缩的盐溶液接触后，就会因盐析作用而发生变性。

（2）慢速冻结时，肌细胞外产生大冰晶，肌细胞内的肌原纤维被挤压，集结成束，肌原纤维蛋白相互靠近，形成各种交联，因而发生凝集。同时较大冰结晶的挤压作用还造成对细胞组织结构的破坏。

（3）长期冻藏期间，脂类分解的氧化产物对蛋白质变性有促进作用。脂肪水解产生游离脂肪酸，其氧化结果产生低级的醛、酮等产物，促使蛋白质变性。

上述原因是互相伴随发生的，通常因食品种类、冻结条件等而不同，而由其中一个原因起主导作用。

研究证明，冻结速度越快，食品中水分迁移的概率越小，形成的冰结晶就越小，其分布越接近天然生鲜食品中的水分存在状态，对细胞的挤压作用也越小，由冻结加工引起的蛋白质变性程度和对细胞的机械损伤程度就越低。

经冻结加工的食品，冰结晶是不稳定的，大小也不全部均匀一致。在冻结储藏过程中，由于冻藏期较长，如果冻藏温度经常波动，冻结食品中微细冰结晶量会逐渐减少、消失，大的冰晶逐渐生长，变得更大，整个冰结晶数量大大减少，这种现象称为冰结晶的长大。巨大的冰晶使细胞受到的机械损伤和蛋白质的冻结变性等加剧，造成解冻时汁液流失增加，食品的口感、风味变差，营养价值下降。

如图 4-3 所示，将-35℃吹风冻结的鳕鱼分别放在-14℃、-21.7℃、-29℃温度下进行冻藏，图中的曲线表示蛋白质在 5% 食盐溶液中溶解度的变化。冻藏温度越低，可溶性蛋白质的量高，说明蛋白质的冻结变性程度小。所以冷冻肉、鱼等食品时多采用“快速深温冻结方式”；在冻藏过程中，为了减少因冰晶长大给冻结食品的品质带来的不良影响，冻藏室的温度要尽量低，并要保持稳定，特别是要减少或避免-18℃以上的温度变动。冻藏中蛋白质虽有分解，但非常微弱，不致影响肉的品质。

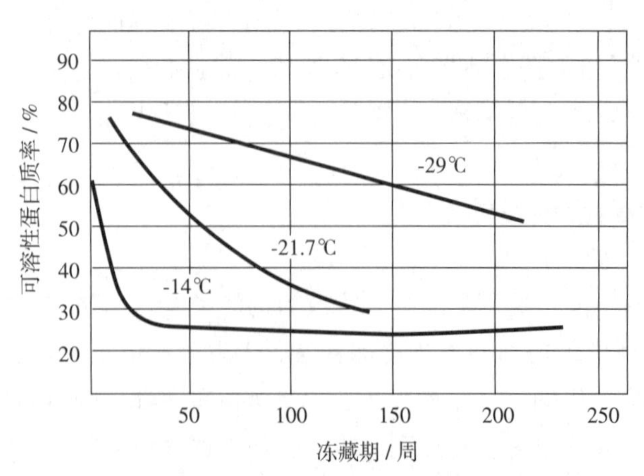

图 4-3　鳕鱼蛋白质的冻结变性与温度的关系（冷藏）

冷却加工和冷藏过程，不存

在冰结晶的机械破坏作用和蛋白质的变性，但由于冷藏温度下，食品中固有的蛋白酶和微生物代谢活动中产生的蛋白分解酶的活性不能很好地被抑制，使蛋白质逐渐被分解成肽、胨、氨基酸，甚至更低级的产物，如组胺、酪胺、腐胺、吲哚等，不但导致蛋白质的含量下降，食品的营养价值降低，而且严重影响感官质量。以牛乳为例，冷藏过程中其蛋白质含量的变化情况如图 4-4 所示。从实验数据可以看出，在冰箱冷藏温度下保存时，牛乳的蛋白质含量总体呈下降趋势。前 3 天降低不明显，3 天后则大幅度下降。蛋白质含量总体降低了 35.2%。

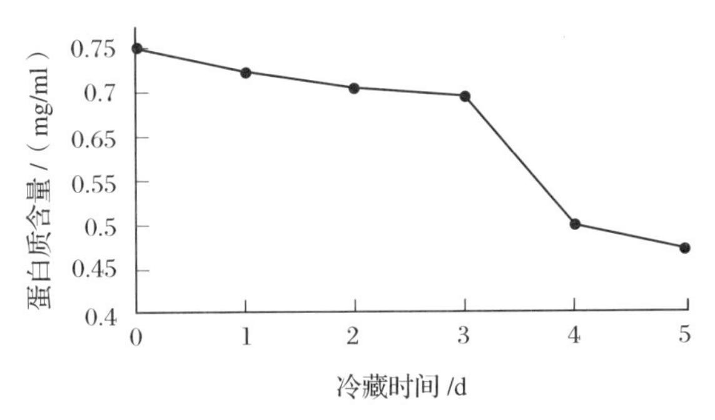

图 4-4　牛乳蛋白质含量随冷藏时间变化

二、冷冻加工及低温储藏过程对食物中脂肪的影响

脂类在食品储藏过程中的变化对其营养价值的影响已日益受到人们的重视。在食品的冻藏和冷藏过程中，脂肪会发生“水解酸败”和“氧化酸败”。

脂肪的水解酸败是在食品自身的和微生物生长代谢所分泌的磷脂酶的作用下，水解为单酰甘油酯、二酰甘油酯和脂肪酸，完全水解时则产生甘油和脂肪酸。此酶在低温下活性仍很强，随储藏时间的延长，游离脂肪酸的含量逐渐增加，脂肪酸在酶的一系列催化作用下生成 β-酮酸，脱羧后成为具有苦味及臭味的酮类，影响到食品的感官质量。例如，原料乳，因乳脂含有丁酸、己酸、辛酸和癸酸，水解后由它们产生的气味和滋味可使乳变得在感官上难以接受，甚至不宜食用。一些干酪的不良风味如肥皂样和刺鼻气味等，也是水解酸败的结果。

脂肪的氧化酸败是影响食品感官质量、降低食品营养价值的很重要原因。通常，油脂暴露在空气中时会自发地进行氧化，脂肪酸中的不饱和键被空气中的氧所氧化，生成过氧化物。过氧化物很不稳定，继续分解产生具有刺激性气味的醛、酮或酸等物质，使油脂具有很强的令人讨厌的气味和风味。因此，在冷藏或冻藏过程中，脂肪的含量也在逐渐减少。如图 4-5 所示，牛乳在冷藏期间，虽然大多数化学反应的速率降得很低，但脂肪的自动氧化仍在进行。从图中脂肪含量变化曲线可以看出，牛乳在冷藏温度下保存的前两天，脂肪的含量没有明显的变化，第三天后含量显著降低，第五天时脂肪含量则比新鲜乳降低了 54.5%。脂肪的酸败不但使食物的营养价值降低，而且脂类发生变化的产物中还存在有毒物质，如丙二醛等，对人体健康有害。需要引起注意的是，在氧化了的油脂中还可检测到许多不挥发性化合物。例如醛甘油酯、不饱和醛甘油酯、酮甘油酯、含羟基和羰基的化合物、共轭二烯酮和环氧化合物，这些物质具有妨碍营养素的消化、吸收等作用（见图 4-5）。

脂类氧化也降低了必需脂肪酸的含量，与此同时，它还破坏其他脂类营养素如胡萝卜素、维生素和生育酚等。此外，脂类氧化产生的过氧化物和其他氧化物还与蛋白质之间相互作用，表现为脂类氧化产物可通过氢键与蛋白质结合，引起消化和可口性的改变，脂类氧化产物还可破坏赖氨酸和含硫氨基酸。脂类氧化产物与蛋白质相互作用形成氧化脂蛋白，降低了蛋白质的利用率。

由于上述变化主要是由脂类的氧化引起，因此可有针对性地采取一些措施来防止，如采用真空包装、添加天然抗氧化剂及尽量降低储藏温度等。

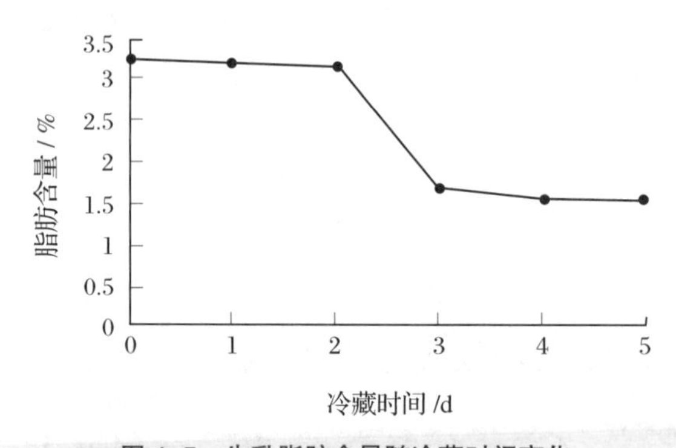

图 4-5　牛乳脂肪含量随冷藏时间变化

三、冷冻加工及低温储藏过程对食物中碳水化合物的影响

低温储藏过程对碳水化合物的影响主要是淀粉的老化。淀粉老化作用的最适温度是 2~4℃。例如面包在冷却储藏时淀粉迅速老化，土豆在冷藏条件下也会有淀粉老化的现象发生，淀粉老化造成淀粉类食品口感和风味的劣化，同时老化的淀粉不易为淀粉酶作用，所以也不易被人体消化吸收。当储藏温度低于-20℃或高于 60℃时均不会发生淀粉老化现象。因为低于-20℃时，淀粉分子间的水分急速冻结，形成了冰结晶，阻碍了淀粉分子间的相互靠近而不能形成氢键。

糖分（果糖、葡萄糖、蔗糖）是果蔬在储藏中呼吸作用的主要基质，经储藏后由于糖分被呼吸所消耗，其甜味下降。据试验，甜橙储藏 5 个月损耗糖分 10%~20%；脐橙储藏 4 个月，减少糖分 3.29%。另外，低温储藏过程对碳水化合物的影响是果胶类物质形态的变化。果胶一般有 3 种状态，即原果胶、果胶和果胶酸。未成熟的果实中，糖分主要是以原果胶的形式存在于细胞壁中，随着储藏时间的延长，原果胶在原果胶酶的作用下水解为果胶酯酸，并与纤维素、半纤维素分离，渗入细胞汁液中，组织随之变软，如果储藏时间过长，果胶酯酸在酶的作用下水解为果胶酸，组织变成软疡状态，造成果蔬口感质量的下降。适当低的储藏温度和方法可减少糖分的损耗，减缓果胶物质的变化进程。

在速冻蔬菜的加工储藏中，为避免其在冻藏过程中出现酶促变色现象，常用加热处理以钝化蔬菜中过氧化物酶、过氧化氢酶等的活性，烫漂或蒸汽熏蒸可有效钝化酶的活性，抑制水果中常见的非酶褐变，此外，烫漂还能除去部分水分和气体，软化细胞组织。但烫漂处理以及烫漂后的沥滤使一些可溶性糖类如单糖、双糖和某些多糖受到损失。例如，在烫漂胡萝卜和芜菁甘蓝时，单糖、双糖的损失分别为 25% 和 30%，青豌豆的损失较小，约为 12%，它们主要是进入加工用水而流失。膳食纤维在烫漂时的损失依据不同种类而异。胡萝卜、青豌豆、菜豆和抱子甘蓝没有膳食纤维进入加工用水，但芜菁甘蓝有大量不溶性的膳食纤维流失。

四、冷冻加工及低温储藏过程对食物中维生素和矿物质的影响

维生素在食品冷冻加工及低温储藏过程中会有所损失，损失的多少取决于产品种类、预冷处理 (尤其是热烫漂工艺)、包装材料、包装方法 (如是否加糖) 以及储藏的条件等。

如第一节所述，速冻果蔬需进行烫漂和沥滤，烫漂、沥滤可使食物中的维生素和矿物质有所损失，其中加热对维生素造成的影响已在第一节中讨论过，如果采用水烫漂，烫漂后的沥滤也会造成维生素和矿物质的损失。蔬菜在烫漂时矿物质的损失如表 4–7 所示。

表 4–7　烫漂对菠菜矿物质的影响

名称	含量/(g/100g)		损失率/%
	未烫漂	烫漂	
钾	6.9	3.0	56
钠	0.5	0.3	43
钙	2.2	2.3	0
镁	0.3	0.2	36
磷	0.6	0.4	36

在果蔬类食品的冷藏过程中，矿物质含量相对稳定，但大多数维生素是不稳定的，以新鲜水果和蔬菜中大量存在的维生素 C 为例，植物组织中含有的抗坏血酸氧化酶和空气中的氧气能使维生素 C 氧化，因此新鲜的果蔬放置一段时间后，维生素 C 的含量会逐渐降低。由图 4–6、图 4–7 可以看出，果蔬经过一段时间的冷藏后，维生素 C 的含量均有不同程度的下降，且一般随冷藏时间的增加而下降。不同的储藏条件，不同的果蔬，维生素 C 的损失量也有所不同。降低温度可以降低氧化酶的催化反应，从而可减缓维生素 C 的氧化。当储藏环境温度为 1.5℃时，各类果蔬的维生素 C 损失量均小于其储藏在

7.7℃的损失量。因此冷藏温度对维生素 C 的损失影响较大。食品在冻藏期间，由于温度较冷藏温度低，矿物质和维生素较冷藏期间的变化程度小。

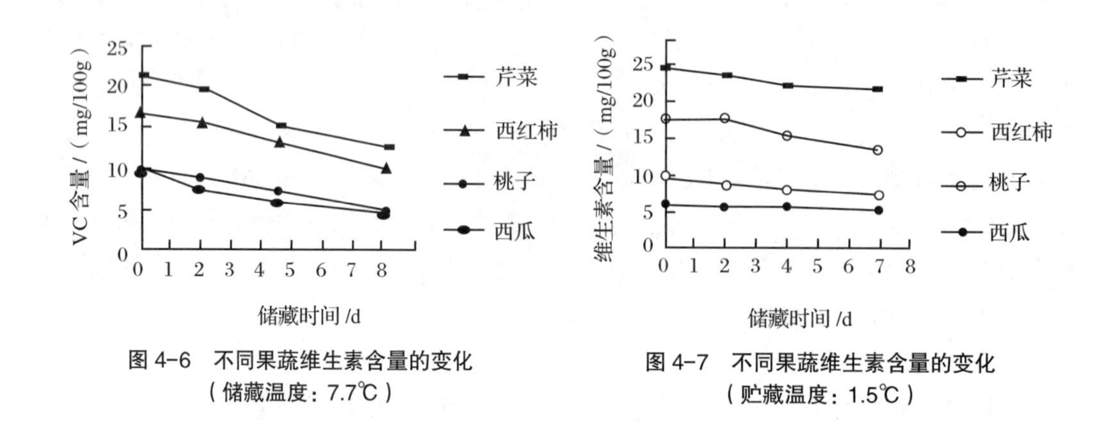

图 4-6　不同果蔬维生素含量的变化（储藏温度：7.7℃）

图 4-7　不同果蔬维生素含量的变化（贮藏温度：1.5℃）

降低温度可显著延长果蔬的储藏时间。但由于不同果蔬自身结构的差异，以及对温度的敏感程度不同，储藏温度应控制在避免产生冷害的基础上，越低越好。

冷冻加工和储藏对食品中维生素和矿物质的影响还体现在解冻环节。解冻方法有空气解冻、水解冻和电解冻，目前应用较多的是低温空气解冻。对于一般速冻果蔬，尤其是速冻蔬菜，食用前无须解冻，烹调过程即是解冻过程。因此，采取何种烹调方式对速冻果蔬中营养成分的利用有关。加工后解冻流出液往往溶解在汤汁中，由于解冻流出液中含有丰富的维生素和可溶性盐类，若被废弃，这类营养素的损失将与解冻流出物的量成比例地增减。对于动物性食品，由于冻结和冻藏过程中较大形状的冰结晶对细胞的组织结构造成了机械损伤，加之蛋白质变性造成的肌肉持水能力的下降，造成解冻时产生汁液损失，动物组织解冻期间流失的水溶性维生素可达 30%，其中主要是 B 族维生素，流出液中还含有矿物质，使得食品的营养成分损失。为减少汁液流失造成的营养成分下降，一方面可采用快速升温的冻结方式，维持储藏温度的稳定；另一方面，可进行半解冻，即解冻至-5℃左右，此时冰晶尚未完全融化，不会有汁液流出；另外，不带包装的食品尽量不用水解冻方式。

第三节　脱水干燥对食物营养成分的影响

果蔬类食品因富含 β 一胡萝卜素、抗坏血酸、矿物质和膳食纤维，使其成为人们日常生活中不可缺少的食物。但因其季节性强，储运不当会造成大量腐烂，必须经过适当加工方能达到保藏的目的，脱水干燥是延长果蔬保存期的有效方法之一。应用脱水干燥的食品还有果汁、肉、鱼、乳、蛋等，尤其是牛乳，脱水干燥是其重要的加工保藏方法。

干制保藏食品的原理是通过除去食品中的水分，减少微生物可利用的水分，达到抑制微生物的生长繁殖和代谢的目的，从而延长食品的保存期限。目前，干燥技术主要有真空冷冻干燥、喷雾干燥、真空干燥、热风干燥等。不同的干燥工艺对食品中的营养素影响是不同的。

食品营养素损失与氧气有关，干燥过程中若能隔绝空气则有利于保持营养素。在食品工业中常用于肉类、果蔬、禽蛋、咖啡、茶和调味品等干燥的真空冷冻干燥技术，就是使食品冷冻后，在保持冷冻状态下，在真空的条件下使冰直接升华并排出，即在低温和真空下脱去水分，由于对食品的影响较其他干燥方法小，用于干燥某些易挥发和遇热易变质的食品时，能有效保存食品的营养素和功能性成分，但这种干燥方法能耗较大，生产成本高。

在食品的脱水干燥加工中，常常将新鲜果蔬打成浆状，然后将其干燥制成粉品，有些为液态原料，如牛奶制成奶粉，这种加工最常用的是喷雾干燥。喷雾干燥可用泵输送待干燥的流质物料，物料经泵送入雾化器，由雾化器将物料在热的干燥介质中雾化成不连续的小滴。由于物料比表面积大大提高，蒸发和干燥的速率极快，不会破坏物料的性状，因此适用于热敏物料的干燥。干燥产品可按需要制成粉状、颗粒状、空心球或团粒状。由于具有物料干燥时间短，物料温度不高，操作灵活性大，工艺简单，易于实现机械化和自动化，对大气的污染小，劳动环境好等优点，在工业生产中得到广泛的应用。本节重点对比讨论真空冷冻干燥和喷雾干燥工艺对食品营养成分的影响。

一、脱水干燥对蛋白质的影响

食品经脱水干燥后，便于贮存和运输，但如干燥温度过高，时间过长，蛋白质中的结合水会受到破坏，引起蛋白质变性，当蛋白质溶液的水分近乎全部被除去时，由于蛋白质-蛋白质的相互作用，引起蛋白质大量聚集。特别是在高温下除去水分时，可导致蛋白质的溶解度和表面活性急剧降低，从而改变蛋白质的可湿润性、吸水性、分散性和溶解度，使得食品的复水性降低，硬度增加，风味变差。另外，干燥脱水还可以改变某些氨基酸残基的化学性质，如丝氨酸脱水等，这些变化也会改变蛋白质的营养价值和功能特性。

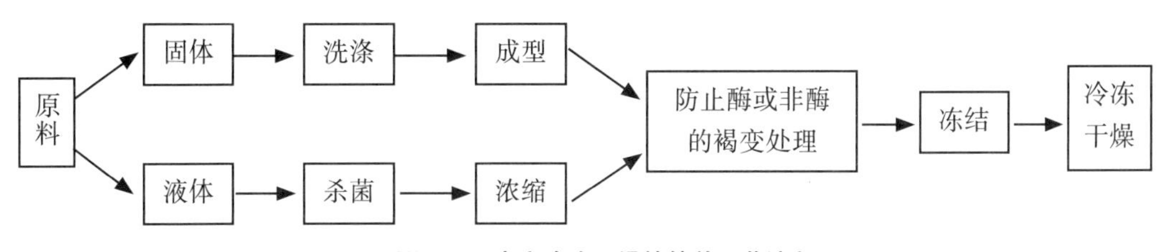

图 4-8 真空冷冻干燥的简单工艺流程

目前比较好的干燥方法是真空冷冻干燥。大量研究表明，真空冷冻干燥技术与热风干燥、离心脱水和微波干燥等方法相比，能更好地保持食品的营养素。图 4-8 所示为真空冷冻干燥的简单工艺流程。在脱水干燥过程中，它首先使蛋白质的外层水化膜和蛋白质颗粒间的自由水在低温下结冰，然后在真空下升华除去水分。由于干燥条件温和，并且冰结晶以蒸汽的形式迅速从体系中除去，盐类和糖类化合物向干燥表面迁移程度很小，蛋白质变性程度较小，而且氨基酸基也基本能完整地保存下来。

虽然，总体上讲，真空冻干方法生产的制品品质优于其他干制方法，但由于能耗较大，因此目前工业化生产干制食品（如奶粉等）多采用喷雾干燥的方法，以降低生产成本。此外，对部分食品比如豆类制品的干燥加工，加工后产品的某些特性是喷雾干燥优于真空冷冻干燥方法。据报道，喷雾干燥法制备的大豆分离蛋白，其蛋白质效率比明显高于冷冻干燥法制备的大豆分离蛋白。原因可能是干燥过程中的热处理降低了胰蛋白酶抑制剂的活力，从而提高了蛋白质的可消化性。喷雾干燥的简单工艺流程如图 4–9 所示。

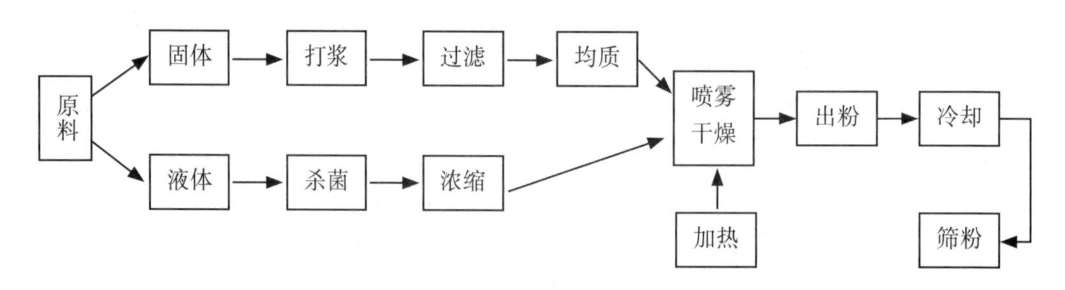

图 4–9 喷雾干燥的简单工艺流程

在喷雾干燥过程中，雾化器将物料在热的干燥介质中雾化成不连续的小滴，由于物料比表面积大大提高，使得物料蒸发和干燥的速率极快，干燥时间短，但由于是在加热的条件下完成，蛋白质与脂类、脂类氧化产物、醌类化合物发生反应，从而影响食物的营养价值。

如上所述，脱水干燥过程会造成蛋白质的变性，宏观表现为蛋白质的凝胶性能、乳化性能变差，黏度增加等变化。然而不同的干燥方法，对蛋白质的变性程度影响不同，表 4–8 所示为不同脱水方法制备的大豆分离蛋白的各种特性。两种方式制备的样品，其蛋白质和脂肪的含量基本相同，但喷雾干燥法制备的大豆分离蛋白样品，其溶解度高于冷冻干燥法制备的样品。在功能性质方面，冷冻干燥 样品具有较低的黏度，且凝胶性能和泡沫稳定性明显高于喷雾干燥样品；两种样品的乳化稳定性和起泡能力比较接近，但喷雾干燥样品的乳化活性略高于冷冻干燥样品，总体上冷冻干燥加工后蛋白质的变性程度较喷雾干燥小。

表 4–8 不同干燥方法对大豆分离蛋白溶解性和功能特性的影响

项目	蛋白质溶解度				凝胶性能		乳化性能		黏度		
	1%（w/v）	2%（w/v）	3%（w/v）	4%（w/v）	凝胶强度	凝胶弹性	乳化活性	乳化稳定性	3%（w/w）	8%（w/w）	12%（w/w）
冷冻干燥	80.65	76.33	72.10	69.67	80.03	52.10	0.273	0.6695	2.7	7.8	75.2
喷雾干燥	91.10	85.53	80.01	74.34	52.01	38.12	0.389	0.6614	4.8	10.5	110.7

二、脱水干燥对碳水化合物的影响

冷冻干燥是在低温和真空的环境下完成的，由于氧浓度很低，对果蔬食品中的氧化酶和过氧化酶等引起的酶促褐变以及非酶褐变反应有很好的抑制作用。但由于冷冻干燥也是保存这些酶活性的最好方法之一，因此冷冻干燥的果蔬食品，其酶活性不但没有下降，反而由于相对浓度的增加，使其在储藏中或食用前容易出现变色、变味、营养成分损失等现象。因此，为钝化酶的活性，在冻干加工中也需对食品进行烫漂的预处理。烫漂后的沥滤造成碳水化合物的损失，这已在本章第二节有所讨论，此处不再赘述。

此外，就喷雾或冷冻干燥脱水过程本身而言，碳水化合物在脱水过程中对于保持食品的色泽和挥发性风味成分起着重要作用，它可以使糖 - 水的相互作用转变成糖 - 风味剂的相互作用，其中双糖比单糖能更有效地保留挥发性风味成分，双糖和分子量较大的低聚糖是有效的风味结合剂。

三、脱水干燥对脂类的影响

在各种含脂肪食品中，已证明脂类氧化速率主要取决于水分活度。在含水量很低（约低于 0.1）的干燥食品中，脂类氧化反应速度很迅速；由于冻干食品具有多孔的组织结构，使其表面积与其体积之比的比表面积较大，大约是干燥前表面积的 100~150 倍，在冻干食品的贮存期间，使得脂肪更加容易氧化造成脂肪酸败，如升华干燥的鲑鱼、鳗鱼在 38℃储藏 2~3 周，就会因脂肪氧化而出现异味和变色；含有脂溶性色素而呈特殊颜色的胡萝卜和番茄，升华干燥后在 38℃储藏 1~2 个月，由于色素的氧化而变为白色。所以，冻干食品要真空包装，最好充氮包装。

四、脱水干燥对维生素和矿物质的影响

真空冷冻干燥工艺中，前处理烫漂工序会使果蔬中的维生素和矿物质有一定损失（见本章第二节）。除此之外，脱水过程也会影响维生素的稳定性。脱水时最不稳定的维生素是维生素 C，损失量为 10%~50%，这与维生素 C 对氧的不稳定性有关。真空冷冻干燥过程是在真空和低温的条件下完成的，因而能有效地保持食品中的维生素和热敏性成分。资料表明，真空冷冻干燥维生素 C 的保存率在 50%~70% 或 90%~100%；类胡萝卜素和维生素 A 的保存率在 95% 以上，维生素 B_1 的保存率在 75% 以上；维生素 B_2 的保存率在 90% 以上。除维生素 B_6 的保存率较少外，其他维生素的保存率均在 80%~100%。

喷雾干燥是在瞬时加热的情况下完成水分的去除，这可以减小因加热造成的营养成分的损失。因此，固体食品在喷雾干燥前需进行打浆、过滤、均质等细化处理，这些过程不可避免地对热敏性和易氧化的成分如维生素 B_1、维生素 C 和黄酮类物质等造成影

响。此外，尽管喷雾干燥是在瞬间完成，但由于干燥温度高，并且没有隔绝氧气，会引起部分营养成分的损失。例如，乳在喷雾干燥时，维生素 B_1 约损失 10%；蛋在喷雾干燥时，维生素 B_1 的损失与水分含量有关，水分高则损失大。

脂溶性维生素的破坏与脂类氧化的机制类似，易氧化的脂溶性维生素的损失速率与水分活度、储藏温度等有关。在干燥食品的储藏过程中，此类脂溶性维生素的损失主要取决于脱水的方法和避光情况。例如，维生素 A、维生素 E 和胡萝卜素都不同程度地受脱水所影响，其损失量依产品特性而异。维生素 A 和胡萝卜素为反式构型时生物活性最大，任何能引起它由反式转变为顺式异构体的理化因素如脱水过程的加热等，均可影响其生物活性。喷雾干燥加工乳、蛋时，其中的维生素 A 和维生素 D 的损失很小。表 4-9 列举了胡萝卜素经不同方法脱水后其 β-胡萝卜素的含量，从中可以看出它的损失情况。

维生素 E 有天然抗氧化性质，关于它在脱水期间的损失报道不多，其稳定性通常取决于脱水过程的干燥温度、时间等。

表 4—9　新鲜胡萝卜与经不同方法脱水后胡萝卜中的 β－胡萝卜素含量 /（mg/kg）

胡萝卜	浓度范围
新鲜胡萝卜	980~1860
真空冷冻干燥胡萝卜	870~1125
常规空气风干胡萝卜	636~987

由于天然食用色素、香精、营养强化剂等物质易分解，在利用喷雾干燥法加工时，可利用喷雾干燥等方法将其微胶囊化而得以保护。微胶囊技术是将固态、液态或气态微细核心物质，包埋在半透性或密闭性微胶囊内的技术，能有效地保持食品的色、香、味、营养成分及生理活性，防止某些不稳定的成分挥发、氧化和变质。如传统使用的油脂不易保存，在空气中易氧化变质，若采用微胶囊技术，油脂被壁材包埋后，可防止氧化、热、光及化学物质的破坏，抗氧化性提高，不易酸败，不会出现因温度升高而渗出或温度降低而结块的现象，长时间储存后质量和风味不变。酿酒业中生产粉末化酒时，选择一种适宜的壁材将液体酒中的酒精、非挥发性呈味化合物、挥发性芳香化合物等有效成分包埋，然后通过干燥处理将水分去除，可避免外界不良因素的干扰，提高产品的稳定性和货架期。

（宋立华）

第五章

正确选择食物

学习要求

- 掌握：平衡膳食的概念和基本要求。
- 熟悉：中国居民膳食指南、营养素参考摄入量（dietary reference intakes, DRIs）、平衡膳食宝塔及其应用。
- 了解：中医食疗对食物营养的认识，常用食物的性味特点。

“民以食为天”。食物对人体有三大功能：第一是营养功能，提供人体所需要的六大营养素，即蛋白质、脂肪、碳水化合物、维生素、矿物质和水。第二是满足食欲，满足人对食物的心理需要，享受食物的色、香、味。第三是防病、治病功能。食物中除营养素外，其他一些生物活性物质对人体的生理功能有调节作用，许多保健食品就是利用其所含的某些具有特殊功效物质来调节人体生理功能。

营养就是人类摄取食物，以满足自身生理需要的生物学过程。人们对食物的选择受多种因素的影响，如生产力发展水平，文化和科学知识水平，自然环境和资源、经济发展水平，饮食习惯等。生活在旧石器时代的古人是得到什么吃什么，随着经验的积累和生产力水平的提高，人类在长期的实践中逐步学会了栽培植物和驯养动物，开始了原始农业。原始农业的出现，使人类由只能以天然产物作为食物的时代跨入进行食物生产的时代，但食物集中在少数动植物，易发生营养不良。18 世纪后，膳食中动物性食物比例增大，人类营养状况有了很大改善，寿命普遍延长。当今社会中，农业、食品生产加工业飞速发展，世界范围内食品品种极其丰富，在经济发达地区，动物性食品消耗普遍增加，但随之，疾病谱也发生变化，心血管病和肿瘤等慢性病已成为主要死因。营养研究的结果表明，合理营养、健康的饮食是保持健康、预防疾病的重要手段。那么，我们应该如何做到平衡膳食呢？本章从现代营养学和中医营养学两个方面分别介绍平衡膳食的理论基础和实践方法。

第一节　现代营养学中的平衡膳食

平衡膳食是健康的物质基础，健康的体魄需要我们每日保证膳食平衡。营养学主张平衡膳食、健康膳食或合理营养，其内涵相近。中国营养学会提出的《中国居民膳食指南》《中国居民平衡膳食宝塔》《中国居民膳食营养素参考摄入量》这3个技术性的标准即是从不同途径对平衡膳食所给予的解释，同时也是指导广大人民群众做到平衡膳食的理论依据和实践操作的工具。

一、平衡膳食的概念和基本要求

平衡膳食是指营养素种类齐全、数量充足和比例恰当的膳食，保证满足机体生理状况、劳动条件及生活环境需要。它有下列基本要求。

（一）营养素种类齐全、数量充足

营养素主要包括6种：蛋白质、糖、维生素、无机盐和水。如果再细分，人体必需营养素有42种，即9种必需氨基酸（亮氨酸、异亮氨酸、蛋氨酸、苯丙氨酸、苏氨酸、赖氨酸、色氨酸、缬氨酸和组氨酸）、2种必需脂肪酸（亚油酸和亚麻酸）、糖类和膳食纤维、14种维生素（维生素A、维生素D、维生素E、维生素K、B族维生素和维生素C）、7种常量元素（钙、磷、钠、钾、氯、镁、硫）、8种微量元素（铁、碘、锌、硒、铜、钼、铬、钴）和水。平衡膳食中首先能保证提供人体这些必需营养素，数量应该达到中国营养学会提出的膳食营养素推荐量标准（DRIs，见附录一~三）。平衡膳食只有达到这个标准，才能保证机体维持各种正常的生理功能。

（二）各种营养素之间的比例要均衡

必需营养素达42种，各种营养素之间的比例涉及多方面。

1. 产热营养素的比例

产热营养素有碳水化合物、蛋白质、脂肪3种。目前中国营养学会推荐的合适比例是：碳水化合物提供的能量占总能量的60%~70%，脂肪占20%~30%，蛋白质占10%~15%。产热营养素达到这样的比例才能有利于我们身体健康，防止疾病的发生。

（1）蛋白质的比例：要求优质蛋白要达到全部蛋白质的30%~50%，8种必需的氨基酸要占到全部氨基酸的40%左右。

（2）脂肪的比例：我们最熟悉的是饱和脂肪酸∶单不饱和脂肪酸∶多不饱和脂肪酸为1∶1∶1。但最近的观点认为应该再减少饱和脂肪酸的比例而增加单不饱和脂肪酸。ω3和ω6脂肪酸的比例为1∶（4~6）。

2. 其他

平衡膳食还应考虑可消化碳水化合物与膳食纤维之间的平衡，维生素 B_1、维生素 B_2 和烟酸与摄入能量的平衡，动、植物食品之间的平衡等。

（三）膳食的加工、烹调要科学

膳食的加工、烹调要科学，把营养素最大限度地保留在食物中。米搓洗 3 次，维生素 B_1 就损失 60%，烟酸损失了 1%；捞饭弃米汤，维生素 B_1、维生素 B_2 和烟酸的损失都是一半以上。米粥加碱后维生素的损失也会增加。精白面维生素 B_1 的损失率比普通面粉和全麦面粉要大。油条中维生素 B_1 几乎全部被破坏。蔬菜要先洗后切，急炒快炒，以减少维生素 C 损失。

（四）膳食成分要无害

要求不引起食源性感染，不引起食物中毒，不引起致癌、致畸、致突变发生。比如说食源性感染的问题、传染性寄生虫病。

（五）膳食制度要合理

一般采用一日三餐，三餐能量的分配比为 3∶4∶3。如果条件许可或因疾病防治的需要，一日五餐、六餐均可以按需采用。

以上是平衡膳食的概念和基本要求，为指导广大人民群众每日的膳食营养达到平衡膳食的要求，中国营养学会提出的《中国居民膳食指南》《中国居民平衡膳食宝塔》《中国居民膳食营养素参考摄入量》作为平衡膳食的实践操作工具。

二、中国居民膳食指南

膳食指南（dietary guideline）是根据营养学原则，结合国情，教育人民群众采用平衡膳食，以达到合理营养、促进健康目的的指导性意见。膳食指南的语言一般通俗易懂，便于普及宣传，指导人民群众合理选择食物。针对我国经济发展和居民膳食结构的不断变化，2016 年 5 月，由中国营养学会常务理事会通过并发布了《中国居民膳食指南（2016）》。

《中国居民膳食指南（2016）》由一般人群膳食指南、特定人群膳食指南和中国居民平衡膳食实践三部分组成。其中，一般人群膳食指南适用于 2 岁以上健康人群，提出了 6 条核心推荐条目。

（一）食物多样，谷类为主

人类的食物多种多样，各种食物所含的营养成分不完全相同，除母乳外，任何一种天然食物都不能提供人体所需的全部营养素。平衡膳食必须由多种食物组成，才能满足人体各种营养需要，达到合理营养、促进健康的目的。因而要提倡人们广泛食用多种食物。这也是同与不同的经济水平和饮食习惯相适应的。多种食物应包括谷类及薯类、动物性食物、豆类及制品、蔬菜水果类等食物。建议每日至少摄入 12 种以上食物，每周 25 种以上食物。

谷类食物是中国传统膳食的主体，是最好的基础食物，也是最经济的能量来源，但随着经济的发展，人民生活水平提高，人们倾向于吃更多的动物性食物。提出“谷类为主”是为了警醒人们保持我国膳食的良好传统，防止发达国家的膳食弊端。薯类含有丰富的淀粉、膳食纤维，以及多种维生素和矿物质，我国居民近十年来吃薯类较少，应当鼓励多吃些薯类。建议每日摄入谷薯类食物 250~400g，其中全谷物和杂豆类 50~150g，薯类 50~100g；碳水化合物提供能量占总能量 50% 以上。

（二）吃动平衡，健康体重

保持正常体重是一个人健康的前提。进食量与体力活动是控制体重的两个主要因素。食物提供人体能量，体力活动消耗能量。如果进食过大而活动量不足，多余的能量就会在体内以脂肪的形式积存即增加体重，久之发胖，因此，要避免毫无节制的饮食；相反，若食量不足，劳动或运动量过大，可由于能量不足引起消瘦，造成劳动能力下降。所以，人们需要保持食量与能量消耗之间的平衡。脑力劳动者和活动量较少的应加强锻炼，进行适宜的运动，如快走、慢跑和游泳等。而消瘦的儿童则应增加食量和油脂的摄入，以维持正常生长发育和适宜体重。体重过高或过低都是不健康的表现，可造成抵抗力下降，易患某些疾病，如老年人的慢性病或儿童的传染病等。经常运动会增强心血管和呼吸系统的功能，保持良好的生理状态、提高工作效率、调节食欲、强壮骨骼、预防骨质疏松。要注意三餐分配合理，一般早、中、晚餐的能量分别占总能量的 30%、40% 和 30% 为宜。

推荐每周应至少保证 5 天进行中等强度身体活动，累计 150min，平均每天主动身体活动 6 000 步，尽量减少久坐时间，每小时起来动一动。

（三）多吃蔬果、奶类和大豆

蔬菜和水果含有丰富的维生素、矿物质和膳食纤维。蔬菜的种类繁多，包括植物的叶、茎、花苔、茄果、鲜豆、食用菌藻等，不同品种所含营养成分不尽相同。红、黄、绿等深色蔬菜和一般水果，它们是胡萝卜素、维生素 B_2、叶酸、矿物质（钙、磷、钾、镁、铁）、膳食纤维和天然抗氧化物的主要或重要来源。我国近年来开发的野果如猕猴桃、刺梨、沙棘、黑加仑等也是维生素 C 和胡萝卜素的丰富来源。有些水果维生素及一些微量元素的含量不如新鲜蔬菜，但水果含有的葡萄糖、果酸、柠檬酸、苹果酸、果胶等物质又比蔬菜丰富。红黄色水果如鲜枣、柑橘、柿子和杏等是维生素 C 和胡萝卜素的丰富来源。含丰富蔬菜和水果的膳食结构，在保持心血管健康、增强抗病能力、减少儿童发生眼干燥症的危险及预防某些癌症等方面，起着十分重要的作用。提倡餐餐有蔬菜，每日蔬菜摄入 300~500g，其中深色蔬菜应占一半；天天吃水果，每天摄入 200~350g 新鲜水果，果汁无法替代新鲜水果。

奶类除含丰富的优质蛋白质和维生素外，含钙量较高，且利用率也很高，是天然钙质的极好来源，这是任何食物均不可比拟的。我国居民膳食提供的钙质普遍偏低，平均只达到推荐供给量的一半左右。我国婴幼儿佝偻病的患病率也较高，这和膳食钙不足可能有一定的联系。大量的研究结果表明，给儿童、青少年补钙可以提高其骨密度，从而延缓其发生骨质丢失的速度。因此，应大力发展奶类的生产，促进奶类食物消费。每日奶类摄入量应相当于300g液态奶。

豆类是我国的传统食品，含大量的优质蛋白质、不饱和脂肪酸、钙、维生素 B_1、维生素 B_2、烟酸等。为提高农村人口的蛋白质摄入量及防止城市中过多消费肉类带来的不利影响，应大力提倡豆类特别是大豆及其制品的生产和消费。建议经常吃大豆及其制品，每天食用量相当于25g大豆以上，坚果富含脂肪和蛋白质，还富含矿物质、维生素E和B族维生素等，每周吃适量坚果有利于心脏健康。

（四）适量吃鱼、禽、蛋、瘦肉

鱼、禽、蛋、瘦肉等动物性食物是优质蛋白质、脂溶性维生素和矿物质的良好来源。动物性蛋白质的氨基酸组成更适合人体需要，且赖氨酸含量较高，有利于补充植物性蛋白质中赖氨酸的不足。肉类中铁的可利用度较好，鱼类特别是海产鱼所含的不饱和脂肪酸有降低血脂和防止血栓形成的作用。动物肝脏含维生素A极为丰富，还富含维生素 B_{12}、叶酸等。但有些脏器如脑、肾等所含胆固醇相当高，对预防心血管系统疾病不利。我国相当一部分城市和绝大多数农村居民平均吃动物性食物的量还不够，应适当增加摄入量。但部分大城市居民食用动物性食物过多，粮谷类食物不足，这对健康不利。目前猪肉仍是我国人民的主要肉食，猪肉脂肪含量高，应适当控制猪肉消费量。鸡、鱼、兔、牛肉等动物性食物含蛋白质较高，脂肪较低，产生的能量远低于猪肉，应大力提倡吃这些食物，特别是水产品。推荐每周摄入水产类280~525g，畜禽肉280~525g，蛋类280~350g，平均每天摄入鱼、禽、蛋和瘦肉总量120~200g。

（五）少盐少油，控糖限酒

吃少盐少油的膳食有利于健康，不要吃过多的动物性食物和油炸、烟熏食物。目前，我国城市居民油脂的摄入量一直呈上升趋势，这不利于健康。每天烹调油应控制在25~30g。我国居民食盐摄入量过多，平均值是世界卫生组织建议值的2倍以上。大量研究表明，钠的摄入量与高血压发病呈正相关，因而食盐不宜过多，以每人每日食盐用量不超过6g为宜。膳食钠的来源除食盐外还包括酱油、咸菜、味精等高钠食品，以及含钠的加工食品等。应从小就培养吃清淡少盐饮食的习惯。

添加糖的过量摄入可增加龋齿、超重、肥胖的发生风险。含糖饮料是添加糖的重要来源，建议少喝或不喝含糖饮料。同时少吃或不吃高糖食品。推荐每天摄入糖不超过50g，最好控制在25g以下。

我国的酒文化源远流长，在节假日、喜庆和交际的场合人们往往饮一些酒，但要注意适量，特别是白酒。白酒除供给能量外，不含其他营养素。无节制地饮酒，会使食欲下降，食物摄入减少，以致发生多种营养素缺乏，严重时还会造成酒精性肝硬化；过量饮酒也会增加患高血压、脑卒中等疾病的危险。此外，饮酒还可导致事故及暴力的增加。因此，应严禁酗酒，成年人若饮酒可少量饮用低度酒，一天饮酒的酒精量男性不超过25g，女性不超过15g。儿童青少年、孕妇、乳母不应饮酒。

水在生命活动中起着至关重要的作用。建议饮用白开水或茶水，成人每天饮7~8杯水（1 500~1 700ml）。

（六）杜绝浪费，兴新食尚

勤俭节约是中华民族的传统美德，应珍惜食物，按需购买食物、按需备餐，集体用餐时采用分餐制或简餐，反对铺张浪费。倡导在家吃饭，享受食物和亲情。树立饮食文明新风尚。

应选择新鲜卫生的食物，要学会阅读营养标签，合理选择食物。食物要合理储存，避免交叉污染。选择适宜的烹调方式，烹调食物时要彻底煮熟煮透。

三、中国居民平衡膳食宝塔

中国居民平衡膳食宝塔是根据《中国居民膳食指南（2016）》的核心内容和推荐，结合我国居民膳食摄入的实际情况，把平衡膳食原则转化为各类食物的具体数量和比例的图形化表达，也是人们在日常生活中贯彻膳食指南的方便工具（见图5-1）。

平衡膳食宝塔提出了一个营养上比较理想的膳食模式。平衡膳食宝塔共分5层，包含我们每天应吃的主要食物种类。宝塔各层位置和面积不同，这在一定程度上反映出各类食物在膳食中的地位和应占的比重。宝塔从底层往上的5类食物依次是：谷薯类，蔬菜水果类，畜禽鱼蛋类，乳类、大豆和坚果类，烹饪油和盐。宝塔右侧的文字注释，表明了能量需要量为6 694.4~10 041.6KJ（1 600~2 400kcal）时，一段时间内成人平均每人每日各类食物的摄入量范围。宝塔左侧是身体活动和水的图示，强调增加身体活动和足量饮水的重要性。

第一层谷薯类：成人每人每日应摄入谷、薯、杂豆类250~400g，其中全谷物和杂豆50~150g，新鲜薯类50~100g。

第二层蔬菜水果：每人每日蔬菜摄入量300~500g，水果200~350g。

第三层鱼、禽、肉、蛋等动物性食物：推荐每人每日鱼、禽、肉、蛋共120~200g，其中每日畜禽肉的摄入量为40~75g，水产类为40~75g，蛋类为40~50g。

第四层乳类、大豆和坚果：推荐每日应摄入相当于鲜奶300g的奶类及奶制品，推荐大豆和坚果类摄入量为25~35g。

第五层烹调油和盐：推荐成人每日烹调油摄入量为25~30g，食盐摄入量不超过6g。

运动和饮水：推荐成年人每日进行至少相当于快步走6 000步以上的身体活动，每周最好进行150min中等强度的运动。轻体力活动的成年人每人每日至少饮水1 500~1 700ml（7~8杯）。

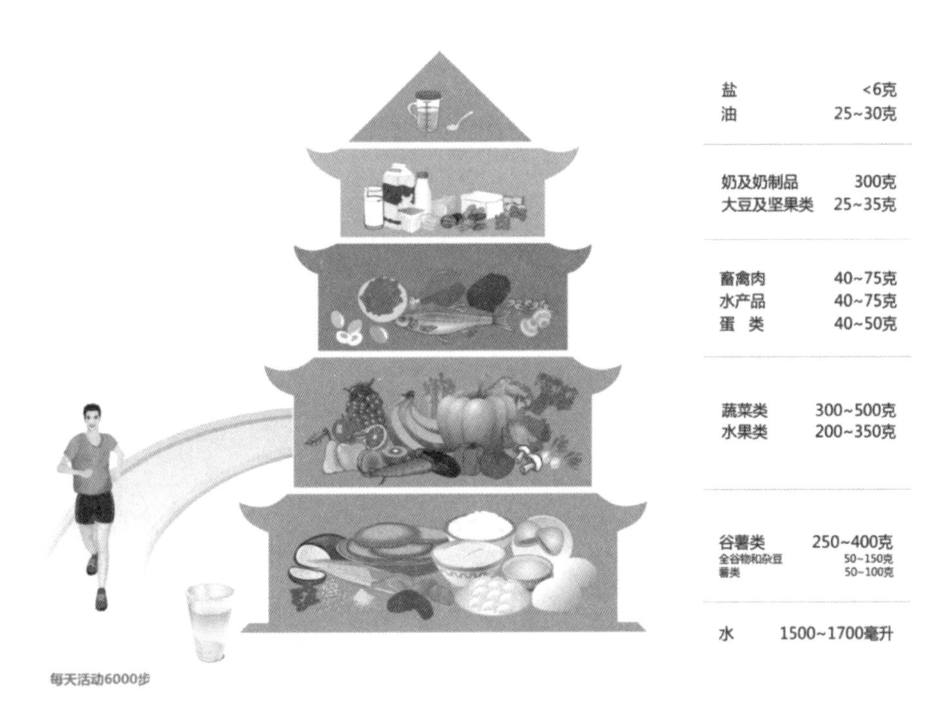

图5-1 中国居民的平衡膳食宝塔（2016）

值得注意的是，宝塔建议的各类食物的摄入量都是以原料生重的可食部来计算的，所以每一类食物的重量不是指某一种具体食物的重量。谷类是面粉、粳米、玉米粉、小麦、高粱等的总和，加工的谷类食品如面包、烙饼、切面等应折合成相当的面粉量来计算；蔬菜和水果经常放在一起，因为它们有许多共性。但蔬菜和水果终究是两类食物，各有优势，不能完全相互替代，一般说来，红、绿、黄色较深的蔬菜和深色水果含营养素比较丰富，所以应多选用深色蔬菜和水果；鱼、肉、蛋归为一类，主要提供动物性蛋白质和一些重要的矿物质和维生素，但它们彼此间也有明显区别，鱼、虾及其他水产品含脂肪很低，有条件可以多吃一些，蛋类推荐每天一个鸡蛋，不弃蛋黄；奶类及奶制品当前主要包含鲜牛奶和奶粉，宝塔建议的300g是以液态奶奶来计算的，按蛋白质和钙的含量来折合约相当于奶粉42g，中国居民膳食中普遍缺钙，奶类应是首选补钙食物，很难用其他类食物来代替，大豆和坚果制品摄入量为25~35g，大豆制品种类多样，20~25g大豆应以蛋白质为换算单位折算成相应豆制品的量，20大豆相当于60g白豆腐或45g豆干或150g内酯豆腐。每天10g左右的坚果仁相当于2~3个核桃或4~5个板栗或一把松子仁（相当于带皮松子30~35g）。

四、中国居民膳食指南和中国居民平衡膳食宝塔的应用及需注意的问题

膳食指南的应用和实践，是把营养和健康科学知识转化为平衡膳食模式的促进和推广过程。其应用包括如下方面。

（1）生活实践。设计平衡膳食，自我管理一日三餐；了解并实践“多吃”的食物；了解并控制“少吃”的食物；合理运动和保持健康体重；评价个人膳食和生活方式，逐步达到理想要求。

（2）公共营养和大众健康。作为营养教育实践资源和教材；发展和促进营养相关政策和标准的基础；创造和发展新的膳食计算和资源的工具；科学研究、教学、膳食管理的指导性文件；推动和实施全民营养周、社区健康指导、健康城市等的健康促进资源；慢性病预防和健康管理的行动指南。

（3）膳食设计、管理和评价。

在应用过程中应注意如下问题：

1. 确定食物需要量

膳食指南是基于食物的平衡膳食指导，因此可根据满足不同能量需要水平的食物量来设计一日三餐。宝塔建议的每人每日各类食物适宜摄入量适用于一般健康成人。

在确定食物需要量之前，先要确定膳食营养目标。根据中国居民膳食营养素参考摄入量（DRls，2013），可以简单地根据年龄和劳动强度来确定营养需要量，直接以对应的能量值作为膳食设计的目标。但在实际生活中，每个人还需根据自己的生理状态、身体活动程度及体重情况以及食物资源可及性进行调整。如从事轻微体力劳动的成年男子（办公室职员等），可参照中等能量 10 041.6KJ（2 400kcal）膳食来安排自己的进食量；从事中等强度体力劳动者（钳工、卡车司机和一般农田劳动者等）可参照高能量 11 715.2KJ（2 800kcal）膳食进行安排；不参加劳动的老年人可参照低能量 2 531KJ（1 800kcal）膳食来安排；女性需要的能量往往比从事同等劳动的男性低 83KJ（200kcal）或更多。一般来说人们的进食量可自动调节，当一个人的食欲得到满足时，其对能量的需要也就会得到满足。

需要注意的是，平衡膳食宝塔建议的各类食物摄入量是一个平均值和比例，日常生活无须每天都样样照着“宝塔”推荐量吃。例如烧鱼比较麻烦就不一定每天都吃 50g 鱼，可以改成每周吃 2~3 次鱼、每次 150~200g。平日爱吃鱼的多吃些鱼、愿吃鸡的多吃些鸡都无妨碍，重要的是要经常遵循宝塔各层各类食物的大体比例。

选择具体食物种类时，先根据食物分组，分别选择谷类、蔬菜、鱼或肉类或蛋类、植物油作为主食和烹饪菜肴；选择水果、奶类作为餐桌食物或零食。选择时，注意食物多样性，多吃深色叶菜、全谷物等。食物量确定最简单的方法为应用膳食指南的推荐量，选择适宜的能量水平，按照不同组食物的量进行对应选择。特别需要注意的是食物建议量均为食物可食部分的生重量。

2. 同类互换，多种多样，调配丰富多彩的膳食

应用膳食指南和平衡膳食宝塔应当把营养与美味结合起来，按照同类互换、多种多样的原则调配一日三餐。同类互换就是以粮换粮、以豆换豆、以肉换肉。例如，粳米可与面粉或杂粮互换；大豆可与相当量的豆制品或杂豆类互换；瘦猪肉可与等量的鸡、鸭、牛、羊、兔肉互换；鱼可与虾、蟹等水产品互换；牛奶可与羊奶、酸奶等互换。多种多样就是选用品种、形态、颜色、口感多样的食物，变换烹调方法。

3. 合理分配三餐食量

我国多数地区居民习惯于一天吃三餐。三餐食物量的分配及间隔时间应与作息时间和劳动状况相匹配。一般早、晚餐各占30%，午餐占40%为宜，特殊情况可适当调整。

4. 因地制宜充分利用当地资源

我国幅员辽阔，各地的饮食习惯及物产不尽相同，只有因地制宜充分利用当地资源才能有效地应用平衡膳食宝塔。例如，牧区奶类资源丰富，可适当提高奶类摄取量；渔区可适当提高鱼及其他水产品摄取量；农村山区则可利用山羊奶以及花生、瓜子、核桃等资源。在某些情况下，由于地域、经济或物产所限无法采用同类互换时，也可以暂用豆类替代乳类、肉类；或用蛋类替代鱼、肉；不得已也可用花生、瓜子、榛子、核桃等干坚果替代鱼、肉、奶等动物性食品。选用新鲜食物、充分利用本地资源、低碳环保、分餐制、促进可持续发展是倡导的饮食新食尚。

5. 养成习惯，长期坚持

膳食对健康的影响是长期的结果。应用膳食指南和平衡膳食宝塔需要自幼养成习惯，并坚持不懈，才能充分体现其对健康的重大促进作用。（节录自：中国营养学会：《中国居民膳食指南与平衡膳食宝塔》）

五、膳食营养素参考摄入量

2013年，中国营养学会参考各国DRIs和WHO的DRIs，并利用中国各年龄人群的科研数据，开始修订中国的DRIs，并于2014年6月正式发布了2013版《中国居民膳食营养素参考摄入量》即Chinese DRIS（2013），作为研究营养和健康状况不可缺少的参数，新营养标准的出台对于科学指导我国居民的膳食营养评价、合理饮食计划及健康相关工作中的应用均具有重要意义。

膳食营养素参考摄入量（dietary reference intakes，DRIs）是为保证人体合理摄入营养素而设定的每日平均膳食营养素摄入量的一组参考值。它是在推荐营养素供给量（RDAs）基础上发展起来的，与RDAs相比，DRIs更具有实际意义，它同时从预防营养素缺乏和预防慢性疾病两方面来考虑人类的营养需求，提出了膳食对于良好健康状态的作用的新观念。初期的DRIs中主要包括4项指标：平均需要量（EAR）、推荐摄入量（RNI）、适宜摄入量（AI）和可耐受最高摄入量（UL）。中国DRIs（2013版）增设了3项与预防非传染性慢性病有关的指标：宏量营养素可接受范围（AMDR）、建议摄入量（PI-NCD）和特定建议量（SPI）。

1. 平均需要量（estimated average requirement，EAR）

EAR 是根据个体需要量的研究资料制订的；是根据某些指标判断可以满足某一特定性别、年龄及生理状况群体中 50% 个体需要量的摄入水平，这一摄入水平不能满足群体中另外 50% 个体对该营养素的需要。EAR 是制订 RDA 的基础。

2. 推荐摄入量（recommended nutrient intake，RNI）

RNI 相当于传统使用的 RDA，是可以满足某一特定性别、年龄及生理状况群体中绝大多数（97%~98%）个体需要量的摄入水平。长期摄入达到 RNI 水平的营养，可以满足身体对该营养素的需要，保持健康和维持组织中有适当的储备。RNI 的主要用途是作为个体每日摄入该营养素的目标值。RNI 是以 EAR 为基础制订的。如果已知 EAR 的标准差，则 RNI 定为 EAR 加两个标准差，即 RNI=EAR+2SD。如果关于需要量变异的资料不够充分，不能计算 SD 时，一般设 EAR 的变异系数为 10%，这样 RNI=1.2 × EAR。

3. 适宜摄入量（adequate intakes，AI）

在个体需要量的研究资料不足不能计算 EAR，因而不能求得 RNI 时，可设定适宜摄入量（AI）来代替 RNI。AI 是通过观察或实验获得的健康人群某种营养素的摄入量。例如，纯母乳喂养的足月产健康婴儿，从出生到 4~6 个月，他们的营养素全部来自母乳。母乳中供给的营养素量就是他们的 AI 值，AI 的主要用途是作为个体营养素摄入量的目标。

AI 与 RNI 相似之处是两者都用作个体摄入的目标，能满足目标人群中几乎所有个体的需要。AI 和 RNI 的区别在于 AI 的准确性远不如 RNI，可能显著高于 RNI。因此，使用 AI 时要比使用 RNI 更加小心。

4. 可耐受最高摄入量（tolerable upper intake level，UL）

UL 是平均每日可以摄入某营养素的最高量。这个量对一般人群中的几乎所有个体都不至于损害健康。如果某营养素的不良反应与摄入总量有关，则该营养素的 UL 是依据食物、饮水及补充剂提供的总量而定。如不良反应仅与强化食物和补充剂有关，则 UL 依据这些来源而制定。

5. 宏量营养素可接受范围（acceptable macronutrient distribution range，AMDR）

AMDR 是指碳水化合物、脂肪及蛋白质理想的摄入量范围，该范围可满足人体对这些必需营养素的需要，并且有利于降低慢性病的发生危险，常用占能量摄入量的百分比表示。其下限为预防营养缺乏，其上限为降低慢性非传染性疾病风险，如果一个个体的摄入量高于推荐的范围，可能引起罹患慢性病的风险增加；如果摄入量低于推荐的范围，则可能使这种营养素缺乏的可能性增加。

6. 预防非传染性慢性病的建议摄入量（proposed intakes for preventing non-communicable chronic diseases，PI-NCD）

膳食营养素过高或过低导致的慢性病一般涉及肥胖、糖尿病、高血压、血脂异常、脑卒中、心肌梗死及某些癌症。PI-NCD 是以非传染性慢性病的一级预防为目标，提出的必需营养素的每日摄入量。当 NCD 易感人群的某些营养素的摄入量接近或达到 PI 时，可以降低其发生 NCD 的风险。

7. **特定建议量（specific proposed levels，SPL）**

研究证明，除营养素以外的某些食物成分（多数属于植物化学物）具有改善人体生理功能、预防营养相关慢性病的生物学作用。SPL 是指某些疾病易感人群膳食中这些成分的摄入量达到或接近这个建议水平时，有利于维护人体健康。

第二节　中医营养学中的平衡膳食

我国古代营养学有相当辉煌的成就。战国－西汉时期的医学著作《黄帝内经》中就有了关于膳食平衡的精辟论述，即"五谷为养，五果为助，五畜为益，五菜为充"，这可以是世界上最早的"膳食指南"。到唐代，著名医学家孙思邈的《千金方》中首设"食治"专篇，强调以食治病，并引用扁鹊语："夫为医者，当须先洞晓病源，知其所犯，以食治之，食疗不愈，然后命药。"明确提出了食疗概念。

中医营养学中平衡膳食的理论基础实际也是中医食疗的理论基础。它是以中医基础理论为指导，重视肺、脾、肾，强调保养脾胃之气，并从性味来分析食物的作用，重视食物性味与五脏的关系，同时也注重饮食禁忌。

一、中医学的基础理论

中医学的基础理论是对人体生命活动和疾病变化规律的理论概括，即中医学对人体的认识、中医学对疾病的认识以及中医学对养生和诊治疾病的原则。中医学的理论基本上是以精、气、神、阴阳和五行学说、气血津液、脏腑辨证、经络学等说明人体正常的生命活动和疾病的病因、发病机制，然后通过四诊和八纲来辨证，再参考《本草纲目》等进行处方。

阴阳是中国古代哲学范畴。人们通过对矛盾现象的观察，逐步把矛盾概念上升为阴阳范畴，并用阴阳二气的消长来解释事物的运动变化。中医学运用阴阳对立统一的观念来阐述人体上下、内外各部分之间，以及人体生命同自然、社会这些外界环节之间的复杂联系。阴阳对立统一的相对平衡，是维持和保证人体正常活动的基础；阴阳对立统一关系的失调和破坏，则会导致人体疾病的发生，影响生命的正常活动。五行学说，即是用木、火、土、金、水五个哲学范畴来概括客观世界中的不同事物属性，并用五行相生相克的动态模式来说明事物间的相互联系和转化规律。中医学主要用五行学说阐述五脏六腑间的功能联系以及脏腑失衡时疾病发生的机理，也用以指导脏腑疾病的治疗。运气学说，又称五运六气，是研究、探索自然界天文、气象、气候变化对人体健康和疾病的影响的学说。五运包括木运、火运、土运、金运和水运，指自然界一年中春、夏、长夏、秋、冬的季候循环。六气则是一年四季中风、寒、暑、湿、燥、火六种气候因子。运气学说是根据天文历法参数推算年度气候变化和疾病发生规律。脏象学说，主要研究五脏（心、肝、脾、肺、肾）、六腑（小肠、大肠、胃、膀胱、胆、三焦）和奇恒之腑（脑、髓、骨、脉、胆、女子胞）的生理功能和病理变化。经络学说与脏象学说密切相关。经络是人体内运行气血的通道，有沟通内外、网络全身的作用。在病理情况下，经络系统功能发生变化，会呈现相应的症状和体征，通过这些表现，可以诊断体内脏腑疾病。

二、中医学食疗对食物营养的认识

中医学学中虽没有“营养学”这一固定词组，但绝不是没有营养学。中医学对“食物营养”的认识，是在中医学理论指导下的带有中医学特色、同时又是涉及面极为广泛的一种宏观认识。

现代营养学对食物营养的认识着眼于各类食物营养成分的分析，研究蛋白质、碳水化合物、脂类、维生素、矿物质的含量、化学性质、消化吸收、代谢、机体利用和排泄。中医学的认识是这样：食物中存在着“精微”物质，人们通过摄取各种食物获取“精微”，这是养育人体的“后天之精”，即“水谷之精”。食物中的“精微”物质在体内化生为气、精、血、津液。这些不同物质既分工又合作，不断营运营养机体，使人体各脏腑、组织都发挥其正常功能。中医学食疗的理念尚难以从现代医学的知识进行理解，也不能以营养素的含量和作用来解释，中医学食疗重视食物的不同性味和作用，以此调整人体气血阴阳，扶正祛邪，强调均衡、阴阳调和。

三、中医学对食物的分类

古代医家把食物多种多样的特性和作用加以概括，建立了食物的性能概念，并在此基础上建立了中医学食养和食疗的理论，形成中医学药的又一大特色。

（一）食物的性

食物的性是指寒、凉、温、热四种食性。食性主要是依据实践中的经验，按食物作用于人体后所引起的反应而划分的，能减轻和消除寒症的食物属温热性，减轻或消除热症的食物属寒凉性。凉性和寒性，温性和热性，在作用上有一定同性，只是作用大小稍有差别。温热性食物大多具有温中、助阳、活血、通络、散寒等作用，寒凉性食物具有清热、滋阴、泻火、凉血、解毒等作用。此外，有些食物食性平和，称为平性，有健脾、开胃、补益身体的作用。从常见300多种食物统计数字来看，平性食物居多，温热性次之，寒凉性更次之。

（二）食物的味

食物的味，既是指食物的具体口感味觉，又是功能的抽象概念，可概括为“五味”，即：酸（涩）、苦、甘（淡）、辛、咸，其功能为酸收、苦降、甘补、辛散、咸软等。甘是指甜味，有滋补、和中、缓急作用，如蜂蜜、饴糖、桂圆肉、米面食品等。咸味食物具有软坚散结和润下通便作用，如盐、海带、紫菜、海虾、海蟹、海蜇、龟肉等。酸（涩）味食物具有收敛固涩的作用，如乌梅、山楂、石榴、柿子等。辛味是指辛辣或辛凉的滋味，具有发散、行气、活血等作用，如姜、葱、蒜、辣椒、胡椒等。苦味食物具有清热、泻火、燥湿、解毒、降气等作用，如苦瓜、苦杏仁、橘皮、百合等。此外，还有淡味，中医学将之归于甘味范围，有渗利小便、祛除湿气等作用，如西瓜、冬瓜、茯苓、黄花菜、薏苡仁等。五味之外尚有"芳香"概念，是指食物的特殊嗅味，芳香性食物以水果、蔬菜居多，如橘、柑、佛手、芫荽、香椿、茴香等食物，芳香性食物一般具有醒脾开胃、行气化湿、化浊辟秽、爽神开窍、走窜等作用。以常见 300 多种食物统计数字来看，甘味食物最多，咸味与酸味次之，辛味更次之，苦味较少。

（三）常见食物的性味

常见食物的性味特点如表 5-1 所示：

表 5-1　常见食物的性味特点

食物种类	食物名称	性	味		食物名称	性	味
粮谷类	粳米	平	甘	水果类	苹果	凉	甘
	糯米	温	甘		柚	寒	甘酸
	籼米	温	甘		桃	温	甘酸
	小米	凉	甘咸		柑	凉	甘酸
	玉米	平	甘		梨	凉	甘酸
	陈仓米	平	甘酸		橘	凉	甘酸
	大麦	凉	甘咸		杏	温	甘酸
	小麦	平	甘		甘蔗	寒	甘
	高粱	温	甘		柿子	寒	甘涩
	荞麦	寒凉	甘		西瓜	寒	甘
	薏仁	凉	甘淡		西瓜皮	凉	甘
	燕麦	平	甘		甜瓜	寒	甘
	谷芽	温	甘		木瓜	温	酸
	麦芽	温	甘		香蕉	寒	甘
豆类及其制品	面筋	凉	甘		桑葚	寒	甘

（续表）

食物种类	食物名称	性	味		食物名称	性	味
豆类及其制品	绿豆	寒凉	甘		樱桃	温	甘
					石榴	温	甘酸涩
	扁豆	平	甘		大枣	温	甘
	豌豆	平	甘		酸枣	平	甘酸
	豇豆	平	甘		荔枝	温平	甘酸
	黑大豆	平	甘		金橘	平	甘酸
	赤小豆	平	甘酸甘		橘子	平	甘酸
	蚕豆	平	甘		龙眼肉	温	甘
	黄豆	平	甘		枇杷	凉	甘酸
	刀豆	温	甘		橙子	凉	酸
	黄豆芽	寒	甘		杧果	凉	甘酸
	豆腐	凉	甘		柠檬	平	酸
	豆腐皮	平	甘		李子	平	甘酸
	豆浆	平	甘		葡萄	平	甘酸
	淡豆豉	寒	苦		山楂	平	甘酸
肉类	猪肉	平	甘咸		椰子汁	温	甘
	猪肝	温	苦		椰子瓤	平	甘酸
	猪肚	温	甘		乌梅	温	酸
	火腿	温	甘咸		佛手	温	辛苦
	猪皮	凉	甘		橄榄	平	甘酸
	猪肺	平	甘		无花果	平	甘
	猪心	平	甘咸		罗汉果	凉	甘
	猪肠	寒	甘		杨梅	温	甘酸
	猪肾	平	甘咸		猕猴桃	寒	甘酸
	猪血	平	咸		波罗蜜	平	甘微酸
	猪蹄	平	甘咸		菠萝	平	甘酸
	羊肉	温	甘		草莓	平	甘酸

（续表）

食物种类	食物名称	性	味		食物名称	性	味
肉类	羊肚	温	甘		阳桃	凉	甘酸
	羊肝	凉	甘苦		海棠	平	甘酸
	牛肉	平	甘	水产品类	鳝鱼	温	甘
	牛肚	平	甘		鳙鱼	温	甘
	驴肉	平	甘酸		鲢鱼	温	甘
	马肉	寒	甘酸		草鱼	温	甘
	狗肉	温	咸甘咸		黄鱼	平	甘
	兔肉	凉	甘		泥鳅	平	甘
	鸡肉	温	甘		鲳鱼	平	甘
	鸡肝	温	甘		河豚	温	甘
	鸡血	平	咸		青鱼	平	甘
	白鸭肉	平	甘咸		鳆鱼	平	甘咸
	鸭血	凉	咸		塘风鱼	平	甘
	鹅肉	平	甘		鲤鱼	平	甘
	鹅血	平	咸		鳟鱼	温	酸甘甘
	鹿肉	温	甘		鳗鲡鱼	平	甘
	雀	温	甘		鲫鱼	平	甘
	熊掌	温	甘咸		带鱼	温	甘
	鹌鹑	平	甘		鲨鱼	平	甘
	龟肉	平	甘咸		马面鱼	平	甘
	鳖肉	平	甘		鲈鱼	平	甘
	蛇肉	平	甘咸		刀鱼	平	甘
	鸽肉	平	甘咸		银鱼	平	甘
	白菜	平、微寒	甘		青鱼	平	甘
	香菜	温	辛		鳙鱼	温	甘
蔬菜类	青菜	凉、平	甘		鳜鱼	平	甘
	苦菜	寒	苦		鲍鱼	平	甘咸

（续表）

食物种类	食物名称	性	味		食物名称	性	味
	韭菜	温	辛		章鱼	平	甘
	芥菜	温	辛		蛤蜊	寒	甘咸
	香花菜	温	甘辛		甲鱼	平	甘
	莙荙菜	凉	甘		海参	温	咸甘咸
	油菜	凉	辛		蛏肉	寒	甘咸
	菠菜	凉	甘		海蜇	平	甘咸
	苋菜	凉	甘咸		乌贼	平	甘咸
	芹菜	凉	甘苦		牡蛎肉	平	甘咸
	黄花菜	平	甘		蚌肉	寒	甘咸
	荠菜	平	甘		蟹	寒	甘咸
	大头菜	温、平	甘苦辛		田螺	寒	甘咸
	洋白菜	平	甘		虾	温	甘
	冬瓜	寒	甘		蚶	温	甘
蔬菜类	冬瓜皮	凉	甘	坚果类	淡菜	温	甘咸
	黄瓜	寒	甘		杏仁	温	苦
	瓠瓜	平	甘		栗子	温	甘
	丝瓜	凉	甘		胡桃仁	温	甘
	苦瓜	寒	苦		冬瓜子	凉	甘
	南瓜	温	甘		南瓜子	平	甘
	金瓜	温	甘辛		落花生	平	甘
	北瓜	平	甘苦		白果	平	甘苦涩
	莲藕	寒	甘		桃仁	平甘	苦
	蕹菜	寒	甘		李仁	平	甘苦
	番茄	寒	甘酸		酸枣仁	平	甘
	洋葱	平	甘辛		莲子	平	甘涩
	茄子	寒、凉	甘		黑白芝麻	平	甘
	白萝卜	凉	甘辛		榛子	平	甘

（续表）

食物种类	食物名称	性	味		食物名称	性	味
蔬菜类	香椿	平	苦		芡实	平	甘
	青蒿	平	甘		葵花子	平	甘
	茭白	寒	甘		松子	平	甘
	蕨菜	寒	甘		油菜籽	温	辛
	胡萝卜	平	甘	菌藻类	紫菜	寒	甘咸
	竹笋	寒	甘		海藻	寒	苦咸
	芦笋	温	甘苦		海带	寒	咸
	公英	寒	苦苦甘		蘑菇	凉、平	甘
	荸荠	寒	甘		白木耳	平	甘
	慈姑	寒	甘苦		木耳	平	甘
	香橼	温	甘苦辛		香菇	平	甘
	薤白	温	苦辛		发菜	寒	甘
	槐花	凉	苦	调味品类	酱	寒凉	咸
	百合	平	甘苦		食盐	寒	咸
	大蒜	温	辛		芥子	热	辛
	马兰	凉	辛		肉桂	热	甘辛
	草头	平	苦		辣椒	热	辛
	莴苣	微寒	甘苦		胡椒	温热	辛
	葫芦	温	甘辛		花椒	热温	辛
	葱	温	辛		八角茴香	温	甘辛
	马齿苋	寒	酸		小茴香	温	辛
	白薯	平	甘		生姜	温	辛
	土豆	平	甘		酒	温	甘辛苦
	芋头	平	甘辛		醋	温	酸苦
	菱角	凉	甘		冰糖	平	甘
	山药	平	甘		红糖	温	甘
	魔芋	温	辛		白砂糖	平	甘

（续表）

食物种类	食物名称	性	味		食物名称	性	味
蛋奶类	鸡蛋	平	甘	其他类	饴糖	温	甘
	鸭蛋	凉	甘		陈皮	温	甘辛
	鹅蛋	温	甘		酱油	寒	咸
	鸽蛋	平	甘咸				
	鹑蛋	平	甘		茶叶	凉	苦+甘
	羊乳	温	甘		燕窝	平	甘
	牛乳	平	甘		蜂蜜	平	甘
	马乳	凉	甘		荷叶	平	苦
	人乳	平	甘咸		枸杞子	平	甘

资料来源：

［1］姜超. 实用中医营养学［M］. 北京：解放军出版社. 1985.
［2］赵章忠. 食品的营养与食疗［M］. 上海：上海科学技术出版社. 1991
［3］施杞，夏翔.中国食疗大全［M］. 上海：上海科学技术出版社. 1995

四、饮食对人体的作用

饮食对人体的作用是食物的性味特性决定的，它主要体现在以下几个方面。

1. 对疾病的预防作用

常用的有：动物肝脏预防夜盲症；海带预防甲状腺肿大；谷皮、麦麸预防脚气病；生山楂、红茶、燕麦片降低血脂，预防动脉硬化；葱白、生姜、豆豉、芫荽等来预防感冒；大蒜预防癌症；绿豆汤预防中暑；荔枝预防口腔炎、胃炎引起的口臭等。

2. 对人体的滋养作用

（1）平补法。适用于普通人群中身体偏虚的人群。应用性质平和的食物，如粳米、玉米、扁豆、白菜、鹌鹑蛋、鹌鹑、猪肉、牛奶等进行平补；或用既能补气又能补阴，以及既能补阳又能补阴的食物等进行平补，如山药、蜂蜜既补脾肺之气又补脾肺之阴，枸杞子既补肾阴又补肾阳等。一年四季均可食用。

（2）清补法。较适用于偏于实热体质的人群，常应用性平或偏寒凉的食物。常用的清补食物以水果、蔬菜居多，有萝卜、冬瓜、西瓜、小米、苹果、梨、黄花菜等。清胃热，通利二便，加强消化吸收，以泻中求补。夏秋季采用。

（3）温补法。较适用于因阳气虚弱且有畏寒肢冷、神疲乏力等症状的人群，也常作为普通人的冬令进补食物。应用温热性食物如羊肉、狗肉、河虾、海虾、大枣、龙眼肉等温补肾阳，有御寒增暖、增强性功能等作用。宜在冬春季采用。

（4）峻补法。较适用于体虚而需要尽快进补的人群。应用补益作用较强、显效较快的食物，如羊肉、狗肉、鹿肉、动物肾脏、甲鱼、龟肉、鳟鱼、黄花鱼、鲅鱼等。应注意体质、季节、病情等条件适当进补。

历代本草文献所载具有保健作用的食物列举如下。

明目：山药、枸杞子、蒲菜、猪肝、羊肝、野鸭肉、青鱼、鲍鱼、螺蛳、蚌、蚬。

生发：白芝麻、韭菜子、核桃仁。

乌须发：黑芝麻、核桃仁、大麦。

美容：枸杞子、樱桃、荔枝、黑芝麻、山药、松子、牛奶、荷蕊。

益智、健脑：粳米、荞麦、核桃、葡萄、菠萝、荔枝、龙眼、大枣、百合、山药、茶、黑芝麻、黑木耳、乌贼鱼。

安神：莲子、酸枣、百合、梅子、荔枝、龙眼、山药、鹌鹑、牡蛎肉、黄花鱼。

壮肾阳：核桃仁、栗子、刀豆、菠萝、樱桃、韭菜、花椒、狗肉、狗鞭、羊肉、羊油脂、雀肉、鹿肉、鹿鞭、燕窝、海虾、海参、鳗鱼、蚕蛹。

3. 抗衰老作用

临床表明，肺、脾、肾三脏的实质性亏损，以及功能的衰退，常导致若干老年性疾患，因此中医在应用饮食调理进行抗衰老方面特别注意对肺、脾、肾三脏的调理。

4. 治疗作用

中医学历来主张“药疗”不如“食疗”。饮食的治疗作用概括起来，主要有扶正补虚、泻实祛邪、调整阴阳三个方面，这都有赖食物的性味特点达到治疗目的。

历代本草文献所载具有治疗作用的食物归纳如下。

散风寒类（用于风寒感冒病症）：生姜、葱、芥菜、芫荽。

散风热类（用于风热感冒病症）：茶叶、豆豉、阳桃。

清热泻火类：茭白、蕨菜、苦菜、苦瓜、松花蛋、百合、西瓜。

清热生津类：甘蔗、番茄、柑、柠檬、苹果、甜瓜、甜橙、荸荠。

清热燥湿类：香椿、荞麦。

清热凉血类：藕、茄子、黑木耳、蕹菜、向日葵子、食盐、芹菜、丝瓜。

清热解毒类：绿豆、赤小豆、豌豆、苦瓜、马齿苋、蓟菜、南瓜、莙荙菜、酱。

清热利咽类：橄榄、罗汉果、荸荠、鸡蛋白。

清热解暑类：西瓜、绿豆、赤小豆、绿茶、椰汁。

清化热痰类：白萝卜、冬瓜子、荸荠、紫菜、海蜇、海藻、海带。

温化寒痰类：洋葱、杏子、芥子、生姜、佛手、香橼、桂花、橘皮。

止咳平喘类：百合、梨、枇杷、落花生、杏仁、白果、乌梅、小白菜。

健脾和胃类：南瓜、包心菜、芋头、猪肚、牛奶、杧果、柚、木瓜、栗子、大枣、粳米、糯米、扁豆、玉米、无花果、胡萝卜、山药、白鸭肉、醋、芫荽。

健脾化湿类：薏苡仁、蚕豆、香椿、大头菜。

驱虫类：榧子、大蒜、南瓜子、椰子肉、石榴、醋、棒子、乌梅。

消导类：萝卜、山楂、茶叶、神曲、麦芽、鸡内金、薄荷叶。

温里类：辣椒、胡椒、花椒、八角茴香、小茴香、丁香、干姜、蒜、葱、韭菜、刀豆、桂花、羊肉、鸡肉。

祛风湿类：樱桃、木瓜、五加皮、薏苡仁、鹌鹑、黄鳝、鸡血。

利尿类：玉米、赤小豆、黑豆、西瓜、冬瓜、葫芦、白菜、白鸭肉、鲤鱼、鲫鱼。

通便类：菠菜、竹笋、番茄、香蕉、蜂蜜。

安神类：莲子、百合、龙眼肉、酸枣仁、小麦、秫米、蘑菇、猪心、石首鱼。

行气类（用于气滞病症）：香橼、橙子、柑皮、佛手、柑、荞麦、高粱米、刀豆、菠菜、白萝卜、韭菜、茴香菜、大蒜、火腿。

活血类：桃仁、油菜、慈姑、茄子、山楂、酒、醋、蚯蚓、蚶肉。

止血类：黄花菜、栗子、茄子、黑木耳、刺菜、乌梅、香蕉、莴苣、枇杷、藕节、槐花、猪肠。

收涩类（用于滑脱不固病症）：石榴、乌梅、芡实、高粱、林檎、莲子、黄鱼、鲶鱼。

平肝类（用于肝阳上亢病症）：芹菜、番茄、绿茶。

补气类（用于气虚病症）：粳米、糯米、小米、黄米、大麦、山药、莜麦、籼米、马铃薯、大枣、胡萝卜、香菇、豆腐、鸡肉、鹅肉、鹌鹑、牛肉、兔肉、狗肉、青鱼、鲢鱼。

补血类：桑葚、荔枝、松子、黑木耳、菠菜、胡萝卜、猪肉、羊肉、牛肝、羊肝、甲鱼、海参、草鱼。

助阳类：枸杞菜、枸杞子、核桃仁、豇豆、韭菜、丁香、刀豆、羊乳、羊肉、狗肉、鹿肉、鸽蛋、雀肉、鳝鱼、海虾、淡菜。

滋阴类：银耳、黑木耳、大白菜、梨、葡萄、桑葚、牛奶、鸡蛋黄、甲鱼、乌贼鱼、猪皮。

五、从现代营养学观点看中医学食疗理论

上述中医营养学的理论按现代营养学加以比较分析，很多亦是有道理，值得很好地研究和整理开发。现代营养学以食物中营养素的成分和含量来决定食物的生理功能和营养价值，如食物中的蛋白质、脂肪、碳水化合物、维生素 A、维生素 D、维生素 E、维生素 B_1、维生素 B_2、烟酸、维生素 C，以及无机盐、钙、铁、碘、硒、膳食纤维等的含量来观察食物的营养保健作用。近年来，亦已开始重视研究食物中营养素之外有保健作用的物质，如类胡萝卜素、异黄酮、多酚类物质、多糖类物质、超氧化物歧化酶（SOD）、植物雌激素等。根据中国预防医学科学院营养与食品卫生研究所编著的食物成分表中的食物营养成分，比较了肉类中性温的羊肉，性平的猪肉、鸡肉，性凉的兔肉，和性微寒的鸭肉的营养成分，在某些营养素的含量上有些变化的趋势，凉寒性的食物脂肪含量低、维生素 E 和硒含量有较高的趋势。在脂肪酸方面，性平凉的食物其多不饱和脂肪酸含量较性温的食物为多。

蔬菜类食物的食性与营养素之间的关系，可见到平、凉性的蔬菜中抗氧化的营养素β胡萝卜素、维生素C、维生素E的含量相对较高，但并非全然如此。在豆类方面比较了性平的黄豆、赤豆和性寒的绿豆所含的各种营养素成分，未见它们之间有明显的区别。基于上述分析，可以看出中医学的食物食性并不单纯是营养成分和含量多少的区别，而是食物中其他功能性的成分在影响它的食性。例如，已知热性的生姜中含有姜辣素，大蒜中含有大蒜素，温性的羊肉含丰富的L肉碱（L肉碱能促进脂肪氧化产生能量，因此中医，认为羊肉属温性，不是没有道理的）。有的食物含有类黄酮苷、多酚类，其抗氧化功能当然不同于一般的食物。因此，对于中医学的食物性味和功能，尚需深入研究整理，以丰富中西医结合的现代营养学。

中医学食疗的食物和药膳的药物在营养素含量上有其特点，根据《食物成分表和生物医学微量元素数据手册》，分析出有以下的特点：补气补血的食物，如海虾、黄鳝、大枣、莲子、山药等，其含蛋白质、锌、铁、维生素B_2高。补气的药物，如人参、黄芪、白术、茯苓、甘草，其含锌、铁量高。补血活血药，有当归、丹参、白芍、首乌、红花，含锌、铁亦高；健脾理湿的食物，如薏苡仁、黄豆、白扁豆，其含蛋白质、锌、铁较高，且有高钾低钠的特点。锌高有利于促进味蕾生长，能促进食欲，起到健脾的作用。低钠减少水的潴留，有利湿作用；养阴滋补的食物，如芝麻、枸杞子等，其含β胡萝卜素、硒、维生素E等抗氧自由基的营养素较多，且硒与维生素E结合，两者有协同的作用。温补肾阳的食物，如海参、虾、桑葚子等，其含蛋白质、锰、锌、硒的含量高，补肾阳的中药补骨脂、肉苁蓉、巴戟天、肉桂、菟丝子中含锌、锰高。

必须指出的是，中医食疗学的作用绝非缘于单纯营养素的作用，而可能是因为食物中的其他功能性物质和营养素同时存在，从而发挥其协同的保健作用，其效果则明显优于单纯的营养素。因此，若能将现代营养学与中医学的食疗紧密结合，相互融为一体，则现代营养学强调发挥食物中营养素的生理功能便与中医学食疗为主食物性味调养生息相辅相成、相得益彰，两者合而为一，定能强身健体、造福于民。

（沈秀华）

参考文献

[1] 中国营养学会. 食物与健康・科学证据共识［M］. 北京：人民卫生出版社. 2016.
[2] 杨月欣，葛可佑. 中国营养科学全书［M］. 2版. 北京：人民卫生出版社. 2019.
[3] 中国营养学会. 中国居民膳食指南2016［M］. 北京：人民卫生出版社. 2016.
[4] 葛可佑. 中国营养科学全书［M］. 北京：人民卫生出版社. 2004.
[5] 杨月欣，王光亚，潘兴昌. 中国食物成分表2002［M］. 北京：北京大学医学出版社，2002.
[6] 中国营养学会.中国居民膳食营养素参考摄入量（2013版）［M］. 北京：科学出版社，2014.
[7] 程义勇.《中国居民膳食营养素参考摄入量》2013 修订版简介［J］. 营养学报，2014； 36（4）：313-317.
[8] 陈炳卿. 营养与食品卫生学［M］. 4版.北京：人民卫生出版社. 2001.
[9] 姜超. 实用中医营养学［M］. 北京： 解放军出版社.1985.
[10] 赵章忠. 食品的营养与食疗［M］. 上海：上海科学技术出版社.1991.
[11] 施杞，夏翔. 中国食疗大全［M］. 上海：上海科学技术出版社.1995.
[12] 夏延斌. 食品化学［M］. 北京： 中国轻工业出版社. 2003.
[13] 刘志皋. 食品营养学［M］. 2版. 北京：中国轻工业出版社. 2006.
[14] 郑建仙. 功能食品学［M］. 2版. 北京：中国轻工业出版社，2011.
[15] 李宏，王文祥. 保健食品安全与功能性评价［M］. 北京：中国医药科技出版社，2019.

附录一

食物名称中英文对照

八宝粥 eight treasure congee
白兰地 brandy
白蘑菇 button mushroom
棒冰 popsicle
包子 steamed bun
贝 shellfish
比萨饼 pizza
扁豆 haricot bean
冰激凌 ice cream
饼干 biscuit/cracker
菠菜 spinach/spinage
菠萝 pineapple
布朗 american plum
菜花（花椰菜）cauliflower
蚕豆 broad bean
草菇 straw mushroom
草莓酱 strawberry jam
草鱼 grass carp
叉烧肉 barbecued pork
茶 tea
茶树菇 agrocybe aegerila
炒饭 long grained rice
赤豆 adzuki bean
春卷 spring roll
脆枣 crispy dates
大白菜 chinese cabbage
大葱 scallion
大豆 soybean
大豆油 soybean oil
大麦 barley
带鱼 hairtail/beltfish
蛋 egg
蛋糕 cake
蛋酥卷 egg roll
低脂奶粉 milk powder
淀粉 starch
丁香鱼 anchovy
冬瓜 chinese wax gourd
冬枣 winter jujube
豆腐 soybean curd
豆腐干 soybean curd slab
豆腐皮 soybean sheet
豆浆 soybean milk
豆苗 seedling
豆芽 bean sprout
剁辣椒 pepper pieces
鹅 goose
番茄（西红柿）tomato
番茄沙司 tomato sauce
方便面 instant noodle
蜂蜜 honey
凤尾鱼 estuarine tapertail anchovy

伏特加 vodka
腐乳 fermented soybean curd
腐竹 soybean stick
甘蓝（圆白菜、卷心菜）cabbage
甘薯 sweet potato
干酪汉堡包 cheeseburger
高粱 sorghum
桂圆 longan
锅巴 millet crisps
果冻 jelly
果脯 preserves
蛤 clam
海蚌 coelomactra antiquate
海带菜 kelp sliver
海苔 seaweed
海鲜酱 seafood sauce
汉堡 hamburger
荷兰豆 sugar pea
核桃油 walnut oil
黑芝麻糊粉 black sesame powder
红毛丹 rambutan
胡萝卜 carrot
花雕酒 rice wine
花粉 pollen
花生 peanut
花生酱 peanut butter
花生油 peanut oil
黄豆酱油 soy sauce
黄瓜 cucumber
黄鱼 yellow croaker/yellow-fin tuna
火鸡 turkey
火龙果 pitaya
火腿 ham
鸡翅 chicken wing
鸡精 chicken bouillon
鸡毛菜 mini pak choi
鸡米花 chicken dollop
鸡肉 chicken
鸡肉卷 chicken roll
鸡腿菇 shaggy mane
鸡尾酒 cocktail
鲫鱼 crucian/goldfish carp
夹心米果 rice pie
甲鱼 turtle
煎饼 battercake/foxtail millet pancake
豇豆 cowpea
较大婴儿配方奶粉 formula milk powder for infants 6~12months old
芥兰 kale
金枪鱼 tuna
韭菜 leek/chinese chive
橘子（橙子）orange
咖啡 coffee
咖啡伴侣 coffee mate
咖喱粉 curry powder
开心果 pistachio
烤鸭 peking duck
可乐 cola
苦荞麦片 buckwheat flate
矿泉水 natural mineral water
葵花子 sunflower seed
葵花子油 sunflower seed oil
腊肉 preserved ham
辣椒 chilli
梨 pear
立体脆 corn crispy ball
荔枝 litchi
栗子 chestnut
鲢鱼 silver carp
炼乳 concentrated milk/condensed milk
料酒 cooking wine
鲮鱼 dace

榴莲 durian
芦笋（龙须菜）asparagus
鹿肉 venison
萝卜 radish
螺旋藻 spirulina
驴肉 donkey meat
绿豆 mung bean
马铃薯 potato
马提尼酒 martini
麦粉 wheat flour
麦片 wheat flate
鳗鱼 eel
杧果 mango
米 rice
米饼 rice cake
米粉 rice flour
米线 rice noodle
面条 noodle
墨鱼 cuttlefish
木瓜 pawpaw/papaya
苜蓿（草头）alfalfa
奶酪 cheese
奶油 cream
南瓜 pumpkin
南瓜子 pumpkin seed
柠檬茶 lemon tea
牛百叶 beef,tripe
牛肉 beef
牛肉干 jerky
牛肉酱 beef sauce
牛乳 milk
牛蛙 bull frog
糯米饭团 glutinous rice lumps
藕（莲藕）lotus root
啤酒 beer
平菇 oyster mushroom
苹果 apple
苹果酒 apple cider
瓶装水 bottled water
葡萄 grape
葡萄酒 wine
葡萄柚 / 西柚 grapefruit
荞麦 buckwheat
巧克力 chocolate
巧克力派 chocolate pie
茄子 eggplant
芹菜 chinese celery
鲭鱼 mackerel
曲奇饼 cookies
全脂奶粉 whole milk powder
裙带菜（海木耳）sea water fungus
热狗 hot dog
乳鸽 pigeon
三明治 sandwich
色拉油 salad oil
沙丁鱼 sardine
沙拉酱 salad dressing/mayonnaise
沙琪玛蛋酥 egg crisp/sachima
山核桃 wild walnut/hickory
山楂 hawthorn
山竹 mangosteen
生菜 endive lettuce
薯片 potato chips
薯条 potato bar
丝瓜 sponge gourd
四季豆（菜豆、芸豆）kidney bean
松蘑（松茸）matsutake
松子 pine nut
苏打饼干 soda cracker
酸奶 yogurt
塌菜 flat cabbage
太妃糖 toffee candy

汤圆 / 饺子 / 馄饨 / 合子 dumpling
糖 candy
桃子 peach
甜椒 pimiento/capsicum
甜玉米粒 corn grain
娃娃菜 mini Chinese cabbage
豌豆 pea
威士忌 whiskey
蕹菜（空心菜）water spinach
莴苣 lettuce
无花果 fig
西瓜 water melon
西瓜子 watermelon seed
西兰花 broccoli
西芹 celery
细香葱 chive
虾 shrimp/prawn
仙人掌 cactus
馅饼 pie
香肠 sausage
香榧 chinese torreya
香蕉 banana
小白菜（青菜）pak choi/greengrocery
小麦面粉 Wheat flour
小枣 date
蟹 crab
蟹足棒 crab stick
杏鲍菇 king oyster mushroom
杏仁 almond
杏仁露 almond juice
雪菜 crispifolia mustard
雪糕 ice cream bar
雪利酒 sherry
雪米饼 rice cracker
鳕鱼 cod
鸭 duck
燕麦片 oatmeal flate
羊肉 mutton
腰果 cashew nut
椰子 coconut
野山鸡 pheasant
饮料 juice
婴儿配方奶粉 infant formula milk powder
樱桃番茄 cherry tomato
油菜 rape
油茶籽油 camellia oil
油麦菜 romaine lettuce
幼儿奶粉 infant formula milk powder for infants more than 12 months old
鱼翅 shark fin
鱼排 white fish fillet/steak
鱼丸 fish ball
鱼子酱 caviar
玉米 corn
玉米花 popcorn
玉米片 corn flate
芋头（芋艿、毛芋）taro
月饼 mooncake
榨菜 mustard root
榛子 hazelnut
蒸馏酒 liquors/tequila
芝麻酱 sesame paste
芝麻油 sesame oil
植物油 plant oil
粥 porridge
猪肚 pork,stomach
猪肝 pork,liver
猪皮 hogskin
猪肉 pork
猪舌 pork,tongue
猪肾 pork,kidney
猪小排 pork,sparerib
竹荪 long net stingkhorn

附录二

中国居民膳食能量需要表

作龄/岁 生理阶段	能量/（MJ/d）						能量/（kal/d）					
	轻体力活动水平		中体力活动水平		重体力活动水平		轻体力活动水平		中体力活动水平		重体力活动水平	
	男	女	男	女	男	女	男	女	男	女	男	女
0-	–	–	0.38MJ/（kg·d）	0.38MJ/（kg·d）	–	–	–	–	90kcal/（kg·d）	90kcal/（kg·d）	–	–
0.5-	–	–	0.33MJ/（kg·d）	0.33MJ/（kg·d）	–	–	–	–	80kcal/（kg·d）	80kcal/（kg·d）	–	–
1-	–	–	3.77	3.35	–	–	–	–	900	800	–	–
2-	–	–	4.60	4.18	–	–	–	–	1,100	1,000	–	–
3-	–	–	5.23	5.02	–	–	–	–	1,250	1,200	–	–
4-	–	–	5.44	5.23	–	–	–	–	1,300	1,250	–	–
5-	–	–	5.86	5.44	–	–	–	–	1,400	1,300	–	–
6-	5.86	5.23	6.69	6.07	7.53	6.90	1,400	1,250	1,600	1,450	1,800	1,650
7-	6.28	5.65	7.11	6.49	7.95	7.32	1,500	1,350	1,700	1,550	1,900	1,750
8-	6.9	6.07	7.74	7.11	8.79	7.95	1,650	1,450	1,850	1,700	2,100	1,900
9-	7.32	6.49	8.37	7.53	9.41	8.37	1,750	1,550	2,000	1,800	2,250	2,000
10-	7.53	6.90	8.58	7.95	9.62	9.00	1,800	1,650	2,050	1,900	2,300	2,150
11-	8.58	7.53	9.83	8.58	10.88	9.62	2,050	1,800	2,350	2,050	2,600	2,300
14-	10.46	8.37	11.92	9.62	13.39	10.67	2,500	2,000	2,850	2,300	3,200	2,550
18-	9.41	7.53	10.88	8.79	12.55	10.04	2,250	1,800	2,600	2,100	3,000	2,400
50-	8.79	7.32	10.25	8.58	11.72	9.83	2,100	1,750	2,450	2,050	2,800	2,350
65-	8.58	7.11	9.83	8.16	–	–	2,050	1,700	2,350	1,950	–	–
80-	7.95	6.28	9.20	7.32	–	–	1,900	1,500	2,200	1,750	–	–
孕妇（早）	–	+0	–	+0	–	+0	–	+0	–	+0	–	+0
孕妇（中）	–	+1.25	–	+1.25	–	+1.25	–	+300	–	+300	–	+300
孕妇（晚）	–	+1.90	–	+1.90	–	+1.90	–	+450	–	+450	–	+450
乳母	–	+2.10	–	+2.10	–	+2.10	–	+500	–	+500	–	+500

未制定参考值者用“–”表示；1kca=4.184KJ

来源：程义勇.《中国居民膳食营养素参考摄入量》2013修订版简介［J］.2014，36（4）：313-317.

附录三

中国居民膳食蛋白质、碳水化合物、脂肪和脂肪酸的参考摄入量

作龄/岁 生理阶段	蛋白质*				总碳水化合物	亚油酸	α-亚麻酸	EPA+DHA
	EAR/（g/d）		RNI/（g/d）		EAR/（g/d）	AI/（%E）	AI/（%E）	AI/（%E）
	男	女	男	女				
0-	-	-	9（AI）	9（AI）	-	7.3（150[a]）	0.87	100[b]
0.5-	15	15	20	20	-	4.0	0.66	100[b]
1-	20	20	25	25	120	4.0	0.60	100[b]
4-	25	25	30	30	120	4.0	0.60	-
7-	30	30	40	40	120	4.0	0.60	-
11-	50	45	60	55	120	4.0	0.60	-
14-	60	50	75	60	120	4.0	0.60	-
18-	60	50	65	55	120	4.0	0.60	1,250
50-	60	50	65	55	120	4.0	0.60	1,350
65-	60	50	65	55	120	4.0	0.60	1,450
80-	60	50	65	55	120	4.0	0.60	1,550
孕妇（早）	-	+0	-	+0	130	4.0	0.60	250（200[b]）
孕妇（中）	-	+10	-	+15	130	4.0	0.60	250（200[b]）
孕妇（晚）	-	+25	-	+30	130	4.0	0.60	250（200[b]）
乳母	-	+20	-	+25	160	4.0	0.60	250（200[b]）

1. 蛋白质细分的各年龄段参考摄入量见正文，2. [a]为花生四烯酸，[b]为DHA，3. 未制定参考值者用“-”表示，4. E%为占能量的百分比

来源：程义勇.《中国居民膳食营养素参考摄入量》2013修订版简介［J］.2014，36（4）：313-317.

附录四

中国居民膳食维生素的推荐摄入量或适宜摄入量

年龄/岁 生理阶段	VA/ （μgRAE/d）		VD/ （μg/d）	VE（AI）/ （mg α-TE/d）	VK（AI）/ （μg/d）	VB_1/ （mg/d）		VB_2/ （mg/d）		VB_6/ （mg/d）	VB_{12}/ （μg/d）	泛酸（AI）/ （mg/d）	叶酸/ （μgDFE/d）	烟酸/ （mg NE/d）		胆碱（AI）/ （mg /d）		生物素（AI）/ （μg/d）	VC/ （mg/d）
	男	女				男	女	男	女					男	女	男	女		
0–	300（AI）		10（AI）	3	2	0.1（AI）		0.4（AI）		0.2（AI）	0.3（AI）	1.7	65（AI）	2（AI）		120		5	40（AI）
0.5–	350（AI）		10（AI）	4	10	0.3（AI）		0.5（AI）		0.4（AI）	0.6（AI）	1.9	100（AI）	3（AI）		150		9	40（AI）
1–	310		10	6	30	0.6		0.6		0.6	1.0	2.1	160	6		200		17	40
4–	360		10	7	40	0.8		0.7		0.7	1.2	2.5	190	8		250		20	50
7–	500		10	9	50	1.0		1.0		1.0	1.6	3.5	250	11	10	300		25	65
11–	50	45	10	13	70	1.3	1.1	1.3	1.1	1.3	2.1	4.5	350	14	12	400		35	90
14–	60	50	10	14	75	1.6	1.3	1.5	1.2	1.4	2.4	5.0	400	16	13	500	400	40	100
18–	60	50	10	14	80	1.4	1.2	1.4	1.2	1.4	2.4	5.0	400	15	12	500	400	40	100
50–	60	50	10	14	80	1.4	1.2	1.4	1.2	1.6	2.4	5.0	400	14	12	500	400	40	100
65–	60	50	15	14	80	1.4	1.2	1.4	1.2	1.6	2.4	5.0	400	14	11	500	400	40	100
80–	60	50	15	14	80	1.4	1.2	1.4	1.2	1.6	2.4	5.0	400	13	10	500	400	40	100
孕妇（早）	–	+0	+0	+0	+0	–	+0	–	+0	+0.8	+0.5	+1.0	+200	–	+0	–	+20	+0	+0
孕妇（中）	–	+70	+0	+0	+0	–	+0.2	–	+0.2	+0.8	+0.5	+1.0	+200	–	+0	–	+20	+0	+15
孕妇（晚）	–	+70	+0	+0	+0	–	+0.3	–	+0.3	+0.8	+0.5	+1.0	+200	–	+0	–	+20	+0	+15
乳母	–	+600	+0	+3	+5	–	+0.3	–	+0.3	+0.3	+0.8	+2.0	+150	–	+3	–	+120	+10	+50

来源：程义勇.《中国居民膳食营养素参考摄入量》2013修订版简介［J］.2014，36（4）：313-317.

附录五

中国居民膳食矿物质的推荐摄入量或适宜摄入量

作龄/岁 生理阶段	钙/(mg/d)	磷/(mg/d)	钾(AI)/(mg/d)	镁/(mg/d)	钠(AI)/(mg/d)	氯(AI)/(mg/d)	铁/(mg/d)		锌/(mg/d)		碘/(μg/d)	硒/(μg/d)	铜/(mg/d)	铝(AI)/(μg/d)	氟(AI)/(mg/d)	锰/(mg/d)	铬/(μg/d)
							男	女	男	女							
0–	200(AI)	100(AI)	350	20(AI)	170	260	0.3(AI)		2.0(AI)		85(AI)	15(AI)	0.3(AI)	2(AI)	0.01	0.01	0.2
0.5–	300(AI)	180(AI)	550	65(AI)	350	550	10		3.5		115(AI)	20(AI)	0.3(AI)	3(AI)	0.23	0.7	4.0
1–	600	300	900	140	700	1100	9		4.0		90	25	0.3	40	0.6	1.5	15
4–	800	350	1200	160	900	1400	10		5.5		90	30	0.4	50	0.7	2.0	20
7–	1000	470	1500	220	1200	1900	13		7.0		90	40	0.5	65	1.0	3.0	25
11–	1200	640	1900	300	1400	2200	15	18	10	9.0	110	55	0.7	90	1.3	4.0	30
14–	1000	710	2200	320	1600	2500	16	18	12	8.5	120	60	0.8	100	1.5	4.5	35
18–	800	720	2000	330	1500	2300	12	20	12.5	7.5	120	60	0.8	100	1.5	4.5	30
50–	1000	720	2000	330	1400	2200	12	12	12.5	7.5	120	60	0.8	100	1.5	4.5	30
65–	1000	720	2000	320	1400	2200	12	12	12.5	7.5	120	60	0.8	100	1.5	4.5	30
80–	1000	670	2000	310	1300	2000	12	12	12.5	7.5	120	60	0.8	100	1.5	4.5	30
孕妇(早)	+0	+0	+0	+40	+0	+0	–	+0	–	+2	+110	+5	+0.1	+10	+0	+0.4	+1.0
孕妇(中)	+200	+0	+0	+40	+0	+0	–	+4	–	+2	+110	+5	+0.1	+10	+0	+0.4	+4.0
孕妇(晚)	+200	+0	+0	+40	+0	+0	–	+9	–	+2	+110	+5	+0.1	+10	+0	+0.4	+6.0
乳母	+200	+0	+400	+0	+0	+0	–	+4	–	+4.5	+120	+18	+0.6	+3	+0	+0.3	+7.0

未制定参考值者用“–”表示

附录六

食物成分表

食物名称	可食部分/%	水/g	能量/kcal	能量/kJ	蛋白质/g	脂肪/g	碳水化合物/g	膳食纤维/g	胆固醇/mg	灰分/g	维生素A/μg	硫胺素/mg	核黄素/mg	烟酸/mg	Vit_C/mg	Vit_E/mg	α-Vit_E/mg	钙/mg	磷/mg	钾/mg	钠/mg	镁/mg	铁/mg	锌/mg	硒/μg	铜/mg	锰/mg
小麦	100	10	317	1326	11.9	1.3	75.2	10.8		1.6		0.4	0.1	4		1.82	1.48	34	325	289	6.8	4	5.1	2.33	4.05	0.43	3.1
小麦粉（标准粉）	100	12.7	344	1439	11.2	1.5	73.6	2.1		1		0.28	0.08	2		1.8	1.59	31	188	190	3.1	50	3.5	1.64	5.36	0.42	1.56
小麦粉（富强粉，特一粉）	100	12.7	350	1464	10.3	1.1	75.2	0.6		0.7		0.17	0.06	2		0.73	0.51	27	114	128	2.7	32	2.7	0.97	6.88	0.26	0.77
麸皮	100	14.5	220	920	15.8	4	61.4	31.3		4.3	20	0.3	0.3	12.5		4.47		206	682	862	12.2	382	9.9	5.98	7.12	2.03	10.85
挂面（均值）	100	12.3	346	1448	10.3	0.6	75.6	0.7		1.2		0.19	0.04	2.5		1.04	0.42	17	134	129	184.5	49	3	0.94	11.77	0.39	0.92
挂面（富强粉）	100	12.7	347	1452	9.6	0.6	76	0.3		1.1		0.2	0.04	2.4		0.88	0.62	21	112	122	110.6	48	3.2	0.74	11.13	0.4	0.68
挂面（精制龙须面）	100	11.9	347	1452	11.2	0.5	74.7	0.2		1.7		0.18	0.03	2.5				26	137	109	292.8	48	2.3	0.87	14.28	0.33	0.81
面条（均值）	100	28.5	284	1188	8.3	0.7	61.9	0.8		0.6		0.22	0.07	1.4		0.59	0.2	11	162	135	28	39	3.6	1.43	11.74	0.17	0.86
面条（富强粉，切面）	100	29.2	285	1192	9.3	1.1	59.9	0.4		0.5		0.18	0.04	2.2				24	92	102	1.5	29	2	0.83	17.3	0.14	0.56
通心面［通心粉］	100	11.8	350	1464	11.9	0.1	75.8	0.4		0.4		0.12	0.03	1				14	97	209	35	58	2.6	1.55	5.8	0.16	0.67
花卷	100	45.7	211	883	6.4	1	45.6	1.5		1.3			0.02	1.1				19	72	83	95	12	0.4		6.17	0.09	
烙饼（标准粉）	100	36.4	255	1067	7.5	2.3	52.9	1.9		0.9		0.02	0.04			1.03	0.3	20	146	141	149.3	51	2.4	0.94	7.5	0.15	1.15
馒头（均值）	100	43.9	221	925	7	1.1	47	1.3		1		0.04	0.05			0.65	0.35	38	107	138	165.1	30	1.8	0.71	8.45	0.1	0.78
馒头（标准粉）	100	40.5	233	975	7.8	1	49.8	1.5		0.9		0.05	0.07			0.86	0.35	18	136	129	165.2	39	1.9	1.01	9.7	0.14	1.27

（续表）

食物名称	可食部分/%	水/g	能量/kcal	能量/kJ	蛋白质/g	脂肪/g	碳水化合物/g	膳食纤维/g	胆固醇/mg	灰分/g	维生素A/μg	硫胺素/mg	核黄素/mg	烟酸/mg	Vit_C/mg	Vit_E/mg	α-Vit_E/mg	钙/mg	磷/mg	钾/mg	钠/mg	镁/mg	铁/mg	锌/mg	硒/μg	铜/mg	锰/mg
油饼	100	24.8	399	1669	7.9	22.9	42.4	2		2		0.11	0.05			13.72	12.21	46	124	106	572.5	13	2.3	0.97	10.6	0.27	0.71
油条	100	21.8	386	1615	6.9	17.6	51	0.9		2.7		0.01	0.07	0.7		3.19	2.74	6	77	227	585.2	19	1	0.75	8.6	0.19	0.52
油面筋	100	7.1	490	2050	26.9	25.1	40.4	1.3		0.5		0.03	0.05	2.2		7.18	5.98	29	98	45	29.5	40	2.5	2.29	22.8	0.5	1.28
稻米（均值）	100	13.3	346	1448	7.4	0.8	77.9	0.7		0.6		0.11	0.05	1.9		0.46		13	110	103	3.8	34	2.3	1.7	2.23	0.3	1.29
粳米（特等）	100	16.2	334	1397	7.3	0.4	75.7	0.4		0.4		0.08	0.04	1.1		0.76	0.33	24	80	58	6.2	25	0.9	1.07	2.49	0.26	1
早籼（特等）	100	12.9	346	1448	9.1	0.6	76.7	0.7		0.7		0.13	0.03	1.6				6	141	108	1.3	42	0.9	1.54	2.07	0.4	1.3
糯米［江米］（均值）	100	12.6	348	1456	7.3	1	78.3	0.8		0.8		0.11	0.04	2.3		1.29	0.87	26	113	137	1.5	49	1.4	1.54	2.71	0.25	1.54
紫红糯米［血糯米］	100	13.8	343	1435	8.3	1.7	75.1	1.4		1.1		0.31	0.12	4.2		1.36	0.94	13	183	219	4	16	3.9	2.16	2.88	0.29	2.37
米饭（蒸）（均值）	100	70.9	116	485	2.6	0.3	25.9	0.3		0.3		0.02	0.03	1.9				7	62	30	2.5	15	1.3	0.92	0.4	0.06	0.58
玉米（鲜）	46	71.3	106	444	4	1.2	22.8	2.9		0.7		0.16	0.11	1.8	16	0.46			117	238	1.1	32	1.1	0.9	1.63	0.09	0.22
玉米（白，干）	100	11.7	336	1406	8.8	3.8	74.7	8		1		0.27	0.07	2.3		8.23	1.08	10	244	262	2.5	95	2.2	1.85	4.14	0.26	0.51
玉米（黄，干）	100	13.2	335	1402	8.7	3.8	73	6.4		1.3	17	0.21	0.13	2.5		3.89	0.77	14	218	300	3.3	96	2.4	1.7	3.52	0.25	0.48
大麦［元麦］	100	13.1	307	1284	10.2	1.4	73.3	9.9		2		0.43	0.14	3.9		1.23	1.23	66	381	49		158	6.4	4.36	9.8	0.63	1.23
青稞	100	12.4	339	1418	8.1	1.5	75	1.8		3		0.34	0.11	6.7		0.96	0.72	113	405	644	77	65	40.7	2.38	4.6	5.13	2.08
小米	100	11.6	358	1498	9	3.1	75.1	1.6		1.2	17	0.33	0.1	1.5		3.63		41	229	284	4.3	107	5.1	1.87	4.74	0.54	0.89
高粱米	100	10.3	351	1469	10.4	3.1	74.7	4.3		1.5		0.29	0.1	1.6		1.88	1.8	22	329	281	6.3	129	6.3	1.64	2.83	0.53	1.22
荞麦	100	13	324	1356	9.3	2.3	73	6.5		2.4	3	0.28	0.16	2.2		4.4	0.36	47	297	401	4.7	258	6.2	3.62	2.45	0.56	2.04
莜麦面	100	11	366	1531	12.2	7.2	67.8	4.6		1.8	3	0.39	0.04	3.9		7.96		27	35	319	2.2	146	13.6	2.21	0.5	0.89	3.86
薏米［薏苡仁］	100	11.2	357	1494	12.8	3.3	71.1	2		1.6		0.22	0.15	2		2.08	1.48	42	217	238	3.6	88	3.6	1.68	3.07	0.29	1.37
马铃薯［土豆，洋芋］	94	79.8	76	318	2	0.2	17.2	0.7		0.8	5	0.08	0.04	1.1	27	0.34	0.08	8	40	342	2.7	23	0.8	0.37	0.78	0.12	0.14

（续表）

食物名称	可食部分 /%	水 /g	能量 / kcal	能量 / kJ	蛋白质 /g	脂肪 /g	碳水化合物 /g	膳食纤维 /g	胆固醇 / mg	灰分 /g	维生素 A / μg	硫胺素 /mg	核黄素 /mg	烟酸 / mg	Vit_C/ mg	Vit_E /mg	α -Vit_E/mg	钙 / mg	磷 / mg	钾 / mg	钠 / mg	镁 / mg	铁 / mg	锌 / mg	硒 / μg	铜 / mg	锰 / mg
甘薯（白心）［红皮山芋］	86	72.6	104	435	1.4	0.2	25.2	1		0.6	37	0.07	0.04	0.6	24	0.43	0.43	24	46	174	58.2	17	0.8	0.22	0.63	0.16	0.21
甘薯（红心）［山芋，红薯］	90	73.4	99	414	1.1	0.2	24.7	1.6		0.6	125	0.04	0.04	0.6	26	0.28	0.28	23	39	130	28.5	12	0.5	0.15	0.48	0.18	0.11
木薯	99	69	116	485	2.1	0.3	27.8	1.6		0.8		0.21	0.09	1.2	35			88	50	764	8	66	2.5				
藕粉	100	6.4	372	1556	0.2		93	0.1		0.4			0.01	0.4				8	9	35	10.8	2	17.9	0.15	2.1	0.22	0.28
魔芋精粉［鬼芋粉，南星粉］	100	12.2	37	155	4.6	0.1	78.8	74.4		4.3			0.1	0.4				45	272	299	49.9	66	1.6	2.05	350.15	0.17	0.88
粉丝	100	15	335	1402	0.8	0.2	83.7	1.1		0.3		0.03	0.02	0.4				31	16	18	9.3	11	6.4	0.27	3.39	0.05	0.15
粉条	100	14.3	337	1410	0.5	0.1	84.2	0.6		0.9		0.01		0.1				35	23	18	9.6	11	5.2	0.83	2.18	0.18	0.16
黄豆［大豆］	100	10.2	359	1502	35	16	34.2	15.5		4.6	37	0.41	0.2	2.1		18.9	0.9	191	465	1503	2.2	199	8.2	3.34	6.16	1.35	2.26
黑豆［黑大豆］	100	9.9	381	1594	36	15.9	33.6	10.2		4.6	5	0.2	0.33	2		17.36	0.97	224	500	1377	3	243	7	4.18	6.79	1.56	2.83
青豆［青大豆］	100	9.5	373	1561	34.5	16	35.4	12.6		4.6	132	0.41	0.18	3		10.09	0.4	200	395	718	1.8	128	8.4	3.18	5.62	1.38	2.25
豆腐（均值）	100	82.8	81	339	8.1	3.7	4.2	0.4		1.2		0.04	0.03	0.2		2.71		164	119	125	7.2	27	1.9	1.11	2.3	0.27	0.47
豆腐（内酯）	100	89.2	49	205	5	1.9	3.3	0.4		0.6		0.06	0.03	0.3		3.26		17	57	95	6.4	24	0.8	0.55	0.81	0.13	0.26
豆腐脑［老豆腐］	100	96.7	15	63	1.9	0.8	0			0.6		0.04	0.02	0.4		10.46		18	5	107	2.8	28	0.9	0.49		0.26	0.25
豆腐皮	100	16.5	409	1711	44.6	17.4	18.8	0.2		2.7		0.31	0.11	1.5		20.63	1.12	116	318	536	9.4	111	13.9	3.81	2.26	1.86	3.51
油豆腐	100	58.8	244	1021	17	17.6	4.9	0.6		1.7	5	0.05	0.04	0.3		24.7	1.89	147	238	158	32.5	72	5.2	2.03	0.63	0.3	1.38
腐竹	100	7.9	459	1920	44.6	21.7	22.3	1		3.5		0.13	0.07	0.8		27.84	1.43	77	284	553	26.5	71	16.5	3.69	6.65	1.31	2.55
千张［百页］	100	52	260	1088	24.5	16	5.5	1		2	5	0.04	0.05	0.2		23.38	0.94	313	309	94	20.6	80	6.4	2.52	1.75	0.46	1.96
豆腐干（均值）	100	65.2	140	586	16.2	3.6	11.5	0.8		3.5		0.03	0.07	0.3				308	273	140	76.5	64	4.9	1.76	0.02	0.77	1.31
素火腿	100	55	211	883	19.1	13.2	4.8	0.9		7.9		0.01	0.03	0.1		25.99	4.17	8	115	24	675.9	25	7.3	1.96	3.18	0.16	1.57

（续表）

食物名称	可食部分/%	水/g	能量/kcal	能量/kJ	蛋白质/g	脂肪/g	碳水化合物/g	膳食纤维/g	胆固醇/mg	灰分/g	维生素A/μg	硫胺素/mg	核黄素/mg	烟酸/mg	Vit_C/mg	Vit_E/mg	α-Vit_E/mg	钙/mg	磷/mg	钾/mg	钠/mg	镁/mg	铁/mg	锌/mg	硒/μg	铜/mg	锰/mg
素鸡	100	64.3	192	803	16.5	12.5	4.2	0.9		2.5	10	0.02	0.03	0.4		17.8	0.69	319	180	42	373.8	61	5.3	1.74	6.73	0.27	1.12
素什锦	100	65.3	173	724	14	10.2	8.3	2		2.2		0.07	0.04	0.5		9.51	2.19	174	186	143	475.1	45	6	1.25	2.8	0.21	1.06
烤麸	100	68.6	121	506	20.4	0.3	9.3	0.2		1.4		0.04	0.05	1.2		0.42	0.24	30	72	25	230	38	2.7	1.19		0.25	0.73
绿豆	100	12.3	316	1322	21.6	0.8	62	6.4		3.3	22	0.25	0.11	2		10.95		81	337	787	3.2	125	6.5	2.18	4.28	1.08	1.11
赤小豆[小豆,红小豆]	100	12.6	309	1293	20.2	0.6	63.4	7.7		3.2	13	0.16	0.11	2		14.36		74	305	860	2.2	138	7.4	2.2	3.8	0.64	1.33
小豆粥	100	84.4	61	255	1.2	0.4	13.7	0.6		0.3				0.2		0.19		13	14	45	2.3	17	0.6	0.33	0.5	0.03	0.09
豆沙	100	39.2	243	1017	5.5	1.9	52.7	1.7		0.7		0.03	0.05	0.3		4.37	1.05	42	68	139	23.5	2	8	0.32	0.89	0.13	0.33
芸豆(白)	100	14.4	296	1238	23.4	1.4	57.2	9.8		3.6		0.18	0.26	2.4		6.16											
蚕豆(干)	100	13.2	335	1402	21.6	1	61.5	1.7		2.7		0.09	0.13	1.9	2	1.6	0.98	31	418	1117	86	57	8.2	3.42	1.3	0.99	1.09
扁豆(干)	100	9.9	326	1364	25.3	0.4	61.9	6.5		2.5	5	0.26	0.45	2.6		1.86		137	218	439	2.3	92	19.2	1.9	32	1.27	1.19
豇豆(干)	100	10.9	322	1347	19.3	1.2	65.6	7.1		3	10	0.16	0.08	1.9		8.61	5.34	40	344	737	6.8	36	7.1	3.04	5.74	2.1	1.07
豌豆(干)	100	10.4	313	1310	20.3	1.1	65.8	10.4		2.4	42	0.49	0.14	2.4		8.47		97	259	823	9.7	118	4.9	2.35	1.69	0.47	1.15
白萝卜[莱菔]	95	93.4	21	88	0.9	0.1	5	1		0.6	3	0.02	0.03	0.3	21	0.92	0.92	36	26	173	61.8	16	0.5	0.3	0.61	0.04	0.09
胡萝卜(红)[金笋,丁香萝卜]	96	89.2	37	155	1	0.2	8.8	1.1		0.8	688	0.04	0.03	0.6	13	0.41	0.36	32	27	190	71.4	14	1	0.23	0.63	0.08	0.24
胡萝卜(黄)	97	87.4	43	180	1.4	0.2	10.2	1.3		0.8	668	0.04	0.04	0.2	16			32	16	193	25.1	7	0.5	0.14	2.8	0.03	0.07
苤蓝[玉蔓菁,球茎甘蓝]	78	90.8	30	126	1.3	0.2	7	1.3		0.7	3	0.04	0.02	0.5	41	0.13	0.1	25	46	190	29.8	24	0.3	0.17	0.16	0.02	0.11
甜菜根[甜菜头,糖萝卜]	90	74.8	75	314	1	0.1	23.5	5.9		0.6		0.05	0.04	0.2	8	1.85	1.85	56	18	254	20.8	38	0.9	0.31	0.29	0.15	0.86
扁豆[月亮菜]	91	88.3	37	155	2.7	0.2	8.2	2.1		0.6	25	0.04	0.07	0.9	13	0.24		38	54	178	3.8	34	1.9	0.72	0.94	0.12	0.34
蚕豆	31	70.2	104	435	8.8	0.4	19.5	3.1		1.1	52	0.37	0.1	1.5	16	0.83	0.03	16	200	391	4	46	3.5	1.37	2.02	0.39	0.55
刀豆	92	89	36	151	3.1	0.3	7	1.8		0.6	37	0.05	0.07	1	15	0.4	0.12	49	57	209	8.5	29	4.6	0.84	0.88	0.09	0.45

（续表）

食物名称	可食部分 /%	水 /g	能量 / kcal	能量 / kJ	蛋白质 /g	脂肪 /g	碳水化合物 /g	膳食纤维 /g	胆固醇 / mg	灰分 /g	维生素 A / μg	硫胺素 /mg	核黄素 /mg	烟酸 / mg	Vit_C/ mg	Vit_E /mg	α -Vit_E/mg	钙 / mg	磷 / mg	钾 / mg	钠 / mg	镁 / mg	铁 / mg	锌 / mg	硒 / μg	铜 / mg	锰 / mg
豆角	96	90	30	126	2.5	0.2	6.7	2.1		0.6	33	0.05	0.07	0.9	18	2.24	0.23	29	55	207	3.4	35	1.5	0.54	2.16	0.15	0.41
豆角(白)	97	89.7	30	126	2.2	0.2	7.4	2.6		0.5	97	0.06	0.04	0.9	39	2.38	0.23	26	40	192	9.5	28	0.8	0.6	1.6	0.1	0.78
荷兰豆	88	91.9	27	113	2.5	0.3	4.9	1.4		0.4	80	0.09	0.04	0.7	16	0.3	0.21	51	19	116	8.8	16	0.9	0.5	0.42	0.06	0.48
龙豆	98	90	32	134	3.7	0.5	5	1.9		0.8	87	0.04	0.06	1	11	0.77		147	54	142	4.1	46	1.3	0.46	4.06	0.35	0.19
毛豆［青豆，菜用大豆］	53	69.6	123	515	13.1	5	10.5	4		1.8	22	0.15	0.07	1.4	27	2.44		135	188	478	3.9	70	3.5	1.73	2.48	0.54	1.2
四季豆［菜豆］	96	91.3	28	117	2	0.4	5.7	1.5		0.6	35	0.04	0.07	0.4	6	1.24	0.42	42	51	123	8.6	27	1.5	0.23	0.43	0.11	0.18
豌豆(带荚)［回回豆］	42	70.2	105	439	7.4	0.3	21.2	3		0.9	37	0.43	0.09	2.3	14	1.21	0.64	21	127	332	1.2	43	1.7	1.29	1.74	0.22	0.65
芸豆	96	91.1	25	105	0.8	0.1	7.4	2.1		0.6	40	0.33	0.06	0.8	9	0.07		88	37	112	4	16	1	1.04	0.23	0.24	0.44
豇豆	97	90.3	29	121	2.9	0.3	5.9	2.3		0.6	42	0.07	0.09	1.4	19	4.39	1.28	27	63	112	2.2	31	0.5	0.54	0.74	0.14	0.37
豇豆(长)	98	90.8	29	121	2.7	0.2	5.8	1.8		0.5	20	0.07	0.07	0.8	18	0.65		42	50	145	4.6	43	1	0.94	1.4	0.11	0.39
发芽豆	83	66.1	128	536	12.4	0.7	19.4	1.3		1.4		0.3	0.17	2.3	4	2.8	1.43	41	134	179	3.9	1	5	0.72	0.73	0.32	0.37
黄豆芽	100	88.8	44	184	4.5	1.6	4.5	1.5		0.6	5	0.04	0.07	0.6	8	0.8		21	74	160	7.2	21	0.9	0.54	0.96	0.14	0.34
绿豆芽	100	94.6	18	75	2.1	0.1	2.9	0.8		0.3	3	0.05	0.06	0.5	6	0.19		9	37	68	4.4	18	0.6	0.35	0.5	0.1	0.1
豌豆苗	86	89.6	34	142	4	0.8	4.6	1.9		1	445	0.05	0.11	1.1	67	2.46	0.54	40	67	222	18.5	21	4.2	0.77	1.09	0.2	0.76
茄子(均值)	93	93.4	21	88	1.1	0.2	4.9	1.3		0.4	8	0.02	0.04	0.6	5	1.13	1.13	24	23	142	5.4	13	0.5	0.23	0.48	0.1	0.13
茄子(紫皮，长)	96	93.1	19	79	1	0.1	5.4	1.9		0.4	30	0.03	0.03	0.6	7	0.2	0.14	55	28	136	6.4	15	0.4	0.16	0.57	0.07	0.14
番茄［西红柿］	97	94.4	19	79	0.9	0.2	4	0.5		0.5	92	0.03	0.03	0.6	19	0.57	0.18	10	23	163	5	9	0.4	0.13	0.15	0.06	0.08
辣椒(红，尖，干)	88	14.6	212	887	15	12	52.7	41.7		5.[illegible]		0.53	0.16	1.2		8.76	6.45	12	298	1085	4	131	6	8.21		0.61	11.7
辣椒(红，小)	80	88.8	32	134	1.3	0.4	8.9	3.2		0.5	232	0.03	0.06	0.8	144	0.44	0.37	37	95	222	2.6	16	1.4	0.3	1.9	0.11	0.18
辣椒(青，尖)	84	91.9	23	96	1.4	0.3	5.8	2.1		0.5	57	0.03	0.04	0.5	62	0.88	0.74	15	33	209	2.2	15	0.7	0.22	0.62	0.11	0.14

（续表）

食物名称	可食部分/%	水/g	能量/kcal	能量/kJ	蛋白质/g	脂肪/g	碳水化合物/g	膳食纤维/g	胆固醇/mg	灰分/g	维生素A/μg	硫胺素/mg	核黄素/mg	烟酸/mg	Vit_C/mg	Vit_E/mg	α-Vit_E/mg	钙/mg	磷/mg	钾/mg	钠/mg	镁/mg	铁/mg	锌/mg	硒/μg	铜/mg	锰/mg
甜椒[灯笼椒，柿子椒]	82	93	22	92	1	0.2	5.4	1.4		0.4	57	0.03	0.03	0.9	72	0.59	0.49	14	20	142	3.3	12	0.8	0.19	0.38	0.09	0.12
菜瓜[生瓜，白瓜]	88	95	18	75	0.6	0.2	3.9	0.4		0.3	3	0.02	0.01	0.2	12	0.03		20	14	136	1.6	15	0.5	0.1	0.63	0.03	0.03
冬瓜	80	96.6	11	46	0.4	0.2	2.6	0.7		0.2	13	0.01	0.01	0.3	18	0.08	0.03	19	12	78	1.8	8	0.2	0.07	0.22	0.07	0.03
佛手瓜[棒瓜，菜肴梨]	100	94.3	16	67	1.2	0.1	3.8	1.2		0.6	3	0.01	0.1	0.1	8			17	18	76	1	10	0.1	0.08	1.45	0.02	0.03
葫芦[长瓜，蒲瓜，瓠瓜]	87	95.3	15	63	0.7	0.1	3.5	0.8		0.4	7	0.02	0.01	0.4	11			16	15	87	0.6	7	0.4	0.14	0.49	0.04	0.08
黄瓜[胡瓜]	92	95.8	15	63	0.8	0.2	2.9	0.5		0.3	15	0.02	0.03	0.2	9	0.49	0.08	24	24	102	4.9	15	0.5	0.18	0.38	0.05	0.06
苦瓜[凉瓜，癞瓜]	81	93.4	19	79	1	0.1	4.9	1.4		0.6	17	0.03	0.03	0.4	56	0.85	0.61	14	35	256	2.5	18	0.7	0.36	0.36	0.06	0.16
南瓜[倭瓜，番瓜]	85	93.5	22	92	0.7	0.1	5.3	0.8		0.4	148	0.03	0.04	0.4	8	0.36	0.29	16	24	145	0.8	8	0.4	0.14	0.46	0.03	0.08
丝瓜	83	94.3	20	84	1	0.2	4.2	0.6		0.3	15	0.02	0.04	0.4	5	0.22	0.06	14	29	115	2.6	11	0.4	0.21	0.86	0.06	0.06
西葫芦	73	94.9	18	75	0.8	0.2	3.8	0.6		0.3	5	0.01	0.03	0.2	6	0.34	0.34	15	17	92	5	9	0.3	0.12	0.28	0.03	0.04
大蒜[蒜头]	85	66.6	126	527	4.5	0.2	27.6	1.1		1.1	5	0.04	0.06	0.6	7	1.07	1.07	39	117	302	19.6	21	1.2	0.88	3.09	0.22	0.29
青蒜	84	90.4	30	126	2.4	0.3	6.2	1.7		0.7	98	0.06	0.04	0.6	16	0.8	0.78	24	25	168	9.3	17	0.8	0.23	1.27	0.05	0.15
蒜苗	82	88.9	37	155	2.1	0.4	8	1.8		0.6	47	0.11	0.08	0.5	35	0.81	0.41	29	44	226	5.1	18	1.4	0.46	1.24	0.05	0.17
大葱	82	91	30	126	1.7	0.3	6.5	1.3		0.5	10	0.03	0.05	0.5	17	0.3	0.27	29	38	144	4.8	19	0.7	0.4	0.67	0.08	0.28
小葱	73	92.7	24	100	1.6	0.4	4.9	1.4		0.4	140	0.05	0.06	0.4	21	0.49	0.24	72	26	143	10.4	18	1.3	0.35	1.06	0.06	0.16
洋葱[葱头]	90	89.2	39	163	1.1	0.2	9	0.9		0.5	3	0.03	0.03	0.3	8	0.14		24	39	147	4.4	15	0.6	0.23	0.92	0.05	0.14
韭菜	90	91.8	26	109	2.4	0.4	4.6	1.4		0.8	235	0.02	0.09	0.8	24	0.96	0.8	42	38	247	8.1	25	1.6	0.43	1.38	0.08	0.43
韭黄[韭芽]	88	93.2	22	92	2.3	0.2	3.9	1.2		0.4	43	0.03	0.05	0.7	15	0.34	0.34	25	48	192	6.9	12	1.7	0.33	0.76	0.1	0.17
大白菜(均值)	87	94.6	17	71	1.5	0.1	3.2	0.8		0.6	20	0.04	0.05	0.6	31	0.76	0.36	50	31		57.5	11	0.7	0.38	0.49	0.05	0.15
小白菜	81	94.5	15	63	1.5	0.3	2.7	1.1		1	280	0.02	0.09	0.7	28	0.7	0.33	90	36	178	73.5	18	1.9	0.51	1.17	0.08	0.27

（续表）

食物名称	可食部分/%	水/g	能量/kcal	能量/kJ	蛋白质/g	脂肪/g	碳水化合物/g	膳食纤维/g	胆固醇/mg	灰分/g	维生素A/μg	硫胺素/mg	核黄素/mg	烟酸/mg	Vit_C/mg	Vit_E/mg	α-Vit_E/mg	钙/mg	磷/mg	钾/mg	钠/mg	镁/mg	铁/mg	锌/mg	硒/μg	铜/mg	锰/mg
乌菜［乌塌菜，塌棵菜］	89	91.8	25	105	2.6	0.4	4.2	1.4		1	168	0.06	0.11	1.1	45	1.16		186	53	154	115.5	24	3	0.7	0.5	0.13	0.36
油菜	87	92.9	23	96	1.8	0.5	3.8	1.1		1	103	0.04	0.11	0.7	36	0.88	0.71	108	39	210	55.8	22	1.2	0.33	0.79	0.06	0.23
甘蓝［圆白菜，卷心菜］	86	93.2	22	92	1.5	0.2	4.6	1		0.5	12	0.03	0.03	0.4	40	0.5	0.21	49	26	124	27.2	12	0.6	0.25	0.96	0.04	0.18
菜花［花椰菜］	82	92.4	24	100	2.1	0.2	4.6	1.2		0.7	5	0.03	0.08	0.6	61	0.43	0.19	23	47	200	31.6	18	1.1	0.38	0.73	0.05	0.17
菜花（脱水）［脱水花椰菜］	100	9.8	286	1197	6.5	0.6	76.8	13.2		6.3		0.21	0.18	7.4	82			185	182	554	264.3	99	6.4	2.15	5.59	0.79	1.08
西兰花［绿菜花］	83	90.3	33	138	4.1	0.6	4.3	1.6		0.7	1202	0.09	0.13	0.9	51	0.91	0.31	67	72	17	18.8	17	1	0.78	0.7	0.03	0.24
芥菜［雪里蕻，雪菜］	94	91.5	24	100	2	0.4	4.7	1.6		1.4	52	0.03	0.11	0.5	31	0.74	0.63	230	47	281	30.5	24	3.2	0.7	0.7	0.08	0.42
芥菜（大叶）［盖菜］	71	94.6	14	59	1.8	0.4	2	1.2		1.2	283	0.02	0.11	0.5	72	0.64	0.64	28	36	224	29	18	1	0.41	0.53	0.1	0.7
芥菜（茎用）［青头菜］	92	95	7	29	1.3	0.2	2.8	2.8		0.7	47		0.02	0.3	7	1.29		23	35	316	41.1	5	0.7	0.25	0.95	0.05	0.1
芥菜（小叶）［小芥菜］	88	92.6	24	100	2.5	0.4	3.6	1		0.9	242	0.05	0.1	0.7	51	2.06	0.94	80	40	210	38.9	23	1.5	0.5	0.28	0.06	0.33
芥蓝［甘蓝菜，盖蓝菜］	78	93.2	19	79	2.8	0.4	2.6	1.6		1	575	0.02	0.09	1	76	0.96	0.85	128	50	104	50.5	18	2	1.3	0.88	0.11	0.53
菠菜［赤根菜］	89	91.2	24	100	2.6	0.3	4.5	1.7		1.4	487	0.04	0.11	0.6	32	1.74	1.46	66	47	311	85.2	58	2.9	0.85	0.97	0.1	0.66
芹菜（白茎）［旱芹，药芹］	66	94.2	14	59	0.8	0.1	3.9	1.4		1	10	0.01	0.08	0.4	12	2.21	1.27	48	50	154	73.8	10	0.8	0.46	0.47	0.09	0.17
芹菜茎	67	93.1	20	84	1.2	0.2	4.5	1.2		1	57	0.02	0.06	0.4	8	1.32	0.47	80	38	206	159	18	1.2	0.24	0.57	0.09	0.16
芹菜叶	100	89.4	31	130	2.6	0.6	5.9	2.2		1.5	488	0.08	0.15	0.9	22	2.5	0.57	40	64	137	83	58	0.6	1.14	2	0.99	0.54
生菜（牛俐）［莜麦菜］	81	95.7	15	63	1.4	0.4	2.1	0.6		0.[illegible]	60		0.1	0.2	20			70	31	100	80	29	1.2	0.43	1.55	0.08	0.15
生菜（叶用莴苣）	94	95.8	13	54	1.3	0.3	2	0.7		0.[illegible]	298	0.03	0.06	0.4	13	1.02	0.43	34	27	170	32.8	18	0.9	0.27	1.15	0.03	0.13
甜菜叶	100	92.2	19	80	1.8	0.1	4	1.3	0	2	610	0.1	0.22	0.4	30			117	40	547	201	72	3.3	0.38		0.19	

（续表）

食物名称	可食部分/%	水/g	能量/kcal	能量/kJ	蛋白质/g	脂肪/g	碳水化合物/g	膳食纤维/g	胆固醇/mg	灰分/g	维生素A/μg	硫胺素/mg	核黄素/mg	烟酸/mg	Vit_C/mg	Vit_E/mg	α-Vit_E/mg	钙/mg	磷/mg	钾/mg	钠/mg	镁/mg	铁/mg	锌/mg	硒/μg	铜/mg	锰/mg
香菜[芫荽]	81	90.5	31	130	1.8	0.4	6.2	1.2		1.1	193	0.04	0.14	2.2	48	0.8	0.68	101	49	272	48.5	33	2.9	0.45	0.53	0.21	0.28
苋菜(绿)	74	90.2	25	105	2.8	0.3	5	2.2		1.7	352	0.03	0.12	0.8	47	0.36	0.15	187	59	207	32.4	119	5.4	0.8	0.52	0.13	0.78
苋菜(紫)[红苋]	73	88.8	31	130	2.8	0.4	5.9	1.8		2.1	248	0.03	0.1	0.6	30	1.54	0.88	178	63	340	42.3	38	2.9	0.7	0.09	0.07	0.35
茼蒿[蓬蒿菜,艾菜]	82	93	21	88	1.9	0.3	3.9	1.2		0.9	252	0.04	0.09	0.6	18	0.92	0.46	73	36	220	161.3	20	2.5	0.35	0.6	0.06	0.28
荠菜[蓟菜,菱角菜]	88	90.6	27	113	2.9	0.4	4.7	1.7		1.4	432	0.04	0.15	0.6	43	1.01	0.36	294	81	280	31.6	37	5.4	0.68	0.51	0.29	0.65
莴笋[莴苣]	62	95.5	14	59	1	0.1	2.8	0.6		0.6	25	0.02	0.02	0.5	4	0.19	0.08	23	48	212	36.5	19	0.9	0.33	0.54	0.07	0.19
莴笋叶[莴苣叶]	89	94.2	18	75	1.4	0.2	3.6	1		0.6	147	0.06	0.1	0.4	13	0.58	0.42	34	26	148	39.1	19	1.5	0.51	0.78	0.09	0.26
蕹菜[空心菜,藤藤菜]	76	92.9	20	84	2.2	0.3	3.6	1.4		1	253	0.03	0.08	0.8	25	1.09	0.31	99	38	243	94.3	29	2.3	0.39	1.2	0.1	0.67
竹笋	63	92.8	19	79	2.6	0.2	3.6	1.8		0.8		0.08	0.08	0.6	5	0.05	0.03	9	64	389	0.4	1	0.5	0.33	0.04	0.09	1.14
白笋(干)	64	10	196	820	26	4	57.1	43.2		2.9	2		0.32	0.2				31	222	1754	0.7	22	4.2	3.3	2.34	1.94	2.2
鞭笋[马鞭笋]	45	90.1	11	46	2.6		6.7	6.6		0.6		0.05	0.09	0.5	7			17	49	379	4.6	13	2.5	0.64	0.44	0.08	0.69
冬笋	39	88.1	40	167	4.1	0.1	6.5	0.8		1.2	13	0.08	0.08	0.6	1			22	56				0.1				
毛笋[毛竹笋]	67	93.1	21	88	2.2	0.2	3.8	1.3		0.7		0.04	0.05	0.3	9	0.15	0.15	16	34	318	5.2	8	0.9	0.47	0.38	0.07	0.35
百合	82	56.7	162	678	3.2	0.1	38.8	1.7		1.2		0.02	0.04	0.7	18			11	61	510	6.7	43	1	0.5	0.2	0.24	0.35
百合(干)	100	10.3	343	1435	6.7	0.5	79.5	1.7		3		0.05	0.09	0.9				32	92	344	37.3	42	5.9	1.31	2.29	1.09	0.59
金针菜[黄花菜]	98	40.3	199	833	19.4	1.4	34.9	7.7		4	307	0.05	0.21	3.1	10	4.92	3.56	301	216	610	59.2	85	8.1	3.99	4.22	0.37	1.21
慈姑[乌芋,白地果]	89	73.6	94	393	4.6	0.2	19.9	1.4		1.7		0.14	0.07	1.6	4	2.16	2.16	14	157	707	39.1	24	2.2	0.99	0.92	0.22	0.39
菱角(老)[龙角]	57	73	98	410	4.5	0.1	21.4	1.7		1	2	0.19	0.06	1.5	13			7	93	437	5.8	49	0.6	0.62		0.18	0.38
藕[莲藕]	88	80.5	70	293	1.9	0.2	16.4	1.2		1	3	0.09	0.03	0.3	44	0.73	0.21	39	58	243	44.2	19	1.4	0.23	0.39	0.11	1.3
水芹菜	60	96.2	11	46	1.4	0.2	1.8	0.9		0.4	63	0.01	0.19	1	5	0.32	0.1	38	32	212	40.9	16	6.9	0.38	0.81	0.1	0.79

（续表）

食物名称	可食部分 /%	水 /g	能量 / kcal	能量 / kJ	蛋白质 /g	脂肪 /g	碳水化合物 /g	膳食纤维 /g	胆固醇 / mg	灰分 /g	维生素 A / μg	硫胺素 /mg	核黄素 /mg	烟酸 / mg	Vit_C/ mg	Vit_E /mg	α -Vit_E/mg	钙 / mg	磷 / mg	钾 / mg	钠 / mg	镁 / mg	铁 / mg	锌 / mg	硒 / μg	铜 / mg	锰 / mg
茭白[茭笋,茭粑]	74	92.2	23	96	1.2	0.2	5.9	1.9		0.5	5	0.02	0.03	0.5	5	0.99	0.99	4	36	209	5.8	8	0.4	0.33	0.45	0.06	0.49
荸荠[马蹄,地栗]	78	83.6	59	247	1.2	0.2	14.2	1.1		0.8	3	0.02	0.02	0.7	7	0.65	0.15	4	44	306	15.7	12	0.6	0.34	0.7	0.07	0.11
莼菜(瓶装)[花案菜]	100	94.5	20	84	1.4	0.1	3.8	0.5		0.2	55		0.01	0.1		0.9	0.84	42	17	2	7.9	3	2.4	0.67	0.67	0.04	0.26
大薯[参薯]	74	72.1	105	439	2.1	0.2	24.9	1.1		0.7		0.05		0.5		0.25	0.25	10	45			16	0.8	0.38	0.74	0.17	
豆薯[凉薯,地瓜,沙葛]	91	85.2	55	230	0.9	0.1	13.4	0.8		0.4		0.03	0.03	0.3	13	0.86	0.32	21	24	111	5.5	14	0.6	0.23	0.16	0.07	0.11
葛[葛署,粉葛]	90	60.1	145	607	2.2	0.2	36.1	2.4		1.4		0.09	0.05		24				48				1.3		1.22		0.2
山药[薯蓣,大薯]	83	84.8	56	234	1.9	0.2	12.4	0.8		0.7	3	0.05	0.02	0.3	5	0.24	0.24	16	34	213	18.6	20	0.3	0.27	0.55	0.24	0.12
芋头[芋艿,毛芋]	84	78.6	79	331	2.2	0.2	18.1	1		0.9	27	0.06	0.05	0.7	6	0.45	0.45	36	55	378	33.1	23	1	0.49	1.45	0.37	0.3
马兰头[马兰,鸡儿肠,路边菊]	100	91.4	25	105	2.4	0.4	4.6	1.6		1.2	340	0.06	0.13	0.8	26	0.72	0.72	67	38	285	15.2	14	2.4	0.87	0.75	0.13	0.44
香椿[香椿芽]	76	85.2	47	197	1.7	0.4	10.9	1.8		1.8	117	0.07	0.12	0.9	40	0.99	0.57	96	147	172	4.6	36	3.9	2.25	0.42	0.09	0.35
苜蓿[草头,金花菜]	100	81.8	60	251	3.9	1	10.9	2.1		2.4	440	0.1	0.73	2.2	118			713	78	497	5.8	61	9.7	2.01	8.53		0.79
蕨菜[龙头菜,如意菜]	100	88.6	39	163	1.6	0.4	9	1.8		0.4	183				23	0.78		17	50	292		30	4.2	0.6		0.16	0.32
草菇[大黑头细花草]	100	92.3	23	96	2.7	0.2	4.3	1.6		0.5		0.08	0.34	8		0.4	0.4	17	33	179	73	21	1.3	0.6	0.02	0.4	0.09
金针菇[智力菇]	100	90.2	26	109	2.4	0.4	6	2.7		1	5	0.15	0.19	4.1	2	1.14	0.7		97	195	4.3	17	1.4	0.39	0.28	0.14	0.1
口蘑(白蘑)	100	9.2	242	1013	38.7	3.3	31.6	17.2		17.2		0.07	0.08	44.3		8.57	3.2	169	1655	3106	5.2	167	19.4	9.04		5.88	5.96
蘑菇(鲜蘑)	99	92.4	20	84	2.7	0.1	4.1	2.1		0.7	2	0.08	0.35	4	2	0.56	0.27	6	94	312	8.3	11	1.2	0.92	0.55	0.49	0.11
木耳(干)[黑木耳,云耳]	100	15.5	205	858	12.1	1.5	65.6	29.9		5.3	17	0.17	0.44	2.5		11.34	3.65	247	292	757	48.5	152	97.4	3.18	3.72	0.32	8.86
木耳(水发)[黑木耳,云耳]	100	91.8	21	88	1.5	0.2	6	2.6		0.5	3	0.01	0.05	0.2	1	7.51	4.05	34	12	52	8.5	57	5.5	0.53	0.46	0.04	0.97

（续表）

食物名称	可食部分 /%	水 /g	能量 / kcal	能量 / kJ	蛋白质 /g	脂肪 /g	碳水化合物 /g	膳食纤维 /g	胆固醇 / mg	灰分 /g	维生素 A / μg	硫胺素 /mg	核黄素 /mg	烟酸 / mg	Vit_C/ mg	Vit_E /mg	α-Vit_E/mg	钙 / mg	磷 / mg	钾 / mg	钠 / mg	镁 / mg	铁 / mg	锌 / mg	硒 / μg	铜 / mg	锰 / mg
平菇［糙皮侧耳，青蘑］	93	92.5	20	84	1.9	0.3	4.6	2.3		0.7	2	0.06	0.16	3.1	4	0.79	0.58	5	86	258	3.8	14	1	0.61	1.07	0.08	0.07
香菇［香蕈，冬菇］	100	91.7	19	79	2.2	0.3	5.2	3.3		0.6			0.08	2	1			2	53	20	1.4	11	0.3	0.66	2.58	0.12	0.25
香菇（干）［香蕈，冬菇］	95	12.3	211	883	20	1.2	61.7	31.6		4.8	3	0.19	1.26	20.5	5	0.66		83	258	464	11.2	147	10.5	8.57	6.42	1.03	5.47
银耳（干）［白木耳］	96	14.6	200	837	10	1.4	67.3	30.4		6.7	8	0.05	0.25	5.3		1.26		36	369	1588	82.1	54	4.1	3.03	2.95	0.08	0.17
珍珠白蘑（干）	100	12.1	212	887	18.3	0.7	56.3	23.3		12.6			0.02					24	28	284	4.4		189.8	3.55	78.52	1.03	4.79
发菜（干）［仙菜］	100	11.1	189	791	20.2	0.5	60.8	35		7.4		0.15	0.54	0.9	6	0.07	0.06	1048	76	217	100.7	129	85.2	1.68	5.23	0.93	3.29
海带［江白菜］	100	94.4	12	50	1.2	0.1	2.1	0.5		2.2		0.02	0.15	1.3		1.85	0.92	46	22	246	8.6	25	0.9	0.16	9.54		0.07
海带（干）［江白菜，昆布］	98	70.5	77	322	1.8	0.1	23.4	6.1		4.2	40	0.01	0.1	0.8		0.85	0.44	348	52	761	327.4	129	4.7	0.65	5.84	0.14	1.14
海带（浸）［江白菜，昆布］	100	94.1	14	59	1.1	0.1	3	0.9		1.7	52	0.02	0.1	0.9		0.08	0.08	241	29	222	107.6	61	3.3	0.66	4.9	0.03	1.47
琼脂［紫菜胶洋粉］	100	21.1	311	1301	1.1	0.2	76.3	0.1		1.3								100	7	11	3.3	70	7	6.25	2.1	0.3	1.4
紫菜（干）	100	12.7	207	866	26.7	1.1	44.1	21.6		15.4	228	0.27	1.02	7.3	2	1.82	1.61	264	350	1796	710.5	105	54.9	2.47	7.22	1.68	4.32
苹果（均值）	76	85.9	52	218	0.2	0.2	13.5	1.2		0.2	3	0.06	0.02	0.2	4	2.12	1.53	4	12	119	1.6	4	0.6	0.19	0.12	0.06	0.03
国光苹果	78	85.9	54	226	0.3	0.3	13.3	0.8		0.2	10	0.02	0.03	0.2	4	0.11		8	14	83	1.3	7	0.3	0.14	0.1	0.07	0.03
红富士苹果	85	86.9	45	188	0.7	0.4	11.7	2.1		0.3	10	0.01			2	1.46		3	11	115	0.7	5	0.7		0.98	0.06	0.05
梨（均值）	82	85.8	44	184	0.4	0.2	13.3	3.1		0.3	6	0.03	0.06	0.3	6	1.34	0.44	9	14	92	2.1	8	0.5	0.46	1.14	0.62	0.07
桃（均值）	86	86.4	48	201	0.9	0.1	12.2	1.3		0.4	3	0.01	0.03	0.7	7	1.54		6	20	166	5.7	7	0.8	0.34	0.24	0.05	0.07
李子	91	90	36	151	0.7	0.2	8.7	0.9		0.4	25	0.03	0.02	0.4	5	0.74	0.74	8	11	144	3.8	10	0.6	0.14	0.23	0.04	0.16
李子杏	92	89.9	35	146	1	0.1	8.6	1.1		0.4	13	0.03	0.01	0.5	16			3	11	103	1.5		0.2	0.23	0.09		
梅［青梅］	93	91.1	33	138	0.9	0.9	6.2	1		0.9								11	36				1.8				

（续表）

食物名称	可食部分/%	水/g	能量/kcal	能量/kJ	蛋白质/g	脂肪/g	碳水化合物/g	膳食纤维/g	胆固醇/mg	灰分/g	维生素A/μg	硫胺素/mg	核黄素/mg	烟酸/mg	Vit_C/mg	Vit_E/mg	α-Vit_E/mg	钙/mg	磷/mg	钾/mg	钠/mg	镁/mg	铁/mg	锌/mg	硒/μg	铜/mg	锰/mg
杏	91	89.4	36	151	0.9	0.1	9.1	1.3		0.5	75	0.02	0.03	0.6	4	0.95	0.95	14	15	226	2.3	11	0.6	0.2	0.2	0.11	0.06
枣(鲜)	87	67.4	122	510	1.1	0.3	30.5	1.9		0.7	40	0.06	0.09	0.9	243	0.78	0.42	22	23	375	1.2	25	1.2	1.52	0.8	0.06	0.32
枣(干)	80	26.9	264	1105	3.2	0.5	67.8	6.2		1.6	2	0.04	0.16	0.9	14	3.04	0.88	64	51	524	6.2	36	2.3	0.65	1.02	0.27	0.39
黑枣(有核)	59	32.6	228	954	3.7	0.5	61.4	9.2		1.8		0.07	0.09	1.1	6	1.24	0.02	42	66	498	1.2	46	3.7	1.71	0.23	0.97	0.37
酒枣	91	61.7	145	607	1.6	0.2	35.7	1.4		0.8		0.05	0.04	0.4				75	45	444	0.8	20	1.4	0.43	1.15	0.1	0.2
蜜枣	100	13.4	321	1343	1.3	0.2	84.4	5.8		0.7		0.01	0.1	0.4	55			59	22	284	25.1	19	3.5	0.25	1	0.07	0.2
酸枣	52	18.3	278	1163	3.5	1.5	73.3	10.6		3.4		0.01	0.02	0.9	900			435	95	84	3.8	96	6.6	0.68	1.3	0.34	0.86
樱桃	80	88	46	192	1.1	0.2	10.2	0.3		0.5	35	0.02	0.02	0.6	10	2.22	0.26	11	27	232	8	12	0.4	0.23	0.21	0.1	0.07
葡萄(均值)	86	88.7	43	180	0.5	0.2	10.3	0.4		0.3	8	0.04	0.02	0.2	25	0.7	0.15	5	13	104	1.3	8	0.4	0.18	0.2	0.09	0.06
葡萄干	100	11.6	341	1427	2.5	0.4	83.4	1.6		2.1		0.09			5			52	90	995	19.1	45	9.1	0.18	2.74	0.48	0.39
石榴(均值)	57	79.1	63	264	1.4	0.2	18.7	4.8		0.6		0.05	0.03		9	4.91	2.09	9	71	231	0.9	16	0.3	0.19		0.14	0.17
柿	87	80.6	71	297	0.4	0.1	18.5	1.4		0.4	20	0.02	0.02	0.3	30	1.12	1.03	9	23	151	0.8	19	0.2	0.08	0.24	0.06	0.5
桑葚(均值)	100	82.8	49	205	1.7	0.4	13.8	4.1		1.3	5	0.02	0.06			9.87		37	33	32	2		0.4	0.26	5.65	0.07	0.28
黑醋栗[黑加仑]	100	82	63	266	1.4	0.4	15.4	2.4		0.9		0.05	0.05	0.3	181			55	59	322	2	24	1.5	0.27		0.09	0.26
沙棘	87	71	119	498	0.9	1.8	25.5	0.8		0.8	640	0.05	0.21	0.4	204	0.01	0.01	104	54	359	28	33	8.8	1.16	2.8	0.56	0.66
无花果	100	81.3	59	247	1.5	0.1	16	3		1.1	5	0.03	0.02	0.1	2	1.82	1.4	67	18	212	5.5	17	0.1	1.42	0.67	0.01	0.17
中华猕猴桃[毛叶猕猴桃]	83	83.4	56	234	0.8	0.6	14.5	2.6		0.7	22	0.05	0.02	0.3	62	2.43	0.77	27	26	144	10	12	1.2	0.57	0.28	1.87	0.73
草莓[洋莓，凤阳草莓]	97	91.3	30	126	1	0.2	7.1	1.1		0.4	5	0.02	0.03	0.3	47	0.71	0.54	18	27	131	4.2	12	1.8	0.14	0.7	0.04	0.49
橙	74	87.4	47	197	0.8	0.2	11.1	0.6		0.5	27	0.05	0.04	0.3	33	0.56	0.51	20	22	159	1.2	14	0.4	0.14	0.31	0.03	0.05
柑橘(均值)	77	86.9	51	213	0.7	0.2	11.9	0.4		0.3	148	0.08	0.04	0.4	28	0.92	0.92	35	18	154	1.4	11	0.2	0.08	0.3	0.04	0.14

（续表）

食物名称	可食部分/%	水/g	能量/kcal	能量/kJ	蛋白质/g	脂肪/g	碳水化合物/g	膳食纤维/g	胆固醇/mg	灰分/g	维生素A/μg	硫胺素/mg	核黄素/mg	烟酸/mg	Vit_C/mg	Vit_E/mg	α-Vit_E/mg	钙/mg	磷/mg	钾/mg	钠/mg	镁/mg	铁/mg	锌/mg	硒/μg	铜/mg	锰/mg
福橘	67	88.1	45	188	1	0.2	10.3	0.4		0.4	100	0.05	0.02	0.3	11			27	5	127	0.5	14	0.8	0.22	0.12	0.13	0.06
金橘[金枣]	89	84.7	55	230	1	0.2	13.7	1.4		0.4	62	0.04	0.03	0.3	35	1.58	1.2	56	20	144	3	20	1	0.21	0.62	0.07	0.25
芦柑	77	88.5	43	180	0.6	0.2	10.3	0.6		0.4	87	0.02	0.03	0.2	19			45	25	54		45	1.3	0.1	0.07	0.1	0.03
蜜橘	76	88.2	42	176	0.8	0.4	10.3	1.4		0.3	277	0.05	0.04	0.2	19	0.45		19	18	177	1.3	16	0.2	0.1	0.45	0.07	0.05
柚[文旦]	69	89	41	172	0.8	0.2	9.5	0.4		0.5	2		0.03	0.3	23			4	24	119	3	4	0.3	0.4	0.7	0.18	0.08
柠檬	66	91	35	146	1.1	1.2	6.2	1.3		0.5		0.05	0.02	0.6	22	1.14	1.14	101	22	209	1.1	37	0.8	0.65	0.5	0.14	0.05
芭蕉[甘蕉,板蕉,牙蕉]	68	68.9	109	456	1.2	0.1	28.9	3.1		0.9		0.02	0.02	0.6				6	18	330	1.3	29	0.3	0.16	0.81	0.1	0.78
菠萝[凤梨,地菠萝]	68	88.4	41	172	0.5	0.1	10.8	1.3		0.2	3	0.04	0.02	0.2	18			12	9	113	0.8	8	0.6	0.14	0.24	0.07	1.04
波罗蜜[木菠萝]	43	73.2	103	431	0.2	0.3	25.7	0.8		0.6	3	0.06	0.05	0.7	9	0.52		9	18	330	11.4	24	0.5	0.12	4.17	0.12	0.18
刺梨[茨梨,木梨子]	100	81	55	230	0.7	0.1	16.9	4.1		1.3	483	0.05	0.03	0	2585			68	13				2.9				
番石榴[鸡矢果,番桃]	97	83.9	41	172	1.1	0.4	14.2	5.9		0.4		0.02	0.05	0.3	68			13	16	235	3.3	10	0.2	0.21	1.62	0.08	0.11
桂圆	50	81.4	71	297	1.2	0.1	16.6	0.4		0.7	3	0.01	0.14	1.3	43			6	30	248	3.9	10	0.2	0.4	0.83	0.1	0.07
桂圆(干)	37	26.9	273	1142	5	0.2	64.8	2		3.1			0.39	1.3	12			38	206	1348	3.3	81	0.7	0.55	12.4	1.28	0.3
桂圆肉	100	17.7	313	1310	4.6	1	73.5	2		3.2		0.04	1.03	8.9	27			39	120	129	7.3	55	3.9	0.65	3.28	0.65	0.43
荔枝	73	81.9	70	293	0.9	0.2	16.6	0.5		0.4	2	0.1	0.04	1.1	41			2	24	151	1.7	12	0.4	0.17	0.14	0.16	0.09
杧果[抹猛果,望果]	60	90.6	32	134	0.6	0.2	8.3	1.3		0.3	150	0.01	0.04	0.3	23	1.21	1.12		11	138	2.8	14	0.2	0.09	1.44	0.06	0.2
木瓜[番木瓜]	86	92.2	27	113	0.4	0.1	7	0.8		0.3	145	0.01	0.02	0.3	43	0.3		17	12	18	28	9	0.2	0.25	1.8	0.03	0.05
人参果	88	77.1	80	335	0.6	0.7	21.2	3.5		0.4	8		0.25	0.3	12			13	7	100	7.1	11	0.2	0.09	1.86	0.04	0.13
香蕉[甘蕉]	59	75.8	91	381	1.4	0.2	22	1.2		0.6	10	0.02	0.04	0.7	8	0.24	0.24	7	28	256	0.8	43	0.4	0.18	0.87	0.14	0.65
杨梅[树梅,山杨梅]	82	92	28	117	0.8	0.2	6.7	1		0.3	7	0.01	0.05	0.3	9	0.81	0.81	14	8	149	0.7	10	1	0.14	0.31	0.02	0.72

（续表）

食物名称	可食部分/%	水/g	能量/kcal	能量/kJ	蛋白质/g	脂肪/g	碳水化合物/g	膳食纤维/g	胆固醇/mg	灰分/g	维生素A/μg	硫胺素/mg	核黄素/mg	烟酸/mg	Vit_C/mg	Vit_E/mg	α-Vit_E/mg	钙/mg	磷/mg	钾/mg	钠/mg	镁/mg	铁/mg	锌/mg	硒/μg	铜/mg	锰/mg
阳桃	88	91.4	29	121	0.6	0.2	7.4	1.2		0.4	3	0.02	0.03	0.7	7			4	18	128	1.4	10	0.4	0.39	0.83	0.04	0.36
椰子	33	51.8	231	967	4	12.1	31.3	4.7		0.8		0.01	0.01	0.5	6			2	90	475	55.6	65	1.8	0.92		0.19	0.06
枇杷	62	89.3	39	163	0.8	0.2	9.3	0.8		0.4		0.01	0.03	0.3	8	0.24	0.24	17	8	122	4	10	1.1	0.21	0.72	0.06	0.34
橄榄（白榄）	80	83.1	49	205	0.8	0.2	15.1	4		0.8	22	0.01	0.01	0.7	3			49	18	23		10	0.2	0.25	0.35		0.48
哈密瓜	71	91	34	142	0.5	0.1	7.9	0.2		0.5	153		0.01		12			4	19	190	26.7	19		0.13	1.1	0.01	0.01
甜瓜［香瓜］	78	92.9	26	109	0.4	0.1	6.2	0.4		0.4	5	0.02	0.03	0.3	15	0.47	0.11	14	17	139	8.8	11	0.7	0.09	0.4	0.04	0.04
西瓜（均值）	56	93.3	25	105	0.6	0.1	5.8	0.3		0.2	75	0.02	0.03	0.2	6	0.1	0.06	8	9	87	3.2	8	0.3	0.1	0.17	0.05	0.05
白果（干）［银杏］	67	9.9	355	1485	13.2	1.3	72.6			3			0.1			24.7		54	23	17	17.5		0.2	0.69	14.5	0.45	2.03
波罗蜜子	97	57	160	669	4.9	0.3	36.7	2.3		1.1		0.31	0.16	0.9	16	0.12		18	68	400	11.5	27	1.6	0.54	10.47	0.27	0.3
核桃（鲜）	43	49.8	328	1372	12.8	29.9	6.1	4.3		1.4		0.07	0.14	1.4	10	41.17											
核桃（干）［胡桃］	43	5.2	627	2623	14.9	58.8	19.1	9.5		2	5	0.15	0.14	0.9	1	43.21	0.82	56	294	385	6.4	131	2.7	2.17	4.62	1.17	3.44
毛核桃	38	57.6	174	728	12	6.7	21.7	5.4		2		0.09	0.1	1.5	40												
山核桃（干）	24	2.2	601	2515	18	50.4	26.2	7.4		3.2	5	0.16	0.09	0.5		65.55	2.14	57	521	237	250.7	306	6.8	6.42	0.87	2.14	8.16
山核桃（熟）［小核桃］	30	2.2	596	2494	7.9	50.8	34.6	7.8		4.5		0.02	0.09	1		14.08	0.71	133	222	241	430.3	5	5.4	12.59		0.45	0.15
栗子（鲜）［板栗］	80	52	185	774	4.2	0.7	42.2	1.7		0.9	32	0.14	0.17	0.8	24	4.56		17	89	442	13.9	50	1.1	0.57	1.13	0.4	1.53
松子仁	100	0.8	698	2920	13.4	70.6	12.2	10		3	2	0.19	0.25	4		32.79	17.68	78	569	502	10.1	116	4.3	4.61	0.74	0.95	6.01
杏仁	100	5.6	562	2351	22.5	45.4	23.9	8		2.6		0.08	0.56		26	18.53		97	27	106	8.3	178	2.2	4.3	15.65	0.8	0.77
腰果	100	2.4	552	2310	17.3	36.7	41.6	3.6		2	8	0.27	0.13	1.3		3.17		26	395	503	251.3	153	4.8	4.3	34	1.43	1.8
榛子（干）	27	7.4	542	2268	20	44.8	24.3	9.6		3.5	8	0.62	0.14	2.5		36.43	29.22	104	422	1244	4.7	420	6.4	5.83	0.78	3.03	14.94
花生仁（生）	100	6.9	563	2356	24.8	44.3	21.7	5.5		2.3	5	0.72	0.13	17.9	2	18.09	9.73	39	324	587	3.6	178	2.1	2.5	3.94	0.95	1.25

（续表）

食物名称	可食部分/%	水/g	能量/kcal	能量/kJ	蛋白质/g	脂肪/g	碳水化合物/g	膳食纤维/g	胆固醇/mg	灰分/g	维生素A/μg	硫胺素/mg	核黄素/mg	烟酸/mg	Vit_C/mg	Vit_E/mg	α-Vit_E/mg	钙/mg	磷/mg	钾/mg	钠/mg	镁/mg	铁/mg	锌/mg	硒/μg	铜/mg	锰/mg
花生仁(炒)	100	1.8	581	2431	23.9	44.4	25.7	4.3		4.2		0.12	0.1	18.9		14.97	8.32	284	315	674	445.1	176	6.9	2.82	7.1	0.89	1.9
葵花子(生)	50	2.4	597	2498	23.9	49.9	19.1	6.1		4.7	5	0.36	0.2	4.8		34.53	31.47	72	238	562	5.5	264	5.7	6.03	1.21	2.51	1.95
葵花子(炒)	52	2	616	2577	22.6	52.8	17.3	4.8		5.3	5	0.43	0.26	4.8		26.46	25.04	72	564	491	1322	267	6.1	5.91	2	1.95	1.98
葵花子仁	100	7.8	606	2536	19.1	53.4	16.7	4.5		3		1.89	0.16	4.5		79.09	74.5	115	604	547	5	287	2.9	0.5	5.78	0.56	1.07
莲子(干)	100	9.5	344	1439	17.2	2	67.2	3		4.1		0.16	0.08	4.2	5	2.71	0.93	97	550	846	5.1	242	3.6	2.78	3.36	1.33	8.23
南瓜子(炒)[白瓜子]	68	4.1	574	2402	36	46.1	7.9	4.1		5.9		0.08	0.16	3.3		27.28	1.1	37		672	15.8	376	6.5	7.12	27.03	1.44	3.85
南瓜子仁	100	9.2	566	2368	33.2	48.1	4.9	4.9		4.6		0.23	0.09	1.8		13.25	3.67	16	1159	102	20.6	2	1.5	2.57	2.78	1.11	0.64
西瓜子(炒)	43	4.3	573	2397	32.7	44.8	14.2	4.5		4		0.04	0.08	3.4		1.23	1.23	28	765	612	187.7	448	8.2	6.76	23.44	1.82	1.82
芡实米[鸡头米]	100	11.4	351	1469	8.3	0.3	79.6	0.9		0.4		0.3	0.09	0.4				37	56	60	28.4	16	0.5	1.24	6.03	0.63	1.51
猪肉(肥瘦)(均值)	100	46.8	395	1653	13.2	37	2.4		80	0.6	18	0.22	0.16	3.5		0.35	0.35	6	162	204	59.4	16	1.6	2.06	11.97	0.06	0.03
猪肉(肥)	100	8.8	807	3376	2.4	88.6	0		109	0.2	29	0.08	0.05	0.9		0.24		3	18	23	19.5	2	1	0.69	7.78	0.05	0.03
猪肉(瘦)	100	71	143	598	20.3	6.2	1.5		81	1	44	0.54	0.1	5.3		0.34	0.29	6	189	305	57.5	25	3	2.99	9.5	0.11	0.03
猪肉(腿)	100	67.6	190	795	17.9	12.8	0.8		79	0.9	3	0.53	0.24	4.9		0.3	0.01	6	185	295	63	25	0.9	2.18	13.4	0.14	0.04
猪大肠	100	73.6	196	820	6.9	18.7	0		137	0.8	7	0.06	0.11	1.9		0.5	0.42	10	56	44	116.3	8	1	0.98	16.95	0.06	0.07
猪大排	68	58.8	264	1105	18.3	20.4	1.7		165	0.8	12	0.8	0.15	5.3		0.11	0.11	8	125	274	44.5	17	0.8	1.72	10.3	0.12	0.05
猪耳	100	69.4	176	736	19.1	11.1	0		92	0.4		0.05	0.12	3.5		0.85	0.5	6	28	58	68.2	3	1.3	0.35	4.02		0.01
猪蹄	60	58.2	260	1088	22.6	18.8	0		192	0.4	3	0.05	0.1	1.5		0.01	0.01	33	33	54	101	5	1.1	1.14	5.85	0.09	0.01
猪蹄筋	100	62.4	156	653	35.3	1.4	0.5		79	0.4		0.01	0.09	2.9		0.1	0.1	15	40	46	178	4	2.2	2.3	10.27	0.04	0.02
猪小排	72	58.1	278	1163	16.7	23.1	0.7		146	1.4	5	0.3	0.16	4.5		0.11	0.11	14	135	230	62.6	14	1.4	3.36	11.05	0.17	0.02
猪肘棒	67	55.5	248	1038	16.5	16	9.4		65	2.6		0.1	0.09	6.6				19	122	148	80	5	1.5	1.54	7.3	0.13	
猪肚	96	78.2	110	460	15.2	5.1	0.7		165	0.8	3	0.07	0.16	3.7		0.32	0.32	11	124	171	75.1	12	2.4	1.92	12.76	0.1	0.12

（续表）

食物名称	可食部分/%	水/g	能量/kcal	能量/kJ	蛋白质/g	脂肪/g	碳水化合物/g	膳食纤维/g	胆固醇/mg	灰分/g	维生素A/μg	硫胺素/mg	核黄素/mg	烟酸/mg	Vit_C/mg	Vit_E/mg	α-Vit_E/mg	钙/mg	磷/mg	钾/mg	钠/mg	镁/mg	铁/mg	锌/mg	硒/μg	铜/mg	锰/mg
猪肺	97	83.1	84	351	12.2	3.9	0.1		290	0.7	10	0.04	0.18	1.8		0.45	0.45	6	165	210	81.4	10	5.3	1.21	10.77	0.08	0.04
猪肝	99	70.7	129	540	19.3	3.5	5		288	1.5	4972	0.21	2.08	15	20	0.86	0.86	6	310	235	68.6	24	22.6	5.78	19.21	0.65	0.26
猪脑	100	78	131	548	10.8	9.8	0		2571	1.6		0.11	0.19	2.8		0.96	0.96	30	294	259	130.7	10	1.9	0.99	12.65	0.32	0.03
猪脾	100	79.4	94	393	13.2	3.2	3.1		461	1.1		0.09	0.26	0.6		0.33	0.24	1	111	234	26.1	14	11.3	1.44	16.5	0.06	0.02
猪舌[口条]	94	63.7	233	975	15.7	18.1	1.7		158	0.8	15	0.13	0.3	4.6		0.73	0.57	13	163	216	79.4	14	2.8	2.12	11.74	0.18	0.04
猪肾[猪腰子]	93	78.8	96	402	15.4	3.2	1.4		354	1.2	41	0.31	1.14	8	13	0.34	0.34	12	215	217	134.2	22	6.1	2.56	111.77	0.58	0.16
猪肾（腰子）	92	75	137	573	16	8.1	0			0.9	46	0.29	0.69	6	7	0.33	0.19	2	232	194	124.8	16	4.6	1.98	156.77	0.47	0.11
猪小肠	100	85.4	65	272	10	2	1.7		183	0.9	6	0.12	0.11	3.1		0.13	0.13	7	95	142	204.8	16	2	2.77	7.22	0.12	0.13
猪心	97	76	119	498	16.6	5.3	1.1		151	1	13	0.19	0.48	6.8	4	0.74	0.73	12	189	260	71.2	17	4.3	1.9	14.94	0.37	0.05
猪血	100	85.8	55	230	12.2	0.3	0.9		51	0.8		0.03	0.04	0.3		0.2	0.1	4	16	56	56	5	8.7	0.28	7.94	0.1	0.03
叉烧肉	100	49.2	279	1167	23.8	16.9	7.9		68	2.2	16	0.66	0.23	7		0.68	0.38	8	218	430	818.8	28	2.6	2.42	8.41	0.1	0.2
腊肉（培根）	100	63.1	181	757	22.3	9	2.6		46	3		0.9	0.11	4.5		0.11	0.11	2	228	294	51.2	3	2.4	2.26	5.5	0.03	0.05
腊肉（生）	100	31.1	498	2084	11.8	48.8	2.9		123	5.4	96					6.23		22	249	416	763.9	35	7.5	3.49	23.52	0.08	0.05
午餐肉	100	59.9	229	958	9.4	15.9	12		56	2.8		0.24	0.05	11.1				57	81	146	981.9	18	0.8	1.39	4.3	0.08	0.06
咸肉	100	40.4	390	1632	16.5	36	0		72	8.4	20	0.77	0.21	3.5		0.1	0.04	10	112	387	195.6	30	2.6	2.04	13	0.11	0.08
太仓肉松	100	24.4	316	1322	38.6	8.3	21.6		111	7.[illegible]		0.05	0.16	2.9		0.41	0.37	53	179	300	1880	42	8.2	7.35	15.78	0.41	0.43
火腿肠	100	57.4	212	887	14	10.4	15.6		57	2.6	5	0.26	0.43	2.3		0.71	0.71	9	187	217	771.2	22	4.5	3.22	9.2	0.36	0.14
腊肠	100	8.4	584	2443	22	48.3	15.3		88	6		0.04	0.12	3.8				24	69	100	1420	13	3.2	2.48	8.77	0.07	0.16
香肠	100	19.2	508	2125	24.1	40.7	11.2		82	4.3		0.48	0.11	4.4		1.05		14	198	453	2309.2	52	5.8	7.61	8.77	0.31	0.36
方腿	100	73.9	117	490	16.2	5	1.9		45	3		0.5	0.2	17.4		0.15	0.13	1	202	222	424.5	2	3	2.63	7.2	0.05	0.01

（续表）

食物名称	可食部分 /%	水 /g	能量 / kcal	能量 / kJ	蛋白质 /g	脂肪 /g	碳水化合物 /g	膳食纤维 /g	胆固醇 / mg	灰分 /g	维生素 A / μg	硫胺素 /mg	核黄素 /mg	烟酸 / mg	Vit_C/ mg	Vit_E /mg	α-Vit_E/mg	钙 / mg	磷 / mg	钾 / mg	钠 / mg	镁 / mg	铁 / mg	锌 / mg	硒 / μg	铜 / mg	锰 / mg
火腿	100	47.9	330	1381	16	27.4	4.9		120	3.8	46	0.28	0.09	8.6		0.8		3	90	220	1086.7	20	2.2	2.16	2.95	0.08	0.04
牛肉(肥瘦)(均值)	99	72.8	125	523	19.9	4.2	2		84	1.1	7	0.04	0.14	5.6		0.65	0.49	23	168	216	84.2	20	3.3	4.73	6.45	0.18	0.04
牛肉(瘦)	100	75.2	106	444	20.2	2.3	1.2		58	1.1	6	0.07	0.13	6.3		0.35	0.35	9	172	284	53.6	21	2.8	3.71	10.55	0.16	0.04
牛蹄筋	100	62	151	632	34.1	0.5	2.6			0.8		0.07	0.13	0.7				5	150	23	153.6	10	3.2	0.81	1.7		
牛蹄筋(泡发)	100	93.6	25	105	6		0.2		10	0.2	5			0				6	5	1	81	3	2.3	0.73	5.1	0.19	
牛鞭(泡发)	100	71.8	117	490	27.2	0.9	0			0.1								10	18	4	32	9	3	1.05	2.03	0.01	0.02
酱牛肉	100	50.7	246	1029	31.4	11.9	3.2		76	2.8	11	0.05	0.22	4.4		1.25	0.99	20	178	148	869.2	27	4	7.12	4.35	0.14	0.25
牛肉干	100	9.3	550	2301	45.6	40	1.9		120	3.2		0.06	0.26	15.2				43	464	510	412.4	107	15.6	7.26	9.8	0.29	0.19
羊肉(肥瘦)(均值)	90	65.7	203	849	19	14.1	0		92	1.2	22	0.05	0.14	4.5		0.26	0.05	6	146	232	80.6	20	2.3	3.22	32.2	0.75	0.02
羊肉(瘦)	90	74.2	118	494	20.5	3.9	0.2		60	1.2	11	0.15	0.16	5.2		0.31		9	196	403	69.4	22	3.9	6.06	7.18	0.12	0.03
狗肉	80	76	116	485	16.8	4.6	1.8		62	0.8	12	0.34	0.2	3.5		1.4	1.4	52	107	140	47.4	14	2.9	3.18	14.75	0.14	0.13
兔肉	100	76.2	102	427	19.7	2.2	0.9		59	1	26	0.11	0.1	5.8		0.42	0.16	12	165	284	45.1	15	2	1.3	10.93	0.12	0.04
鸡(均值)	66	69	167	699	19.3	9.4	1.3		106	1	48	0.05	0.09	5.6		0.67	0.57	9	156	251	63.3	19	1.4	1.09	11.75	0.07	0.03
鸡(土鸡,家养)	58	73.5	124	519	20.8	4.5	0		106	1.2	64	0.09	0.08	15.7		2.02	1.7	9	141	276	74.1	40	2.1	1.06	12.75	0.1	0.05
母鸡(一年内)	66	56	256	1071	20.3	16.8	5.8		166	1.1	139	0.05	0.04	8.8		1.34	1.34	2	120	275	62.2	16	1.2	1.46		0.09	0.04
肉鸡(肥)	74	46.1	389	1628	16.7	35.4	0.9		106	0.9	226	0.07	0.07	13.1				37	102	123	47.8	7	1.7	1.1	5.4	0.08	0.01
华青鸡	70	70.7	158	661	19.6	8.8	0		74	0.9	109	0.06	0.05	6.4		0.74	0.22	1	166	184	62.8	22	1.8	2.46	13.43	0.09	
沙鸡	41	70.5	147	615	20	6.7	1.6		106	1.2	1	0.36	0.04	5.4					522	249	81.9	51	24.8	10.6	36.3		0.13
乌骨鸡	48	73.9	111	464	22.3	2.3	0.3		106	1.2		0.02	0.2	7.1		1.77		17	210	323	64	51	2.3	1.6	7.73	0.26	0.05
鸡血	100	87	49	205	7.8	0.2	4.1		170	0.9	56	0.05	0.04	0.1		0.21	0.17	10	68	136	208	4	25	0.45	12.13	0.03	0.03
鸡肫[鸡胗]	100	73.1	118	494	19.2	2.8	4		174	0.9	36	0.04	0.09	3.4		0.87		7	135	272	74.8	15	4.4	2.76	10.54	2.11	0.06

（续表）

食物名称	可食部分 /%	水 /g	能量 / kcal	能量 / kJ	蛋白质 /g	脂肪 /g	碳水化合物 /g	膳食纤维 /g	胆固醇 / mg	灰分 /g	维生素 A / μg	硫胺素 /mg	核黄素 /mg	烟酸 / mg	Vit_C/ mg	Vit_E /mg	α -Vit_E/mg	钙 / mg	磷 / mg	钾 / mg	钠 / mg	镁 / mg	铁 / mg	锌 / mg	硒 / μg	铜 / mg	锰 / mg
肯德基鸡块［炸鸡］	70	49.4	279	1167	20.3	17.3	10.5		198	2.5	23	0.03	0.17	16.7		6.44	0.8	109	530	232	755	28	2.2	1.66	11.2	0.11	0.12
鸭（均值）	68	63.9	240	1004	15.5	19.7	0.2		94	0.7	52	0.08	0.22	4.2		0.27	0.17	6	122	191	69	14	2.2	1.33	12.25	0.21	0.06
北京烤鸭	80	38.2	436	1824	16.6	38.4	6			0.8	36	0.04	0.32	4.5		0.97	0.09	35	175	247	83	13	2.4	1.25	10.32	0.12	
北京填鸭	75	45	425	1778	9.3	41.3	3.9		96	0.5	30			4.2		0.53	0.26	15	149	139	45.5	6	1.6	1.31	5.8		
酱鸭	80	53.6	266	1113	18.9	18.4	6.3		107	2.8	11	0.06	0.22	3.7				14	140	236	981.3	13	4.1	2.69	15.74	0.26	0.02
盐水鸭（熟）	81	51.7	313	1310	16.6	26.1	2.8		81	2.8	35	0.07	0.21	2.5		0.42	0.22	10	112	218	1557.5	14	0.7	2.04	15.37	0.32	0.05
鹅	63	61.4	251	1050	17.9	19.9	0		74	0.8	42	0.07	0.23	4.9		0.22	0.22	4	144	232	58.8	18	3.8	1.36	17.68	0.43	0.04
鸽	42	66.6	201	841	16.5	14.2	1.7		99	1	53	0.06	0.2	6.9		0.99	0.7	30	136	334	63.6	27	3.8	0.82	11.08	0.24	0.05
鹌鹑	58	75.1	110	460	20.2	3.1	0.2		157	1.4	40	0.04	0.32	6.3		0.44	0.23	48	179	204	48.4	20	2.3	1.19	11.67	0.1	0.08
牛乳（均值）	100	89.8	54	226	3	3.2	3.4		15	0.6	24	0.03	0.14	0.1	1	0.21	0.1	104	73	109	37.2	11	0.3	0.42	1.94	0.02	0.03
鲜羊乳	100	88.9	59	247	1.5	3.5	5.4		31	0.7	84	0.04	0.12	2.1		0.19		82	98	135	20.6		0.5	0.29	1.75	0.04	
人乳	100	87.6	65	272	1.3	3.4	7.4		11	0.3	11	0.01	0.05	0.2	5			30	13			32	0.1	0.28		0.03	
酸奶（均值）	100	84.7	72	301	2.5	2.7	9.3		15	0.8	26	0.03	0.15	0.2	1	0.12	0.12	118	85	150	39.8	12	0.4	0.53	1.71	0.03	0.02
奶酪［干酪］	100	43.5	328	1372	25.7	23.5	3.5		11	3.8	152	0.06	0.91	0.6		0.6	0.6	799	326	75	584.6	57	2.4	6.97	1.5	0.13	0.16
奶油	100	0.7	879	3678	0.7	97	0.9		209	0.7	297		0.01	0		1.99	1.17	14	11	226	268	2	1	0.09	0.7	0.42	
黄油	100	0.5	888	3715	1.4	98	0		296	0.			0.02					35	8	39	40.3	7	0.8	0.11	1.6	0.01	0.05
白脱（食品工业）［牛油，黄油］	100	17.7	744	3113		82.7	0		152	0.1	534	0.01	0.06	0.1		3.71	3.62	1	14	43	18	2	1	0.8	0.56	0.02	0.02
酥油	100	2.5	860	3598	1.5	94.4	1.1		227	0.5	426		0.01			2.45	1.53	128	9	188	73	2	0.4	0.12	0.7	0.18	
炼乳（甜，罐头）	100	26.2	332	1389	8	8.7	55.4		36	1.7	41	0.03	0.16	0.3	2	0.28	0.28	242	200	309	211.9	24	0.4	1.53	3.26	0.04	0.04
奶片	100	3.7	472	1975	13.3	20.2	59.3		65	3.5	75	0.05	0.2	1.6	5	0.05		269	427	356	179.7	32	1.6	3	12.1	0.06	

（续表）

食物名称	可食部分 /%	水 /g	能量 / kcal	能量 / kJ	蛋白质 /g	脂肪 /g	碳水化合物 /g	膳食纤维 /g	胆固醇 / mg	灰分 /g	维生素 A / μg	硫胺素 /mg	核黄素 /mg	烟酸 / mg	Vit_C/ mg	Vit_E /mg	α -Vit_ E/mg	钙 / mg	磷 / mg	钾 / mg	钠 / mg	镁 / mg	铁 / mg	锌 / mg	硒 / μg	铜 / mg	锰 / mg
鸡蛋（均值）	88	74.1	144	602	13.3	8.8	2.8		585	1	234	0.11	0.27	0.2		1.84	1.14	56	130	154	131.5	10	2	1.1	14.34	0.15	0.04
鸡蛋白	100	84.4	60	251	11.6	0.1	3.1			0.8		0.04	0.31	0.2		0.01	0.01	9	18	132	79.4	15	1.6	0.02	6.97	0.05	0.02
鸡蛋白（乌骨鸡）	100	88.4	44	184	9.8	0.1	1			0.7			0.31	0.1				9	17	109	165.1	10		0.01	2.99	0.01	0.01
鸡蛋黄（乌骨鸡）	100	57.8	263	1100	15.2	19.9	5.7		2057	1.4	179	0.07	0.36	0.1		7.64		107	216	105	57.2	16	0.5	3.1	22.62	0.7	0.04
松花蛋（鸡蛋）	83	66.4	178	745	14.8	10.6	5.8		595	2.4	310	0.02	0.13	0.2		1.06	0.25	26	263	148		8	3.9	2.73	44.32	0.12	0.06
鸭蛋	87	70.3	180	753	12.6	13	3.1		565	1	261	0.17	0.35	0.2		4.98	4.02	62	226	135	106	13	2.9	1.67	15.68	0.11	0.04
松花蛋（鸭蛋）［皮蛋］	90	68.4	171	715	14.2	10.7	4.5		608	2.2	215	0.06	0.18	0.1		3.05	2.8	63	165	152	542.7	13	3.3	1.48	25.24	0.12	0.06
咸鸭蛋	88	61.3	190	795	12.7	12.7	6.3		647	7	134	0.16	0.33	0.1		6.25	5.68	118	231	184	2706.1	30	3.6	1.74	24.04	0.14	0.1
鹅蛋	87	69.3	196	820	11.1	15.6	2.8		704	1.2	192	0.08	0.3	0.4		4.5	3.57	34	130	74	90.6	12	4.1	1.43	27.24	0.09	0.04
鹌鹑蛋	86	73	160	669	12.8	11.1	2.1		515	1	337	0.11	0.49	0.1		3.08	1.67	47	180	138	106.6	11	3.2	1.61	25.48	0.09	0.04
白条鱼（裸鱼）	59	76.8	103	431	16.6	3.3	1.6		129	1.7	11		0.07	1.9		0.86	0.82	58	224	331	68	13	1.7	3.22	12	0.16	0.03
草鱼［白鲩，草包鱼］	58	77.3	113	473	16.6	5.2	0		86	1.1	11	0.04	0.11	2.8		2.03	2.03	38	203	312	46	31	0.8	0.87	6.66	0.05	0.05
胡子鲇［塘虱（鱼）］	50	72.6	146	611	15.4	8	3.1		53	0.9	8	0.05	0.11	4.3		0.09	0.09	18	129	78	45.5	20	0.6	0.86	34.2	0.04	0.02
黄颡鱼［戈牙鱼，黄鳍鱼］	52	71.6	124	519	17.8	2.7	7.1		90	0.8		0.01	0.06	3.7		1.48	1.05	59	166	202	250.4	19	6.4	1.48	16.09	0.08	0.1
黄鳝［鳝鱼］	67	78	89	372	18	1.4	1.2		126	1.4	50	0.06	0.98	3.7		1.34	1.34	42	206	263	70.2	18	2.5	1.97	34.56	0.05	2.22
鲤鱼［鲤拐子］	54	76.7	109	456	17.6	4.1	0.5		84	1.1	25	0.03	0.09	2.7		1.27	0.35	50	204	334	53.7	33	1	2.08	15.38	0.06	0.05
泥鳅	60	76.6	96	402	17.9	2	1.7		136	1.8	14	0.1	0.33	6.2		0.79	0.25	299	302	282	74.8	28	2.9	2.76	35.3	0.09	0.47
青鱼［青皮鱼，青鳞鱼，青混］	63	73.9	118	494	20.1	4.2	0		108	2.4	42	0.03	0.07	2.9		0.81	0.67	31	184	325	47.4	32	0.9	0.96	37.69	0.06	0.04
乌鳢［黑鱼，石斑鱼，生鱼］	57	78.7	85	356	18.5	1.2	0		91	1.6	26	0.02	0.14	2.5		0.97	0.97	152	232	313	48.8	33	0.7	0.8	24.57	0.05	0.06
银鱼［面条鱼］	100	76.2	105	439	17.2	4	0		361	2.6		0.03	0.05	0.2		1.86	0.09	46	22	246	8.6	25	0.9	0.16	9.54		0.07

(续表)

食物名称	可食部分/%	水/g	能量/kcal	能量/kJ	蛋白质/g	脂肪/g	碳水化合物/g	膳食纤维/g	胆固醇/mg	灰分/g	维生素A/μg	硫胺素/mg	核黄素/mg	烟酸/mg	Vit_C/mg	Vit_E/mg	α-Vit_E/mg	钙/mg	磷/mg	钾/mg	钠/mg	镁/mg	铁/mg	锌/mg	硒/μg	铜/mg	锰/mg
鲢鱼[白鲢,胖子,鲢子鱼]	61	77.4	104	435	17.8	3.6	0		99	1.2	20	0.03	0.07	2.5		1.23	0.75	53	190	277	57.5	23	1.4	1.17	15.68	0.06	0.09
鳊鱼[鲂鱼,武昌鱼]	59	73.1	135	565	18.3	6.3	1.2		94	1.1	28	0.02	0.07	1.7		0.52	0.52	89	188	215	41.1	17	0.7	0.89	11.59	0.07	0.05
鳗鲡[鳗鱼,河鳗]	84	67.1	181	757	18.6	10.8	2.3		177	1.2		0.02	0.02	3.8		3.6	2.87	42	248	207	58.8	34	1.5	1.15	33.66	0.18	
鳙鱼[胖头鱼,摆佳鱼,花鲢鱼]	61	76.5	100	418	15.3	2.2	4.7		112	1.3	34	0.04	0.11	2.8		2.65	2.65	82	180	229	60.6	26	0.8	0.76	19.47	0.07	0.08
鳜鱼[桂鱼,花鲫鱼]	61	74.5	117	490	19.9	4.2	0		124	1.5	12	0.02	0.07	5.9		0.87		63	217	295	68.6	32	1	1.07	26.5	0.1	0.03
带鱼[白带鱼,刀鱼]	76	73.3	127	531	17.7	4.9	3.1		76	1	29	0.02	0.06	2.8		0.82	0.82	28	191	280	150.1	43	1.2	0.7	36.57	0.08	0.17
海鳗[鲫勾]	67	74.6	122	510	18.8	5	0.5		71	1.1	22	0.06	0.07	3		1.7	0.21	28	159	266	95.8	27	0.7	0.8	25.85	0.07	0.03
红娘鱼[翼红娘鱼]	55	76.1	105	439	18	2.8	1.9		120	1.2	6	0.03	0.07	4.9		0.7	0.56	160	297	308	163.9	45	1.2	2.99	59.35	0.22	0.13
黄姑鱼[黄婆鸡(鱼)]	63	74	137	573	18.4	7	0		166	1.4		0.04	0.09	3.6		1.09	0.31	94	196	282	101.9	29	0.9	0.61	63.6	0.06	0.04
黄鱼(大黄花鱼)	66	77.7	97	406	17.7	2.5	0.8		86	1.3	10	0.03	0.1	1.9		1.13	0.2	53	174	260	120.3	39	0.7	0.58	42.57	0.04	0.02
黄鱼(小黄花鱼)	63	77.9	99	414	17.9	3	0.1		74	1.1		0.04	0.04	2.3		1.19	1.19	78	188	228	103	28	0.9	0.94	55.2	0.04	0.05
黄鲂[赤虹,老板鱼]	75	77.8	81	339	18.5	0.5	0.6		121	2.6	10	0.03	0.07	2		0.16	0.16	27	157	227	159.9	24	0.3	0.37	31.43	0.08	0.09
金线鱼[红三鱼]	40	77.1	101	423	18.6	2.9	0		54	1.4	20	0.01	0.03	4.8		0.61	0.47	102	128	300	118	29	1.4	0.66	48.3	0.04	0.05
绿鳍马面豚[面包鱼,橡皮鱼]	52	78.9	83	347	18.1	0.6	1.2		45	1.2	15	0.02	0.05	3		1.03	0.25	54	185	291	80.5	27	0.9	1.44	38.18	0.07	0.1
梅童鱼[大头仔鱼,丁珠鱼]	63	74.8	121	506	18.9	5	0		88	1.3	25	0.02	0.06	2.1		0.81	0.49	34	164	299	106.1	36	1.8	1.08	45.07	0.1	0.09
沙丁鱼[沙鲻]	67	78	89	372	19.8	1.1	0		158	1.3		0.01	0.03	2		0.26		184	183	136	91.5	30	1.4	0.16	48.95	0.02	0.07
鲅鱼[马鲛鱼,燕鲅鱼,巴鱼]	80	72.5	121	506	21.2	3.1	2.1		75	1.1	19	0.03	0.04	2.1		0.71	0.44	35	130	370	74.2	50	0.8	1.39	51.81	0.37	0.03
鲅鱼(咸)[咸马胶]	67	52.8	157	657	23.3	1.6	12.4		89	9.9		0.04		2.7		4.6	4.6		228	298	5350		6.2	2.33	28.3	0.1	

（续表）

食物名称	可食部分 /%	水 /g	能量 / kcal	能量 / kJ	蛋白质 /g	脂肪 /g	碳水化合物 /g	膳食纤维 /g	胆固醇 / mg	灰分 /g	维生素 A / μg	硫胺素 /mg	核黄素 /mg	烟酸 / mg	Vit_C/ mg	Vit_E /mg	α -Vit_ E/mg	钙 / mg	磷 / mg	钾 / mg	钠 / mg	镁 / mg	铁 / mg	锌 / mg	硒 / μg	铜 / mg	锰 / mg
鲆[片口鱼，比目鱼]	68	75.9	112	469	20.8	3.2	0		81	1.9		0.11		4.5		0.5	0.16	55	178	317	66.7	55	1	0.53	36.97	0.02	0.04
鲈鱼[鲈花]	58	76.5	105	439	18.6	3.4	0		86	1.5	19	0.03	0.17	3.1		0.75	0.38	138	242	205	144.1	37	2	2.83	33.06	0.05	0.04
鲐鱼[青鲐鱼，鲐巴鱼，青砖鱼]	66	69.1	155	649	19.9	7.4	2.2		77	1.4	38	0.08	0.12	8.8		0.55	0.55	50	247	263	87.7	47	1.5	1.02	57.98	0.09	0.04
鲑鱼[大麻哈鱼]	72	74.1	139	582	17.2	7.8	0		68	0.9	45	0.07	0.18	4.4		0.78		13	154	361	63.3	36	0.3	1.11	29.47	0.03	0.02
鲚鱼（大）[大凤尾鱼]	79	77.5	106	444	13.2	5.5	0.8		117	3	15		0.08	1		0.84	0.38	114	498	161	53.1	28	1.7	1.51	37.8	0.11	0.29
鲚鱼（小）[小凤尾鱼]	90	72.7	124	519	15.5	5.1	4		82	2.7	14	0.06	0.06	0.9		0.74		78	460	225	38.5	23	1.6	1.3	33.3	0.1	0.17
鲨鱼[真鲨，白斑角鲨]	56	73.3	118	494	22.2	3.2	0		70	1.3	21	0.01	0.05	3.1		0.58	0.58	41	212	285	102.2	30	0.9	0.73	57.02	0.06	0.03
鲳鱼[平鱼，银鲳，刺鲳]	70	72.8	140	586	18.5	7.3	0		77	1.4	24	0.04	0.07	2.1		1.26	0.3	46	155	328	62.5	39	1.1	0.8	27.21	0.14	0.07
鲷[黑鲷，铜盆鱼，大目鱼]	65	75.2	106	444	17.9	2.6	2.7		65	1.6	12	0.02	0.1	3.5		1.08	0.63	186	304	261	103.9	36	2.3	1.2	31.53	0.08	0.26
鲻鱼[白眼棱鱼]	57	75.3	119	498	18.9	4.8	0		99	1.1		0.02	0.13	2.3		3.34	0.49	19	183	245	71.4	25	0.5	0.82	16.8	0.03	0.02
鲽[比目鱼，凸眼鱼]	72	74.6	107	448	21.1	2.3	0.5		73	1.5	117	0.03	0.04	1.5		2.35	0.69	107	135	264	150.4	32	0.4	0.92	29.45	0.06	0.11
鱼片干	100	20.2	303	1268	46.1	3.4	22		307	8.3		0.11	0.39	5		0.88	0.88	106	308	251	2320.6	60	4.4	2.94	0.37	0.16	0.17
对虾	61	76.5	93	389	18.6	0.8	2.8		193	1.3	15	0.01	0.07	1.7		0.62	0.5	62	228	215	165.2	43	1.5	2.38	33.72	0.34	0.12
海虾	51	79.3	79	331	16.8	0.6	1.5		117	1.8		0.01	0.05	1.9		2.79	0.33	146	196	228	302.2	46	3	1.44	56.41	0.44	0.11
河虾	86	78.1	87	364	16.4	2.4	0		240	3.9	48	0.04	0.03			5.33	0.06	325	186	329	133.8	60	4	2.24	29.65	0.64	0.27
基围虾	60	75.2	101	423	18.2	1.4	3.9		181	1.3		0.02	0.07	2.9		1.69	1.4	83	139	250	172	45	2	1.18	39.7	0.5	0.05
江虾[沼虾]	100	77	87	364	10.3	0.9	9.3		116	2.5	102	0.04	0.12	2.2		11.3	10.68	78	293	683		131	8.8	2.71	17.7	3.46	1.21
龙虾	46	77.6	90	377	18.9	1.1	1		121	1.4			0.03	4.3		3.58	3.55	21	221	257	190	22	1.3	2.79	39.36	0.54	

（续表）

食物名称	可食部分 /%	水 /g	能量 / kcal	能量 / kJ	蛋白质 /g	脂肪 /g	碳水化合物 /g	膳食纤维 /g	胆固醇 / mg	灰分 /g	维生素 A / μg	硫胺素 /mg	核黄素 /mg	烟酸 / mg	Vit_C/ mg	Vit_E /mg	α -Vit_E/mg	钙 / mg	磷 / mg	钾 / mg	钠 / mg	镁 / mg	铁 / mg	锌 / mg	硒 / μg	铜 / mg	锰 / mg
明虾	57	79.8	85	356	13.4	1.8	3.8		273	1.2		0.01	0.04	4		1.55	0.5	75	189	238	119	31	0.6	3.59	25.48	0.09	0.02
塘水虾[草虾]	57	74	96	402	21.2	1.2	0		264	3.6	44	0.05	0.03			4.82		403	233	250	109	26	3.4	2.54		2.04	0.21
虾皮	100	42.4	153	640	30.7	2.2	2.5		428	22.2	19	0.02	0.14	3.1		0.92	0.42	991	582	617	5057.7	265	6.7	1.93	74.43	1.08	0.82
虾米[海米，虾仁]	100	37.4	198	828	43.7	2.6	0		525	17	21	0.01	0.12	5		1.46	1.46	555	666	550	4891.9	236	11	3.82	75.4	2.33	0.77
海蟹	55	77.1	95	397	13.8	2.3	4.7		125	2.1	30	0.01	0.1	2.5		2.99	0.96	208	142	232	260	47	1.6	3.32	82.65	1.67	0.18
河蟹	42	75.8	103	431	17.5	2.6	2.3		267	1.8	389	0.06	0.28	1.7		6.09	5.79	126	182	181	193.5	23	2.9	3.68	56.72	2.97	0.42
踞缘青蟹[青蟹]	43	79.8	80	335	14.6	1.6	1.7		119	2.3	402	0.02	0.39	2.3		2.79	2.79	228	262	206	192.9	42	0.9	4.34	75.9	2.84	0.17
梭子蟹	49	77.5	95	397	15.9	3.1	0.9		142	2.6	121	0.03	0.3	1.9		4.56	4.56	280	152	208	481.4	65	2.5	5.5	90.96	1.25	0.26
蟹肉	100	84.4	62	259	11.6	1.2	1.1		65	1.7		0.03	0.09	4.3		2.91	2.91	231	159	214	270	41	1.8	2.15	33.3	1.33	0.31
鲍鱼[杂色鲍]	65	77.5	84	351	12.6	0.8	6.6		242	2.5	24	0.01	0.16	0.2		2.2	0.44	266	77	136	2011.7	59	22.6	1.75	21.38	0.72	0.4
鲍鱼(干)	100	18.3	322	1347	54.1	5.6	13.7			8.3	28	0.02	0.13	7.2		0.85	0.85	143	251	366	2316.2	352	6.8	1.68	66.6	0.45	0.32
蛏子	57	88.4	40	167	7.3	0.3	2.1		131	1.9	59	0.02	0.12	1.2		0.59	0.59	134	114	140	175.9	35	33.6	2.01	55.14	0.38	1.93
蛏干[蛏子缢，蛏青子]	100	12.2	340	1423	46.5	4.9	27.4		469	9	20	0.07	0.31	5.1		0.41	0.41	107	791	586	1175	303	88.8	13.63	121.2	2.05	7.8
赤贝	34	84.9	61	255	13.9	0.6	0		144	1.5			0.1	0.2		13.22	4.21	35	118	153	266.1	45	4.8	11.58	59.97	0.4	0.6
河蚌	43	85.3	54	226	10.9	0.8	0.7		103	2.3	243	0.01	0.18	0.7		1.36	1.36	248	305	17	17.4	16	26.6	6.23	20.24	0.11	59.61
河蚬[蚬子]	35	88.5	47	197	7	1.4	1.7		257	1.4	37	0.08	0.13	1.4		0.38	0.38	39	127	25	18.4	10	11.4	1.82	29.79	0.47	0.18
牡蛎[海蛎子]	100	82	73	305	5.3	2.1	8.2		100	2.4	27	0.01	0.13	1.4		0.81	0.81	131	115	200	462.1	65	7.1	9.39	86.64	8.13	0.85
生蚝	100	87.1	57	238	10.9	1.5	0		94	0.5		0.04	0.13	1.5		0.13	0.13	35	100	375	270	10	5	71.2	41.4	11.5	0.3
泥蚶[血蚶，珠蚶]	30	81.8	71	297	10	0.8	6		124	1.4	6	0.01	0.07	1.1		13.23		59	103	207	354.9	84	11.4	11.59	41.42	0.11	1.25
扇贝(鲜)	35	84.2	60	251	11.1	0.6	2.6		140	1.5			0.1	0.2		11.85	3.79	142	132	122	339	39	7.2	11.69	20.22	0.48	0.7

（续表）

食物名称	可食部分 /%	水 /g	能量 / kcal	能量 / kJ	蛋白质 /g	脂肪 /g	碳水化合物 /g	膳食纤维 /g	胆固醇 / mg	灰分 /g	维生素 A /μg	硫胺素 /mg	核黄素 /mg	烟酸 / mg	Vit_C/ mg	Vit_E /mg	α -Vit_E/mg	钙 / mg	磷 / mg	钾 / mg	钠 / mg	镁 / mg	铁 / mg	锌 / mg	硒 / μg	铜 / mg	锰 / mg
扇贝（干）[干贝]	100	27.4	264	1105	55.6	2.4	5.1		348	9.5	11		0.21	2.5		1.53	1.53	77	504	969	306.4	106	5.6	5.05	76.35	0.1	0.43
鲜贝	100	80.3	77	322	15.7	0.5	2.5		116	1			0.21	2.5		1.46	1.46	28	166	226	120	31	0.7	2.08	57.35		0.33
银蚶[蚶子]	27	82.7	71	297	12.2	1.4	2.3		89	1.4			0.06	0.9		0.55	0.55	49	111	76	280.1	59	7.3	1.64	86.3	0.13	0.71
贻贝(鲜)[淡菜,壳菜]	49	79.9	80	335	11.4	1.7	4.7		123	2.3	73	0.12	0.22	1.8		14.02	9.67	63	197	157	451.4	56	6.7	2.47	57.77	0.13	0.41
贻贝(干)[淡菜,壳菜]	100	15.6	355	1485	47.8	9.3	20.1		493	7.2	36	0.04	0.32	4.3		7.35	4.67	157	454	264	779	169	12.5	6.71	120.47	0.73	1.27
蛤蜊（均值）	39	84.1	62	259	10.1	1.1	2.8		156	1.9	21	0.01	0.13	1.5		2.41	1.79	133	128	140	425.7	78	10.9	2.38	54.31	0.11	0.44
螺（均值）	41	73.6	100	418	15.7	1.2	6.6			2.9	26	0.03	0.4	1.8		7.58	3.7	722	118	167	153.3	143	7	4.6	37.94	1.05	0.72
海参	100	77.1	78	326	16.5	0.2	2.5		51	3.7		0.03	0.04	0.1		3.14	2.37	285	28	43	502.9	149	13.2	0.63	63.93	0.05	0.76
海参（干）	93	18.9	262	1096	50.2	4.8	4.5		62	21.6	39	0.04	0.13	1.3					94	356	4968	1047	9	2.24	150	0.27	0.43
海参（水浸）	100	93.5	25	105	6	0.1	0		50	0.5	11		0.03	0.3				240	10	41	80.9	31	0.6	0.27	5.79		0.04
海蜇皮	100	76.5	33	138	3.7	0.3	3.8		8	15.7		0.03	0.05	0.2		2.13	0.25	150	30	160	325	124	4.8	0.55	15.54	0.12	0.44
海蜇头	100	69	74	310	6	0.3	11.8		10	12.9	14	0.07	0.04	0.3		2.82	2.17	120	22	331	467.7	114	5.1	0.42	16.6	0.21	1.76
墨鱼[曼氏无针乌贼]	69	79.2	83	347	15.2	0.9	3.4		226	1.3		0.02	0.04	1.8		1.49	1.49	15	165	400	165.5	39	1	1.34	37.52	0.69	0.1
墨鱼（干）[曼氏无针乌贼]	82	24.8	287	1201	65.3	1.9	2.1		316	5.9		0.02	0.05	3.6		6.73	6.73	82	413	1261	1744	359	23.9	10.02	104.4	4.2	0.2
乌贼(鲜)[鱿鱼,台湾枪乌贼]	97	80.4	84	351	17.4	1.6	0		268	1.1	35	0.02	0.06	1.6		1.68	1.68	44	19	290	110	42	0.9	2.38	38.18	0.45	0.08
鱿鱼（干）[台湾枪乌贼]	98	21.8	313	1310	60	4.6	7.8		871	5.8		0.02	0.13	4.9		9.72	9.72	87	392	1131	965.3	192	4.1	11.24	156.12	1.07	0.18
鱿鱼（水浸）	98	81.4	75	314	17	0.8	0			0.8	16		0.03			0.94	0.94	43	60	16	134.7	61	0.5	1.36	13.65	0.2	0.06
乌鱼蛋	73	85.3	66	276	14.1	1.1	0		243	0.9		0.01	0.04	2		10.54	9.04	11	99	201	126.8	21	0.3	1.27	37.97	0.22	0.04
章鱼[真蛸]	100	86.4	52	218	10.6	0.4	1.4		114	1.2	7	0.07	0.13	1.4		0.16	0.16	22	106	157	288.1	42	1.4	5.18	41.86	9	0.4
章鱼(八爪鱼)[八角鱼]	78	65.4	135	565	18.9	0.4	14			1.3		0.04	0.06	5.4		1.34	1.34	21	63	447	65.4	50	0.6	0.68	27.3	0.24	

（续表）

食物名称	可食部分 /%	水 /g	能量 / kcal	能量 / kJ	蛋白质 /g	脂肪 /g	碳水化合物 /g	膳食纤维 /g	胆固醇 / mg	灰分 /g	维生素 A / μg	硫胺素 /mg	核黄素 /mg	烟酸 / mg	Vit_C/ mg	Vit_E /mg	α -Vit_ E/mg	钙 / mg	磷 / mg	钾 / mg	钠 / mg	镁 / mg	铁 / mg	锌 / mg	硒 / μg	铜 / mg	锰 / mg
婴儿奶粉	100	3.7	443	1854	19.8	15.1	57		91	4.4	28	0.12	1.25	0.4		3.29		998	457	703	9.4	100	5.2	3.5	23.71	0.2	0.33
豆奶粉	100	2.7	423	1770	19	8	68.7		90	1.6		0.09	0.09	1.1		4.75		149	257	528	15.3	184	4.3	2	7.19	0.61	1.2
婴儿奶糕	100	11.8	343	1435	10.4	0.9	74.3	1.1		2.6		0.12	0.67	1.5		0.09		61	415	398	105.5	1	2.3	0.55	6.57	0.06	1.02
粉皮	100	84.3	61	255	0.2	0.3	15	0.6		0.2		0.03	0.01					5	2	15	3.9	2	0.5	0.27	0.5	0.38	0.03
凉粉	100	90.5	37	155	0.2	0.3	8.9	0.6		0.1		0.02	0.01	0.2				9	1	5	2.8	3	1.3	0.24	0.73	0.06	0.01
龙虾片	100	11.1	338	1414	0.6	0.1	85.5	1.8		2.7			0.01	0.3				112	13	25	639.5	32	15.4	1.66	4.1	0.96	0.52
蜜麻花[糖耳朵]	100	19.4	367	1536	4.8	11	63.2	0.9		1.6		0.01	0.01	8.6		7.93	0.03	99	83	135	361.5	98	4.5	0.6	7.2	0.08	0.67
年糕	100	60.9	154	644	3.3	0.6	34.7	0.8		0.5		0.03		1.9		1.15		31	52	81	56.4	43	1.6	1.36	2.3	0.14	0.38
炸糕	100	43.6	280	1172	6.1	12.3	37.3	1.2		0.7		0.03	0.02	3.6		3.61	2.42	24	84	143	96.6	62	2.4	0.76	2.3	0.1	0.45
蛋糕（均值）	100	18.6	347	1452	8.6	5.1	67.1	0.4		0.6	86	0.09	0.09	0.8		2.8	1.84	39	130	77	67.8	24	2.5	1.01	14.07	1.21	1
蛋糕（黄蛋糕）	100	27	320	1339	9.5	6	57.1	0.2		0.4	48	0.13	0.03	0.8		3.05	2.5	27	76	80	32	7	2.2	0.54	8	0.14	0.13
蛋清蛋糕	100	17.8	339	1418	6.5	2.4	72.9			0.4	55	0.18	0.31			1.6	1.02	30	80	36	49	18	1.6	0.16	6.19	0.13	0.07
月饼（豆沙）	100	11.7	405	1695	8.2	13.6	65.6	3.1		0.9	7	0.05	0.05	1.9		8.06	2.57	64	95	211	22.4	43	3.1	0.64	7.1	0.21	0.47
月饼（五仁）	100	11.3	416	1741	8	16	64	3.9		0.7	7		0.08	4		8.82	2.56	54	110	198	18.5	27	2.8	0.61	7	0.22	0.38
黑洋酥	100	2.3	417	1745	4.2	12.4	79.7	7.5		1.4								8	144	92	3.1	3	6.1	1.27	2.81	0.29	0.57
麻花	100	6	524	2192	8.3	31.5	53.4	1.5		0.8		0.05	0.01	3.2		21.6	3.73	26	136	213	99.2	67		3.06	7.2	0.23	1.01
米花糖	100	7.3	384	1607	3.1	3.3	85.8	0.3		0.5		0.05	0.09	2.5		2.16	0.65	144	52	55	43.4	42	5.4		2.3	0.31	0.56
起酥	100	12.9	499	2088	8.7	31.7	45.1	0.3		1.6	55	0.07	0.05	1.8		5.73	1.26		68	73	493.9	24	2.5	0.46	6.63	0.08	0.31
桃酥	100	5.4	481	2013	7.1	21.8	65.1	1.1		0.6		0.02	0.05	2.3		14.14	7.73	48	87	90	33.9	59	3.1	0.69	15.74	0.27	0.84
茯苓夹饼	100	10	332	1389	4.4	0.4	84.3	6.5		0.9		0.11	0.14	1.3		4.73	0.12	65	131	105	103.4	52	5.7	0.6	1.31	0.2	0.5
麦片	100	11.3	351	1469	12.4	7.4	67.3	8.6		1.6		0.2	0.06	4.5		1.45	0.59	8	339	306	20.9	108	4.2	2.15	6.13	0.44	3.06

（续表）

食物名称	可食部分/%	水/g	能量/kcal	能量/kJ	蛋白质/g	脂肪/g	碳水化合物/g	膳食纤维/g	胆固醇/mg	灰分/g	维生素A/μg	硫胺素/mg	核黄素/mg	烟酸/mg	Vit_C/mg	Vit_E/mg	α-Vit_E/mg	钙/mg	磷/mg	钾/mg	钠/mg	镁/mg	铁/mg	锌/mg	硒/μg	铜/mg	锰/mg
燕麦片	100	9.2	367	1536	15	6.7	66.9	5.3		2.2		0.3	0.13	1.2		3.07	2.54	186	291	214	3.7	177	7	2.59	4.31	0.45	3.36
面包(均值)	100	27.4	312	1305	8.3	5.1	58.6	0.5		0.6		0.03	0.06	1.7		1.66	0.38	49	107	88	230.4	31	2	0.75	3.15	0.27	0.37
饼干(均值)	100	5.7	433	1812	9	12.7	71.7	1.1	81	0.9	37	0.08	0.04	4.7	3	4.57	1.28	73	88	85	204.1	50	1.9	0.91	12.47	0.23	0.87
鲜橘汁(纸盒)	100	92.5	30	126	0.1		7.4				3	0.04						7		3	4.2	1	0.1	0.01			
橘子汁	100	70.1	119	498		0.1	29.6			0.2	2				2			4		6	18.6	2	0.1	0.03			
胡萝卜素王	100	67.1	130	544	0.1	0.2	32.5	0.5		0.1	450		0.62	1	12			7		31	72.5	1	0.2	0.1	0.05	0.03	
红茶	100	7.3	294	1230	26.7	1.1	59.2	14.8		5.7	645		0.17	6.2	8	5.47	2.8	378	390	1934	13.6	183	28.1	3.97	56	2.56	49.8
花茶	100	7.4	281	1176	27.1	1.2	58.1	17.7		6.2	885	0.06	0.17		26	12.73	10.59	454	338	1643	8	192	17.8	3.98	8.53	2.08	16.95
甲级龙井	100	6.1	309	1293	33.3	2.7	48.9	11.1		9	888	0.19	0.09	8.6		5.94	0.15	402	542	2812	54.4	224	23.7	5.88	16.65	1.71	8.12
绿茶	100	7.5	296	1238	34.2	2.3	50.3	15.6		5.7	967	0.02	0.35	8	19	9.57	5.41	325	191	1661	28.2	196	14.4	4.34	3.18	1.74	32.6
铁观音茶	100	6.2	304	1272	22.8	1.3	65	14.7		4.7	432	0.19	0.17	18.5		16.59	13.81	416	251	1462	7.8	131	9.4	2.35	13.8	1.02	13.98
麦乳精	100	2	429	1795	8.5	9.7	77			2.8	113	0.05	0.3	0.7		0.44	0.29	145	218	355	177.8	70	4.1	1.56	3.32	0.26	0.26
冰棍	100	88.3	47	197	0.8	0.2	10.5			0.2		0.01	0.01	0.2		0.11		31	13		20.4		0.9		0.25	0.02	0.1
冰砖	100	69.6	153	640	2.9	6.8	20			0.7	20	0.01	0.04	0.2		0.73	0.22	140	72	141	43.5	12	0.4	0.37	1.5		
冰激凌	100	74.4	127	531	2.4	5.3	17.3			0.6	48	0.01	0.03	0.2		0.24	0.24	126	67	125	54.2	12	0.5	0.37	1.73	0.02	0.05
大雪糕	100	82.2	74	310	2.2	0.9	14.3			0.4	35	0.03	0.08			2.01	0.21	80	34	42	83.5	6	0.6	0.3	0.92	0.02	0.05
啤酒(均值)	100	95.1	32	134	0.4					0.2		0.15	0.04	1.1				13	12	47	11.4	6	0.4	0.3	0.64	0.03	0.01
葡萄酒(均值)	100	89.6	72	301	0.1					0.1		0.02	0.03					21	3	33	1.6	5	0.6	0.08	0.12	0.05	0.04
白葡萄酒	100	90.4	66	275	0.1					0.1		0.01	0.04					18	2	35	1.6	3	2	0.02	0.06	0.06	0.01
红葡萄酒	100	89.3	74	310	0.1					0.1		0.04	0.01					20	4	27	1.7	8	0.2	0.08	0.11	0.02	0.04
黄酒	100	89.5	66	266	1.6					0.3		0.02	0.05	0.5				41	21	26	5.2	15	0.6	0.52	0.66	0.07	0.27

（续表）

食物名称	可食部分 /%	水 /g	能量 / kcal	能量 / kJ	蛋白质 /g	脂肪 /g	碳水化合物 /g	膳食纤维 /g	胆固醇 / mg	灰分 /g	维生素 A / μg	硫胺素 /mg	核黄素 /mg	烟酸 / mg	Vit_C/ mg	Vit_E /mg	α -Vit_E/mg	钙 / mg	磷 / mg	钾 / mg	钠 / mg	镁 / mg	铁 / mg	锌 / mg	硒 / μg	铜 / mg	锰 / mg
二锅头（58 度）	100	49.7	351	1473						0.2		0.05						1			0.5	1	0.1	0.04		0.02	
白砂糖	100		400	1674			99.9			0.1								20	8	5	0.4	3	0.6	0.06		0.04	0.09
绵白糖	100	0.9	396	1657	0.1		98.9			0.1				0.2				6	3	2	2	2	0.2	0.07	0.38	0.02	0.08
冰糖	100	0.6	397	1661			99.3			0.1		0.03	0.03					23		1	2.7	2	1.4	0.21		0.03	
红糖	100	1.9	389	1628	0.7		96.6			0.8		0.01		0.3				157	11	240	18.3	54	2.2	0.35	4.2	0.15	0.27
麦芽糖	100	12.8	331	1385	0.2	0.2	82	0		4.8	0	0.1	0.17	2.1													
蜂蜜	100	22	321	1343	0.4	1.9	75.6			0.1			0.05	0.1	3			4	3	28	0.3	2	1	0.37	0.15	0.03	0.07
巧克力	100	1	586	2452	4.3	40.1	53.4	1.5		1.2		0.06	0.08	1.4		1.62		111	114	254	111.8	56	1.7	1.02	1.2	0.23	0.61
什锦糖果	100	0.3	399	1669	0.3	0.2	98.9	0		0.3		0.01						8	3	14	180.1	3	2.5	4.06		0.09	0.2
海棠脯	100	25.8	286	1197	0.6	0.2	72.6	2.2		0.8	10	0.02	0.05	0.3		1.11	0.95	19	10	144	200.5	12	3.1	0.27	0.29	0.19	0.13
桃脯	100	19.2	310	1297	1.4	0.4	77.6	2.4		1.4	8	0.01	0.12	0.8	6	6.25	6.18	96	32	286	243	29	10.4	0.18	1.41	0.22	0.32
杏脯	100	15.3	329	1377	0.8	0.6	82	1.8		1.3	157	0.02	0.09	0.6	6	0.61	0.61	68	22	266	213.3	12	4.8	0.56	1.69	0.26	0.13
金糕条［山楂条］	100	22.6	300	1255	0.6	0.6	74.6	1.6		1.6	10	0.02	0.08	0.3	10	4.54	3.12	42	18	302	192.1	13	6.3	0.41	1.86	0.17	0.14
山楂果丹皮	100	16.7	321	1343	1	0.8	80	2.6		1.5	25	0.02	0.03	0.7	3	1.85	0.85	52	41	312	115.5	66	11.6	0.73	0.59	0.51	0.35
牛油	100	6.2	835	3494		92	1.8		153		54							9	9	3	9.4	1	3	0.79		0.01	
羊油	100	4	824	3448		88	8		110		33					1.08	1.08		18	12	13.2	1	1			0.06	
菜籽油［青油］	100	0.1	899	3761		99.9	0									60.89	10.81	9	9	2	7	3	3.7	0.54		0.18	0.11
茶油	100	0.1	899	3761		99.9	0									27.9	1.45	5	8	2	0.7	2	1.1	0.34		0.03	1.17
豆油	100	0.1	899	3761		99.9	0									93.08		13	7	3	4.9	3	2	1.09		0.16	0.43
花生油	100	0.1	899	3761		99.9	0			0.1						42.06	17.45	12	15	1	3.5	2	2.9	0.48		0.15	0.33
葵花子油	100	0.1	899	3761		99.9	0									54.6	38.35	2	4	1	2.8	4	1	0.11			0.02

（续表）

食物名称	可食部分 /%	水 /g	能量 / kcal	能量 / kJ	蛋白质 /g	脂肪 /g	碳水化合物 /g	膳食纤维 /g	胆固醇 / mg	灰分 /g	维生素 A / μg	硫胺素 /mg	核黄素 /mg	烟酸 / mg	Vit_C/ mg	Vit_E /mg	α-Vit_E/mg	钙 / mg	磷 / mg	钾 / mg	钠 / mg	镁 / mg	铁 / mg	锌 / mg	硒 / μg	铜 / mg	锰 / mg
色拉油	100	0.2	898	3757		99.8	0		64							24.01	9.25	18	1	3	5.1	1	1.7	0.23		0.05	0.01
椰子油	100		899	3696		99.9	0	0	0		0				0												
玉米油	100	0.2	895	3745		99.2	0.5			0.1						50.94	14.42	1	18	2	1.4	3	1.4	0.26		0.23	0.04
芝麻油[香油]	100	0.1	898	3757		99.7	0.2									68.53	1.77	9	4		1.1	3	2.2	0.17		0.05	0.76
棕榈油	100		900	3766		100	0				18					15.24	12.62		8		1.3		3.1	0.08			0.01
橄榄油	100		899	3696		99.9	0	0	0		0				0								0.4				
酱油(均值)	100	67.3	63	264	5.6	0.1	10.1	0.2		16.9		0.05	0.13	1.7				66	204	337	5757	156	8.6	1.17	1.39	0.06	1.11
醋(均值)	100	90.6	31	130	2.1	0.3	4.9			2.1		0.03	0.05	1.4				17	96	351	262.1	13	6	1.25	2.43	0.04	2.97
豆瓣酱	100	46.6	178	745	13.6	6.8	17.1	1.5		15.9		0.11	0.46	2.4		0.57		53	154	772	6012	125	16.4	1.47	10.2	0.62	1.37
花生酱	100	0.5	594	2485	6.9	53	25.3	3		14.3		0.01	0.15	2		2.09	0.41	67	90	99	2340	21	7.2	2.96	1.54	0.45	
黄酱[大酱]	100	50.6	131	548	12.1	1.2	21.3	3.4		14.8	13	0.05	0.28	2.4		14.12	0.71	70	160	508	3606.1	48	7	1.25	12.26	0.48	1.11
麻辣酱	100	52.3	135	565	5.8	5.1	21.4	5		15.4	37		0.16	2		0.98	0.47	186	105	366	3222.5	37	13	1.21	3.47	0.26	
牛肉辣瓣酱	100	59	127	531	9.7	6.1	9.4	1.1		15.8	99		0.26	3.1		2.9	1.49	65	104	243	3037.5	23	8.5	1.87	3	0.32	
甜面酱	100	53.9	136	569	5.5	0.6	28.5	1.4		11.5	5	0.03	0.14	2		2.16	2.03	29	76	189	2097.2	26	3.6	1.38	5.81	0.12	0.73
芝麻酱	100	0.3	618	2586	19.2	52.7	22.7	5.9		5.1	17	0.16	0.22	5.8		35.09	9.57	1170	626	342	38.5	238	50.3	4.01	4.86	0.97	1.64
腐乳(白)[酱豆腐]	100	68.3	133	556	10.9	8.2	4.8	0.9		7.8	22	0.03	0.04	1		8.4	0.06	61	74	84	2460	75	3.8	0.69	1.51	0.16	0.69
萝卜干	100	67.7	60	251	3.3	0.2	14.6	3.4		14.2		0.04	0.09	0.9	17			53	65	508	4203	44	3.4	1.27		0.25	0.87
榨菜	100	75	29	121	2.2	0.3	6.5	2.1		16	82	0.03	0.06	0.5	2			155	41	363	4252.6	54	3.9	0.63	1.93	0.14	0.35
腌雪里蕻红	100	77.1	25	105	2.4	0.2	5.4	2.1		14.9	8	0.05	0.07	0.7	4	0.27	0.24	294	36	369	3304.2	40	5.5	0.74	0.77	0.51	0.46
甲鱼[鳖]	70	75	118	494	17.8	4.3	2.1		101	0.8	139	0.07	0.14	3.3		1.88	1.88	70	114	196	96.9	15	2.8	2.31	15.19	0.12	0.05
蛇(均值)	36	78.4	85	356	15.1	0.5	5			1	18	0.06	0.15	5.4		0.49		29	82	248	90.8	25	3	3.21	13.1	0.12	0.04